Inhalt

■ Prolog

■ Beiträge

Seite 25: Hinweis auf eine intermittierend trockenfallende Quelle

Seite 88: Im Hangschutt gefasste Quellaustritte

■ Epilog

■ Service

Prof. Dr. Christoph Treskatis
Hydrogeologe und apl. Professor am IWAR der TU Darmstadt, Fachgebiet Grundwasserbewirtschaftung; bis Ende 2024 wissenschaftlicher Leiter bei Bieske und Partner Beratende Ingenieure GmbH; seit 2025 im Ruhestand und engagiert bei der Erforschung von Quellen und Brunnen und deren „Reaktionen" auf die Folgen des Klimawandels.

Kontakt: treskatis.c@t-online.de

Koordinaten: 48° 44‘ 06“ N, 3° 28‘ 56“ W

Die Faktoren des menschengemachten Klimawandels waren bereits zu Humboldts Zeiten (1769 bis 1859) erkennbar, die Konsequenzen allerdings nicht. Seine und auch die Erkenntnisse der anderen Klimaforscher des 19. Jahrhunderts gerieten Anfang des 20. Jahrhunderts mit der Industrialisierung und mit den Folgen der Weltkriege in Vergessenheit. [1]

Die Jahre 2023 und 2024 waren die heißesten Jahre seit Beginn der Wetteraufzeichnungen im Jahr 1789 durch die Societas Meteorologica Palantina am Observatorium Hohenpeißenberg in Bayern. Die Auswirkungen sind weltweit spürbar: Stürme, Starkregen und Überflutungen, aber auch lange Trockenperioden und Hitzewellen überziehen Regionen auf allen Kontinenten und in allen Breitengraden.

Die Trinkwasserversorgung wird je nach hydrogeologischen Standortbedingungen regional unterschiedlich sowohl aus Grundwasser als auch aus Oberflächengewässern sichergestellt. Dabei reagieren die oberflächennahen hydrogeologischen Systeme schneller auf Veränderungen durch den Klimawandel als gut geschützte und gegenüber kurzzeitigen Einflüssen abgeschirmte Grundwasserleiter. Die Kombination aus intensiveren Regenfällen und längeren Trockenperioden führt in diesem Kontext zu größeren Beeinträchtigungen der oberflächennahen Wasserressourcen.

Quellen sind Grundwasseraustritte an der Erdoberfläche, die in besonderer Weise den hydrologischen Kreislauf symbolisieren und in der Kulturlandschaft wichtige Teile des Landschaftswasserhaushaltes und Einrichtungen für die Trinkwasserversorgung darstellen. Sie sind Merkmale einer Landschaft, prägen deren Charakter und berühren uns beim Betrachten der frei fließenden, oft gewundenen Quellbäche (**Bild 1**) ebenso wie vom Wetter zugerichtete Bäume.

Quellen sind einzigartig, räumlich nicht zu verrücken und vielfältig gefährdet. Quellen sind Teil des natürlichen Erbes der Menschheit und müssen erhalten und geschützt werden. Neben einer langjährigen Vernachlässigung der Infrastruktur und Bausubstanz wirkt die Klimakrise wie ein Brandbeschleuniger auf Quellwasservorkommen, die überwiegend aus oberflächennahen Grundwasserleitern gespeist werden.

© C. Treskatis

Bild 1: Süßwasserquelle aus geklüfteten Gneisen bei Pors-Raden (Gemeinde Trébeurden, Département Côtes-d'Armor, Frankreich)

© C. Treskatis

Bild 2: Fontaine Saint-Ivy du Haut an gleichnamiger Kirche

© C. Treskatis

Bild 3: Fontaine Saint-Ivy de la Rive de Lannion am linken Ufer des Gezeitenflusses Léguer

Die heiligen Quellen

Man muss Landschaften und deren Inventar „erfahren", um den beschleunigenden Einfluss des Klimawandels zu spüren, um die damit verbundenen Veränderungen zu erfassen und bewerten zu können. Die tiefe Verwurzelung und Beziehung zum Wasser, insbesondere zu Quellen, ist im Leben vieler Völker und Regionen der Erde zu studieren, ja zu bewundern. Die Verehrung des lebenswichtigen Elementes Wasser mit religiösen Riten und Mythen ist für alle Etappen der Menschheitsentwicklung charakteristisch [2].

Weite Teile Westeuropas waren schon vor der römischen Eroberung durch Volksgruppen mit keltischen Traditionen besiedelt. Diese pflegten eine tiefe Beziehung zu Quellen; sie verehrten und heiligten Quellen als ihre Lebensgrundlage. Fließendes Wasser galt als heilig und heilsam, besaß göttliche Kräfte und wies auf Orte hin, an denen Gottheiten lebten [2]. Quellen waren nicht nur Orte der Trinkwasserversorgung oder wurden für die Landwirtschaft und Handwerk genutzt, sondern waren über Jahrhunderte hinweg Orte von Druidenkulten und zur Verehrung von Gottheiten [3].

Bild 2 und **Bild 3** zeigen beispielhaft für die keltische Heiligenverehrung und den Glauben an die heilende Kraft von Quellen in der Bretagne die Fontaine Eglise Saint-Ivy bzw. Fontaine Saint-Ivy du Haut und die Fontaine Saint-Ivy de la Rive de Lannion im Département Côtes-d'Amor. Die Gemeinde Loguivy-lès-Lannion liegt an der Nordküste der Bretagne westlich der Stadt Lannion am orographisch linken Ufer des Gezeitenflusses Léguer, der unweit der „Côte de Granite Rose" bei Plougrescant in den Ärmelkanal mündet.

Die Pfarrgemeinde beschützt gleich zwei heilige Quellen, die nördlich einer W-E-streichenden Überschiebungsbahn früh-proterozoischer Vulkanite nach Norden Richtung Gezeitenfluss austreten. Sie sind dem Heiligen Saint-Ivy geweiht. Der Heilige gilt als der Letzte der keltisch-christlichen Mönche, die ab dem 5. Jahrhundert nach Christus über den Ärmelkanal in die Bretagne gewandert sind und die dortige Bevölkerung christianisierten [4]. Er soll im 7. Jahrhundert nach Christus unweit des Ufers des Léguer-Flusses eine Zufluchtsstätte erbaut haben, an der heute die Kirche Saint-Ivy liegt.

Das Wasser der oberen heiligen Quelle (Saint Ivy du Haut, **Bild 2**) soll die Fähigkeit haben, kleine Kinder von Koliken zu heilen. Die auf einem Granitsockel über dem austretenden Wasser stehende Statue zeigt St. Ivy als Bischof [5]. Das Quellwasser trat unter der Bischofsfigur im September 2022 mit ca. 0,15 l/s aus und hatte eine Leifähigkeit von 320 µS/cm und eine Wassertemperatur von 13,8 °C.

Die untere heilige Quelle (Saint Ivy de la Rive, **Bild 3**) liegt unmittelbar am Léguer, ca. 3 m über der HW-Linie am Rande eines Steilufers aus verlehmten Flusskiesen über steil nach Norden einfallenden und alterierten Metamorphiten („formations briovériennes"). Eine Quellschüttung war im September 2022 nicht messbar. Die Becken waren mit Regenwasser gefüllt und stark veralgt. Die Größe der Quellanlage gibt Hinweise auf die zum Zeitpunkt der Errichtung geringe Ergiebigkeit in dem hydrogeologischen Festgesteinsumfeld.

Die heilige Quelle sollte die Fähigkeit haben, bei Neugeborenen vorauszusagen, ob jene weiterleben werden. Bei dieser dramatischen Befragung musste man das Hemd des Neugeborenen in das Brunnenbecken tauchen. Schwamm es oben, so sollte das Kind weiterleben [5].

Diese tiefe und empathische Verbundenheit zu den natürlichen Lebensgrundlagen ist in unserer auf die eigene Person bezogene, konsum- und wachstumsorientierte Gesellschaft verloren gegangen. Daher sind die Folgen der Klimaveränderungen für die meisten Menschen, sofern sie nicht von den dadurch ausgelösten Katastrophen selbst betroffen sind, in ihrem täglichen Leben kaum präsent.

In der Bretagne, am äußersten Rand Westeuropas, sind noch mehr als 2.000 historische Quellfassungen erhalten [6], deren baulicher Erhaltungszustand aufgrund der besonderen Verehrung von Wasserkultstätten vielfach noch sehr gut ist. Ganz im Gegenteil zum Erhaltungs- und Pflegezustand vieler heiliger Quellen stehen deren heutige Ergiebigkeit und Schüttung. Diese würden in einer klimatisch immer regenreichen Region Westeuropas selbst nach den Maßstäben aus der Zeit vor dem Klimawandel nicht (mehr) ausreichen, die ortsansässigen Menschen zu versorgen oder vom Quellwasser abhängige Landwirtschaft oder Handwerke zu betreiben.

Bild 4: Beispiel eines aus Trockenmauern errichteten Rottebeckens bei Saint-Nicolas südlich Trédarzec mit Speisung durch eine Quelle (Quellfassung im hinteren Bildteil sichtbar)

Einfluss der geologischen Begebenheiten

Der geologische Rahmen ist für ergiebige Quellschüttungen und mit der Bevölkerung und den Komfortbedürfnissen wachsende Wasserbedarf in diesem Teil Westeuropas ungeeignet: Die metamorphen und magmatischen Gesteinsserien des bis zu 2 Mrd. Jahre alten Armorikanischen Massivs im Nordwesten Frankreichs sind kaum über größere Strecken durchgehend oder nur engmaschig geklüftet [7]. Sie können daher Grundwasser nur oberflächennah, in geringen Mengen und über kurze Zeiträume speichern. Das atlantische Klima sorgte aber im Gegenzug dafür, dass Quellen an geeigneten Standorten dauerhaft austraten, wenn auch mit vielfach bescheidenen Mengen. Daher wurden in der Vergangenheit alle perennierenden Wasseraustritte in einer Gemeinde oder Stadt zu Quellfassungen ausgebaut, deren Abmessungen auf die insgesamt geringen Schüttungsmengen schließen lassen.

Aufgrund dieser geologischen Situation war die Trinkwasserversorgung in der Bretagne immer schon abhängig von dauerhaft wasserführenden Oberflächenfließgewässern und der Nutzung auch kleinräumiger Quelleinzugsgebiete, sodass die ländliche Bevölkerung aufgrund der oft von den Siedlungskernen entlegenen Quellaustritte weite Wege zum Wasserholen einschlagen musste.

Bedeutung der Quelle für die Flachsrösterei

Am Beispiel der historischen Flachsrösterei („routoirs") im Trégor, einer ehemaligen Verwaltungs- und religiösen Einheit im Norden der Bretagne (Côtes-d'Amor), soll gezeigt werden, wie ein einstig florierender Wirtschaftszweig, der Wohlstand und technische Entwicklungen durch die geschickte Nutzung der natürlichen Quell- und Oberflächenwasservorkommen in eine dünn besiedelte Landschaft brachte, nicht nur durch globale Veränderungen in der Textilwirtschaft, sondern vor allem auch durch eine selbst verursachte Umweltzerstörung und Veränderung der hydrologischen und meteorischen Randbedingungen aufgegeben werden musste.

Die „routoirs", von denen es im Trégor bis zu 6.000 Anlagen gab, stammen aus der Blütezeit der Flachs- und Hanfproduktion zwischen dem 15. und Ende des 19. Jahrhunderts. In dieser Periode war diese Region in Frankreich der Hauptexporteur für Leinenprodukte. [8]

Ein „routoir" ist ein Ort, an dem Textilpflanzen, wie z. B. Flachs „geröstet" wurde. Flachshalme wurden für mehrere Tage bis Wo-

Bild 5: links: Steine zum Stabilisieren der Flachsstängel unter Wasser im untersten Becken des „routoir Gwenored" kurz vor der Einmündung in den Jaudy-Nebenarm (Ebbe im Gezeitenfluss im Bildhintergrund erkennbar); rechts: Beckenanlage im „routoir Saint-Aaron (südlich D 786 bei Sainte-Maguerite)

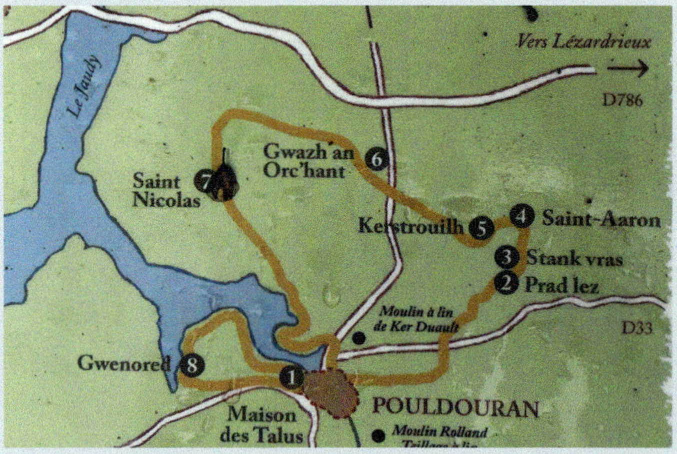

Quelle: Hinweisschild am Maison des Talus mit Vergrößerung des Lageplans

Bild 6: Lage des Routoir-Ensembles von Gwenored im Trégor

chen in einem mit Wasser gefüllten „routoir" (Rotte) eingeweicht. Rotten wurden entlang von Wegen in Drainagegräben, in Teichen und künstlich gebauten Becken – oft unterhalb von Quellen – angelegt (**Bild 4**), in denen man das Regen- und Quellwasser anstauen und auch wieder ablassen konnte [9].

Gleichmäßige Schüttung und Wasserführung im Zulauf waren wichtige Standortvoraussetzungen für die Anlage und den wirtschaftlichen Betrieb von Rottebecken. Diese waren durch die klimatischen Bedingungen zwischen dem 15. und 19. Jahrhundert, der Blütezeit der Flachsröstereien im Trégor, gegeben.

Mit großen Steinen (**Bild 5**) oder Baumstämmen wurden die Stängel unter Wasser gedrückt und stabilisiert. Die Rinde löste sich im Wasser von den Flachsstengeln, das Gluten zersetzte sich durch einfache Fermentation. In stehenden Gewässern wurden die Fasern im Stiel schneller gelöst als bei fließendem Wasser. Jedoch waren die gewonnenen Fasern von schlechterer Qualität und weniger widerstandsfähig. In perennierenden Fließgewässern, wie Quellbächen oder anderen Fließgewässern wurden bessere Qualitäten erzielt, trotz der langsamer verlaufenden Rotte. Die Fasern waren fast weiß und sehr fest. Daher waren Standorte unterhalb dauerhaft und gleichmäßig schüttender Quellen bevorzugte Plätze für die Anlage von Routoir-Ensembles.

Der Weißgrad und die Qualität der freigesetzten Fasern war auch von der Art der Lagerung der Fasern in der Rotte, der Dauer des Röstvorgangs und dem Vorhandensein von Fremdbiomasse wie z. B. Blättern und von der Temperatur abhängig.

Bei der Gärung in den Rotten entstanden als Abbauprodukte giftige Gase (Schwefelwasserstoff), Kohlensäure und Methan. Die Feststoffe wurden als Dünger auf die Felder gebracht. Das Wasser in den Rotten war gelblich-braun bis schwarz und übelriechend und machte im Abstrom gelegene Waschhäuser („lavoirs"), Quellen und Teiche (z. B. für die Fischzucht) unbenutzbar. Es wurde aber zur Feldbewässerung genutzt. Aufgrund der Geruchsbelästigung wurden Rotten später nur noch außerhalb von Siedlungsbereichen angelegt, sofern die Wasserversorgung dafür ausreichte. Zu Beginn des 20. Jahrhunderts wurde diese Art der Flachsproduktion wegen der massiven Umweltbelastungen in den Gewässern und in der Luft verboten, da eine Besiedelung des Raumes unterstrom der Rotten nicht mehr ohne Gesundheitsgefahren möglich war. Ebenso war eine qualitativ gesicherte Trinkwasserversorgung unterhalb der Rotteanlagen nicht mehr möglich.

Bild 7: Quelltopf im Zustrom zur Beckenanlage in der Bucht von Gwenored

Rottebecken wurden vielfach in Form von Beckenkaskaden in Fließrichtung des Quellbaches oder parallel zu einem Fließgewässer angeordnet. Ein gut erhaltenes und restauriertes Beispiel ist das Routoir-Ensemble, das sich über die Gemeinden Pouldouran und Troguéry östlich des Gezeitenflusses Le Jaudry im Département Côtes-d'Armor erstreckt.

In der Bucht von Gwenored an der Mündung des Ruisseau du Moulin de Bizren (**Bild 6**) wurde im Abstrom einer Quelle (**Bild 7**) eine Beckenanlage zum Flachsrösten errichtet und bis in das 19. Jahrhundert betrieben. Die drei annähernd rechteckigen Becken wurden aus Trockensteinen mit einem gepflasterten Boden für eine einfachere Schlammausspülung aus der Anlage er-

Bild 8: Hinweisschild und gemauertes Becken 1 der Beckenanlage von Gwenored (Zulauf aus Quellfassung aus Bild 7)

baut. (**Bild 8**). Neben fremden Organika beeinflusste auch der Schlamm aus der Fermentation das Röstergebnis und damit die Faserqualität in einem Becken.

Das unterste Becken entwässert in den Gezeitenfluss. Die Gezeitenwasserspiegel erreichen die Beckenanlage nur bei Sturmflut. Zum Zeitpunkt der Begehungen der Beckenanlage im Herbst 2022 bis 2024 war die Quellschüttung nicht in der Lage, die drei Becken mit der aktuellen Durchflussrate zu füllen. Das stagnierende Wasser in den Becken war veralgt und Blätter im Wasser hätten früher die Flachsrotte behindert oder in der Güte beeinträchtigt.

An der Quelle von Gwenored, die aus geringmächtigen fluviatilen, steinigen Kiesen unter ca. 3 bis 4 m mächtigen Lößlehmablagerungen des Jaudy-Tales entspringt (**Bild 9**), und im begleitenden Bachlauf, der im Hohlweg unter dem Plateau von Troguéry in einer Nebenquelle zu Tage tritt, wurden im September 2024 Schüttungsmessungen durchgeführt. Dazu kam die Bestimmung der

Bild 9: Lößlehm über verlehmten und steinigem Kies im Oberstrom des Quellaustritts von Gwenored

Tabelle 1: Ergebnisse hydrologischer und phsiko-chemischer Messungen am Routoir-Ensemble Gwenored im Herbst 2024

Messort	Schüttung (l/s)	Leitfähigkeit (µS/cm)	Temperatur (°C)
Quelltopf (Bild 7)	0,09	506	12,6
Ableitung Quelle Richtung Becken 1 (Bild 8, rechts)	0,09	508	12,6
Bachlauf (aus Nebental)	0,30	509	12,9
Zulauf Quelle zu Becken 1	0,09	512	13,2
Beckenwasser 1	stagnierend	526	12,7
Zulauf von Bach und Quellwasser zum Becken 2	0,40	539	12,8
Becken 3 (Bild 8, links)	0,40	576	13,1

physiko-chemischen Leitwerte, deren Ergebnisse in **Tabelle 1** mit den Schüttungsdaten zusammengefasst wurden.

Die Schüttungsmengen der gefassten Quelle und der Nebenquelle waren im Herbst 2024 gering. Das Regenwasser wird heute auf dem mit schwer wasserdurchlässigen Verwitterungs- und Lößlehmablagerungen überdeckten Plateau in Gräben gefasst und direkt in den Gezeitenfluss abgeleitet. Daher kann es heute nicht mehr großflächig im Einzugsbereich dieser Beispielquelle versickern, sodass aus hydrogeologischen Gründen eine geringe Quellergiebigkeit zu erwarten war. Diese Situation findet sich auch an anderen Routoir-Ensembles der Region Trégor am Ostufer des Jaudy-Flusses.

Die Einfassung und Bauform des Quelltopfes und die Bemessung der Zulaufcouloirs zu den Becken sind vermutlich schon früher für geringe Schüttungsmengen deutlich unter 0,5 l/s ausgelegt worden. Daher wird geschlussfolgert, dass diese Quelle in der Vergangenheit eher gleichmäßig geringe als kurzzeitig stärker variierende Schüttungen aufgewiesen hat. Die insgesamt rückläufigen Niederschlagssummen in der Bretagne (**Bild 10**) sorgen heute dafür, dass die schon aus hydrogeologischen Gründen geringen Schüttungsmengen dieser Quelltypen an den Rändern der Plateaus in der Region Trégor heute noch weiter, oft bis zum (temporären) Versiegen der früher genutzten Quellen zurückgehen. Zwischen

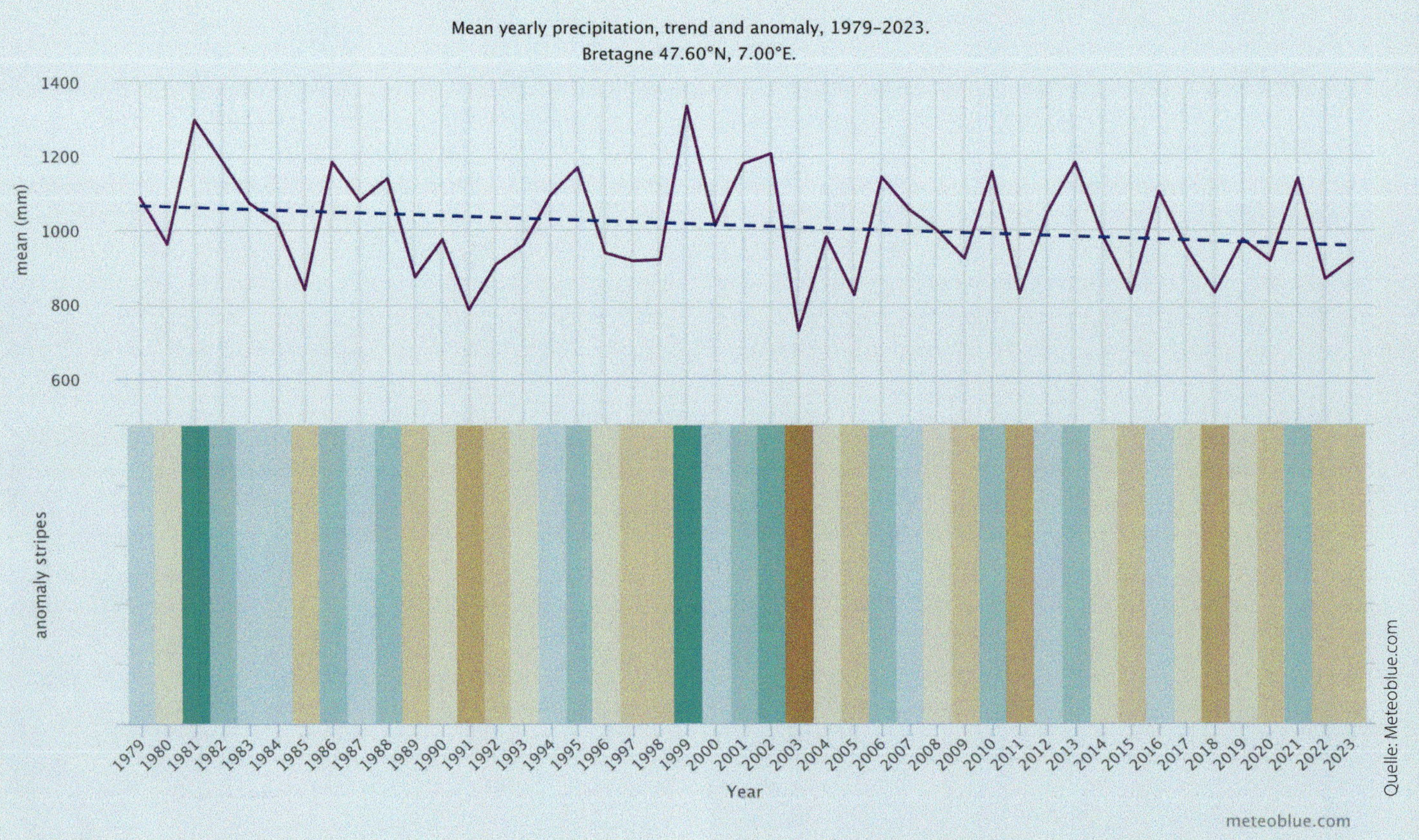

Bild 10: Niederschlagssummen in der Bretagne von 1979 bis 2023. Die braunen Streifen weisen in der Grafik auf unterdurchschnittliche, die grünen Streifen auf überdurchschnittliche Jahresniederschlagssummen hin

1979 und 2023 sind die Jahresniederschläge um ca. 130 mm/a zurückgegangen.
Der Einfluss der umgebenden landwirtschaftlichen Flächen ist in den Leitfähigkeiten des Quellwassers und des Bachlaufs aus dem Nebental vom Plateau gut erkennbar. Das Tidenwasser im Le Jaudy-Nebenarm, in den die Routoir-Wässer aus den Becken mündeten, hat einen Leitfähigkeitswert von 40 mS/cm bei 14,2 °C. Bei Ebbe hat der Fluss eine Leitfähigkeit von 0,445 bis 0,450 mS/cm und 13,0 °C. In anderen Routoir-Ensembles, wie bei Kerstrouilh südlich der Straße D 786 steigen die Leitfähigkeitswerte im Quell- und Beckenwasser auf 790 bis 840 µS/cm an. Hier findet intensiver Gemüseanbau auf den Flächen des Einzugsgebietes statt.
Die heutigen hydrologischen Verhältnisse und der Erhaltungszustand der Quellfassungs- und Beckenanlage (z. B. erhebliche Verlandung des Quelltopfes, Wasserverluste in den Couloirs und Becken etc.) würden aufgrund der veränderten Randbedingungen in der Landnutzung und inzwischen rückläufigen Niederschlags- bzw. Neubildungsmengen die Nutzung als Durchlaufbecken für die Erzielung einer hohen Qualitätsstufe bei der Flachsröstung erschweren.

Fazit

Nirgendwo sonst ist eine Gegend so intensiv mit dem Wasserkult als Medium des Heilenden und Heiligen belegt, wie die Bretagne im Westen des europäischen Kontinents [5]. Die „industrielle" Nutzung von Quell- und Oberflächenwasser durch die Leinenproduktion, die damit verbundene Umweltverschmutzung und nachhaltige Schädigung von Trinkwasserquellen veränderten den betroffenen Kulturraum nachhaltig. Die Schäden waren aber reversibel. Die Auswirkungen menschlicher Aktivitäten auf das Klima sind dagegen im Zeitrahmen der heute lebenden Menschheit irreversibel. Für fast jede Region der Welt wird ein stetiger Anstieg der Klimagefahren prognostiziert, wodurch multiple Risiken für Ökosysteme und Menschen bedingt sind. Die Klimakrise erhöht die Fragilität des Kulturraumes und beeinträchtigt Wasservorkommen in einem vom Menschen bisher nicht gekannten Ausmaß.
Die folgenden Aufsätze sind bereits publizierte, teilweise überarbeitete Fachbeiträge zum Thema „Quellen in Zeiten des Klimawandels", die sich mit dieser Art der Wassergewinnung mit dem Handlungsmöglichkeiten der Wasserversorgungsunternehmen zur Pufferung der Folgen der Klimakrise auseinandersetzen.

Literatur

[1] Holl, F. (2018): Alexander von Humboldt und der Klimawandel: Mythen und Fakten. - in: Ette, O. & Knobloch, E. (Hrsg.) (2018): Alexander von Humboldt im Netz. - in: HiN XIX (2018) 37: S. 37-56; Potsdam, Universitätsverlag Potsdam.

[2] Voigt, H.-J. (2020): Wassererbe – Quellheiligtümer. – in: Schriftenreihe Siedlungswasserwirtschaft und Umwelt Heft 25: 164 S.; Cottbus.

[3] Thierry, S. (2018): Brocéliande – terre de légendes – in : écoute 10/2018: S. 16 – 29, München.

[4] www.infobretagne.com

[5] Plessen, M.-L. & Spoerri, D. (1981): Heilrituale an bretonischen Quellen- 491 S.; Casti/Schweiz .

[6] Voigt, H.-J. (2021): Wassererbe – Historische Brunnen in der Bretagne. – in: Schriftenreihe Siedlungswasserwirtschaft und Umwelt, Heft 28: 48 S.; Cottbus.

[7] Graviou, P. & Nobelt, C. (2009): Curisités géologiques de Trégor et du Goelo. – 109 S.; Rennes/Orléans.

[8] https://talus-bretagne.org/2024/10/25/randonnee-circuit-des-21-routoirs-a-lin/

[9] Llinares, S. (2020): Le chanvre et la mer, connaissances pratiques et expériences culturales au XVIIIe siècle « Introduction ».- in: Annales de Bretagne et des Pays de l'Ouest, 127-3 | 2020, S. 7 - 19.

Warten und Zusehen trotz beunruhigender Signale?

Ein Weckruf für eine Neubetrachtung der Grundwasserbewirtschaftung in Zeichen des Klimawandels

Thomas Kluge, Christoph Treskatis

Grundwasserbewirtschaftung, Klimawandel, Brunnen, Versickerung, Wasserwiederverwendung

Die Grundwasserbewirtschaftung in Deutschland steht vor dem Hintergrund des Klimawandels, anthropogener Eingriffe und struktureller Veränderungen vor Herausforderungen. Seit der Jahrtausendwende zeigt sich ein signifikanter Rückgang der Grundwasserneubildung – mit Verlusten von bis zu 80 % in bestimmten Regionen – infolge steigender Temperaturen, verringerter Schneebedeckung, intensiverer Verdunstung und veränderter Landnutzung. Die ehemals gültige Annahme stationärer hydrologischer Verhältnisse gilt nicht mehr: Schwankungen nehmen zu, natürliche Erholungsphasen reichen nicht aus, und Kipppunkte im System werden erreicht. Gleichzeitig steigt der Wasserbedarf durch Bevölkerungswachstum, Landwirtschaft und „Komfortnutzung". Technische Kapazitäten stoßen an ihre Grenzen. Die bisherige reaktive Krisenbewältigung reicht nicht aus. Es bedarf eines Paradigmenwechsels hin zu einem integrativen, vorausschauenden Wassermanagement. Maßnahmen wie Entsiegelung, Grundwasseranreicherung, Nutzung von Brauch- und Grauwasser sowie eine wasserorientierte Raumplanung sind entscheidend, um zukünftige Wasserkrisen und irreversible Übernutzung zu vermeiden.

Ausganglage

Im Jahr 2022 kam Jay Famiglietti, Direktor am Global Institute for Water Security an der University of Saskatchewan (Kanada), in der ARD-Fernsehsendung „Unser Wasser" mit anschließender Dokumentation zu Wort. Er forscht als Hydrologe seit Jahrzehnten weltweit unter anderem zur Entwicklung der Welt-Grundwasservorräte. Seine Satellitendaten besagen, dass in Deutschland seit dem Jahr 2000 im Grundwasserraum eine Neubildungsmenge von 2,5 km^3 fehlt, was der Wassermenge des Bodensees, dem drittgrößten See Europas, entspräche [1].

Parallel dazu zerrinnt ein „Geo-Archiv" unter den Augen der Wissenschaft [2]: Die Gletscher in Österreich sind in den letzten drei Dekaden um 50 % geschrumpft. Logischerweise führt das Abschmelzen der Gletscher im Alpenraum zu einem erhöhten Abfluss; es bilden sich Bergseen, aus denen das Wasser sich einen Weg in die Täler und ins Alpenvorland sucht, Vermurungen, Überschwemmungen und steigende Grundwasserstände in den Talauen inklusive. Weitere Folgen: Die Wasserspeicher entleeren sich schneller als sie wieder gefüllt werden und es kommt zu Trockenheit in Regionen, deren Grundwasserkörper bisher ausreichend mit Wasser aus der Schneeschmelze wiederergänzt wurden. Die Periode drastischer Gletscherschwünde begann Mitte der 1990er Jahre: Die Gletscher „hinken" beständig jenem Zustand „hinterher", bei dem ihre Größe zu den gerade herrschenden Klimabedingungen passen würde. Daher sind Gletscher für das gegenwärtige Klima viel zu groß und werden weiter schwinden mit nachhaltigen Folgen für die lokale Wasserversorgung aus den Talaquiferen und aus den fluvioglazialen Grundwasserkörpern des Voralpenraums [3]. Flächenversiegelungen, Eingriffe in die Oberflächenwasser-Grundwasser-Interaktion durch Drainagen, Dichtwände und Sohlabdichtung sowie der Wegfall von Retentionsräumen und die verstärkte lokale Versickerung von Niederschlagswasser in den verbleibenden Freiräumen verstärken in den alpinen Tälern die Folgen der permanenten Gletscherschmelze sowie die zunehmende saisonale Variabilität in der Grundwasserneubildung und der Schneeschmelze [4]. Folge: Die anthropogenen Eingriffe in das Oberflächenwasserregime führen zu einer Erhöhung der Wasserstandsamplituden und fördern den schnellen Abfluss von Regenwasser. Sie führen zu bisher nur selten aufgetretenen Überflutungen mit hohen Schadwirkungen an Leib und Leben sowie an der Infrastruktur. In niederschlagsarmen Zeiten sind dagegen rückläufige Grundwasserstände und Brunnenergiebigkeiten damit verbunden.

Untersuchungen von Treskatis [5, 6] zeigten, dass auch anhand der Entwicklung der Quellschüttungen und Spiegelabsenkungen in Brunnen der Wasserversorgungswirtschaft die Folgen dieses langanhaltenden und bisher kaum diskutierten Neubildungsrückgangs beobachtet werden können. Quellen sind als natürliche Grundwasseraustritte an der Erdoberfläche sehr gute Frühindikatoren für die Folgen von weitreichenden Veränderungen im Klima- und Neubildungsgeschehen, da sie seit der Sesshaftwerdung der Menschen in der Jungsteinzeit zur Wasserversorgung gefasst wurden.

Dauerhaft wasserführende Quellwasservorkommen waren für die Jäger und Sammler damals wichtige Gunstlagen, die regelmäßig aufgesucht wurden. Sie waren wertvoll und vielfach Anlass von dauerhafter Besiedlung und bäuerlicher Landwirtschaft. So empfiehlt Petrus de Crescentiis um 1300 in dem ältesten, noch erhaltenen Handbuch der mittelalterlichen Landwirtschaft [7]: „Im Oktober können Brunnen gebaut und Gräben ausgehoben werden (...)". Hinter dieser Empfehlung steht die Erfahrung, dass in der gemäßigten Klimazone im Herbst die Trockenheit des Sommers ihren Höhepunkt auch im Grundwasserraum erreicht hat und dann noch „laufende" Brunnen, Quellen und Gewässer bis zum Beginn der winterlichen Neubildungszeit eine kontinuierliche Wasserversorgung erlauben. In semiariden Zonen muss dagegen ganzjährig mit dem „Austrocknen" von Quellen gerechnet werden, was die dortige Entwicklung der Zivilisationen andere Wege in der Wassernutzung gehen ließ.

Etwa seit Mitte des 20. Jahrhunderts hat sich in Europa im Zuge des wirtschaftlichen Aufschwungs die Landnutzung in den hydrologischen Gunstlagen durch Besiedelung, Landwirtschaft, Verkehr und Tourismus massiv verändert. So lockerte Bayern analog zu Österreich die „Zersiedelungsbremse" im Landesentwicklungsplan, in dem Ausnahmen zum „Anbindegebot" von Neubaugebieten an bestehende Siedlungen gelockert wurden. Dadurch werden nun auch auf der „grünen Wiese", nämlich auf den unversiegelten, für die Grundwasserneubildung wichtige Flächen, interkommunale Gewerbegebiete, Tourismusvorhaben oder die Gewerbegebietsausweisung an Autobahnausfahrten erheblich erleichtert [8].

Große, naturnahe Freiflächen werden nicht nur durch Versiegelung, sondern auch durch den Anbau von landwirtschaftlichen Monokulturen, durch Bodenverdichtung (durch schwere Landmaschinen) und die Regulierung der Oberflächengewässer sowie durch die Entwässerung großer landwirtschaftlich genutzter Areale nachhaltig umgewandelt (Ziel: Erhöhung der Befahrbarkeit), sodass die Schüttungskontinuität vieler Quellwasservorkommen nachhaltig negativ beeinflusst wird. Neben dem „Ausräumen" und der Umgestaltung der Landschaft wurden die eiszeitlichen Böden unserer Kulturlandschaft in ihrer Neubildungsstabilität verändert (z. B. verdichtet oder durch Baumaßnahmen „ausgetauscht") und der Einsatz von Düngemitteln und Pestiziden verstärkt, mit der Folge, dass ein humider Bodenaufbau mit Feuchte-Haltefähigkeit verschwindet. Den Folgen dieser langfristig wirkenden anthropogenen Einflüsse wurde mit einer Aufgabe von Quellfassungsstandorten an „ungünstigen" Standorten zugunsten von Brunnen oder Fremdwasserversorgungen begegnet. Erhalten blieben die immer weniger werdenden quelltechnischen Gunststandorte mit ausreichenden Erneuerungschancen.

©C. Treskatis

Bild 1: Geringe Wasserführung im Frühsommer 2020 in der Schandtauber, einem Quellbach in der Nähe von Rothenburg ob der Tauber, der von Karstquellen aus dem Oberen Muschelkalk gespeist wird

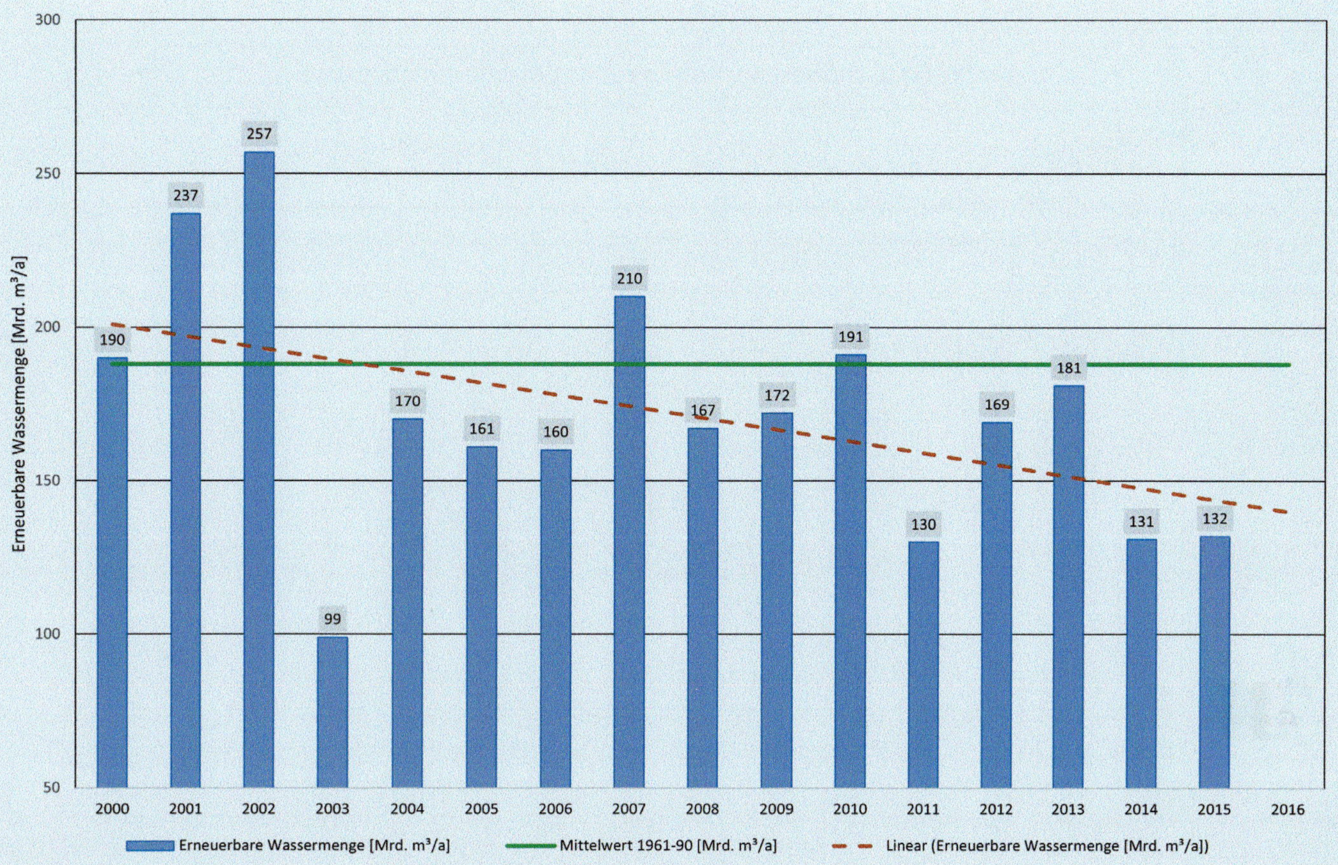

Bild 2: Rückgang der erneuerbaren Grundwasserressourcen, nach Daten des UBA [10]

Die seit Mitte der 2010er Jahre nicht mehr übersehbaren Folgen des Witterungs- und Klimawandels sind auch bei der Bewirtschaftung der Grundwasservorkommen angekommen und belasten deren Ergiebigkeit und Qualität zusätzlich zu den o. g. strukturellen Entwicklungen in den Einzugsgebieten. War 2003 noch ein singuläres Ausnahmetrockenjahr, reihen sich in der ausgehenden Dekade mehrere Trockenjahre mit nur geringen Erholungsphasen aneinander. Sicht- und messbare Folgen sind eine häufiger vorkommende geringe Wasserführung in den Vorflutern (**Bild 1**), geringere Frequenz und absolute Höhe von Mittel- und Hochwasserständen, die für die Erneuerung der Grundwasservorräte vieler Talaquifere von Bedeutung sind, und Veränderungen in der Schüttungsganglinie vieler Quellwasserfassungen bis hin zum temporären Trockenfallen (analog zu den Entwicklungen in den semiariden Gebieten).

Bisherige Bewirtschaftungsgrundlagen und deren Veränderungen

In der Wasserwirtschaft geht man für die Bewirtschaftung der Grundwasserressourcen für die öffentliche und betriebliche Wasserversorgung nach wie vor davon aus, dass sich über einen längeren Zeitraum, beispielsweise von 30 Jahren, die Defizite im saisonalen Kontext wieder ausgleichen und somit über längere Perioden stationäre Bedingungen angenommen werden können. Eine zeitabhängige Variable, wie z. B. der Grundwasserstand oder die Neubildungsmenge wäre stationär, wenn ihre Verteilung zu jedem Zeitpunkt unveränderlich ist gegenüber der Zeit, andernfalls nennt man den Prozess nichtstationär bzw. instationär. Die EU-Grundwasserrichtlinie und auch die Hochwasserrichtlinie gehen bei langfristigen Betrachtungen von dem Grundlagenprinzip der Stationarität der Wasserstände und somit auch der Wasservorräte in einer Region aus: So mittelt sich nach diesem Prinzip in einem festgelegten Korridor niedriger und hoher Grundwasserstände in einem Zeitraum von beispielsweise 30 Jahren die Wassermenge wieder aus, bzw. ereignen sich in diesem Korridor in einem Turnus von z. B. 100 Jahren wiederkehrende Hochwasserereignisse. Die EU-WRRL zur Erfassung des guten mengenmäßigen Zustandes des Grundwassers spricht davon, dass es „ausreichender Daten" für die Berechnung der langfristigen mittleren jährlichen Grundwasserneubildung bedarf. RILI 2000/60/EG v 23.10.2000 Anhang V 2.2; „langfristig" meint hier in der Regel eine Zeitspanne eines hydrologischen Zyklus von 30 Jahren. Der hydrologische Zyklus, auch Wasserkreislauf genannt, ist nach dem Deutschen Institut für Normung als „ständige Folge der Zustands- und Ortsänderungen des Wassers in Form von Niederschlag, Abfluss und Verdunstung" [9] definiert.
Die z. B. aus den Pumpversuchen gewonnenen stationären Wasserstände werden bei wasserrechtlichen Genehmigungsverfahren als feste wasserwirtschaftlich und ökologisch zu bewertende Bezugsniveaus angesehen und dienen der Definition von festzulegenden „Mindestwasserständen" für eine Grundwassernutzung.

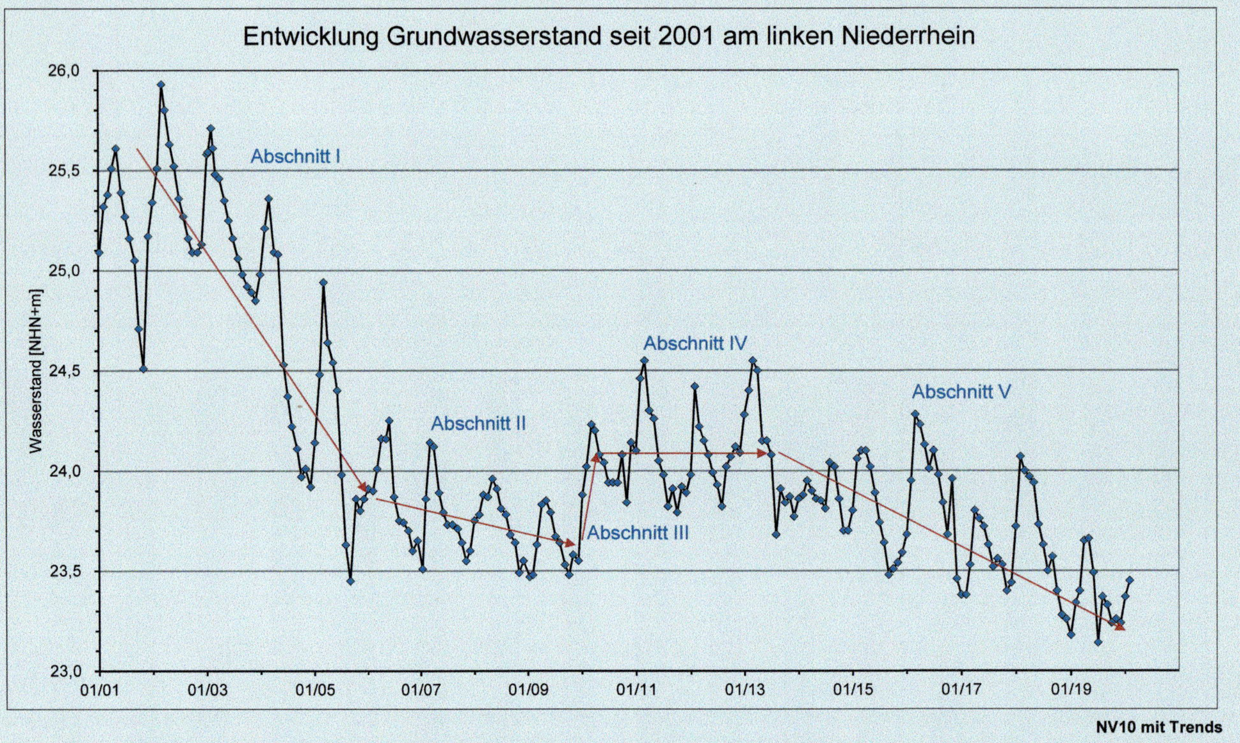

Bild 3: Folgen des Rückgangs der Grundwasserneubildung am linken Niederrhein, nach anonymisierten Daten eines Wasserversorgungsunternehmens

Die Annahme stationärer Größen bildete eine kalkulierbare Sicherheit zur Einschätzung der nutzbaren Grundwasservorräte sowie der langfristigen Grundwasserneubildung, die eine wichtige Grundlage für die Erteilung von Wasserrechten oder der Bemessung von Trinkwasserschutzgebieten in hydrogeologisch abgrenzbaren Grundwasserkörpern sowie für die Eintrittswahrscheinlichkeiten von Hochwasser in den Vorflutern darstellen. Die Wasserhaushaltskomponenten galten in diesem Kontext als stationär über längere Zeiträume und die Grundwasserkörper wurden als „unendlich ausgedehnt" in Bezug auf die Einzelentnahme eines Wasserwerkes und auch insgesamt als träge gegenüber klimabedingten Schwankungen angesehen. Die saisonalen Witterungseinflüsse, wie die maximalen und minimalen Grundwasserstände, waren dagegen aus der Vergangenheit bekannt und Schwankungen sollten sich in einem Zeitraum von 30 Jahren („hydrologischer Zyklus") wieder einpendeln: Die Folgen von Trockenperioden sollten sich in Nassperioden kurzzeitig wieder ausgleichen.

Jedoch haben sich seit der Jahrtausendwende diese für lange Jahre gültigen Planungsgrundlagen für wasserversorgungstechnische Vorhaben nachhaltig verändert (**Bild 2** und **Bild 3**).

Der Trend der Niederschlagsentwicklung im Zeitraum von 1951 bis 2010 zeigt z. B. für Hessen eine Zunahme von ca. 5 %. Im Winterhalbjahr nehmen diese Niederschläge zwar zu, was für die Grundwasserneubildung von großer Bedeutung ist; im Sommer nehmen sie dagegen immer mehr ab. Parallel werden die Winter jedoch kürzer, sodass die wasserzehrende Vegetationsperiode länger dauert und dadurch die Verdunstung zunimmt, was in der Bilanz zu weniger Grundwasserneubildung führt [11]. In vielen oberflächennahen Grundwasserkörpern ist aus diesem Grund seit der Jahrtausendwende ein kontinuierlich sinkender Wasserstand messbar, bei gleichzeitiger Zunahme von Temperatur und Verdunstung mit verlängerter Vegetationsperiode.

Die saisonalen „Erholungsphasen", wie z. B. in den Abschnitten III und IV von **Bild 3**, sind zu kurz für den Ausgleich des Defizits aus Abschnitt I und II, da keine ausreichenden Neubildungsmengen zur Verfügung standen. Dieses nicht mehr Einpendeln auf einen Gleichgewichtszustand und die zunehmenden Schwankungen sind allgemeiner Ausdruck dafür, dass das Grundwassersystem Schwierigkeiten hat, stabile Gleichgewichtszustände zu finden. In der Theorie komplexer Systeme wird dieses vermehrte Schwanken und nicht mehr Zurückfinden (das slow-down-Moment) auch als Annäherung an einen Kipppunkt beschrieben. Nach Überschreiten des Kipppunktes befindet sich das System in einem neuen emergenten Zustand und das Gesamtsystem kann nicht zurück in den ursprünglichen Zustand [12].

Diese in Deutschland messbare Grundwasserstandsentwicklung „verschärft" sich in dem Augenblick, in dem die Niederschläge bzw. Neubildungsmengen kontinuierlich zurückgehen und gleichzeitig das Defizit aus den vorausgegangenen Rezessionszeiten noch nicht ausgeglichen wurde (Abschnitt V in **Bild 3**). Auch wenn aktuell die sommerlichen Bedarfsspitzen durch Brunnen technisch meist ohne Probleme abgedeckt werden können, verschieben sich die Minima der Grundwasserstände genau in diese Stressperioden bei der Versorgung. Die Zeitgleichheit von hohen Entnahmeraten und niedrigen Grundwasserständen führt zu einer Vergrößerung des saisonalen Neubildungsdefizits, sodass jede Spitzenentnahmephase nicht mehr vollständig durch ausreichende Versickerungsmengen ausgeglichen werden kann. Damit verlagert sich das Defizit in die nächste Neubildungssaison mit der Hoffnung, dass diese den Trend umkehren kann.

Rolle des Grundwassers für die Trinkwasserversorgung

Die Mengenplanungen der Wasserversorgungswirtschaft bewegen sich nach wie vor im Kontext der Annahme stationärer Verhältnisse über längere Zeiträume, wie z. B. über den hydrologischen Zyklus von 30 Jahren. Darüber hinaus gibt es in Deutschland auch eine historische und quantitative Bindung der Trinkwasserversorgung an das Grundwasser. Die überwiegende Versorgung aus dem Grundwasser ist einerseits den günstigen hydrogeologischen Verhältnissen und der Lage Deutschlands in der Westwinddrift atlantischer Luftmassen mit für eine Grundwasserneubildung ausreichenden Niederschlägen geschuldet. Die Trinkwasserversorgung hängt andererseits aus qualitativen Gründen zu gut drei Vierteln am Grundwasser (inkl. Quellwasser), was in die Zeiten der großen Cholera-Epidemien (1870er Jahre ff.) zurückführt, in der die ersten Grundwasserwerke für Trinkwasser in Leipzig und in Frankfurt errichtet wurden und dann auch in Gesamtdeutschland entstanden. Getrieben war diese Entwicklung aus gutem Grund vom hygienischen Misstrauen in die Oberflächengewässer als Trinkwasserressource (im Gegensatz zu Frankreich und England). Dieses Prinzip wurde durchbrochen durch die preußische Wassergesetzgebung für Bergbaugebiete des Ruhrgebietes, wo eine Grundwassergewinnung aus qualitativen Gründen nicht möglich war. Hier griff man auf die Anlage und Bewirtschaftung von Stauseen zurück. Diese Versorgungsform entstand auch im Harz, aus dessen Stauseen z. B. auch Hannover und Bremen versorgt werden [13]. Die großen Metropolregionen Deutschlands wie Hamburg, Frankfurt, München oder Rhein-Ruhr usw. hängen nun mittlerweile in ihrer Versorgung überwiegend an Fern-Verbundsystemen, die mehrheitlich von Grundwasser gespeist sind.

Fakt ist: Diese seit Jahren eminent wichtige Rolle des Grundwassers als primäre Ressource für die Trinkwasserversorgung wird in Deutschland derzeit nicht angemessen berücksichtigt …

Da ist zum einen die Debatte um den Klimawandel mit der Zunahme von Starkregenereignissen, aber auch längeren Trockenphasen. Die Grundwasserneubildung lag in den bisherigen Trockenperioden gegenüber dem langjährigen Mittelwert bei weniger als 60 %. Im Rhein-Main-Gebiet ging die Grundwasserneubildung um ca. 60 bis 80 % zurück, in den östlichen Mittelgebirgen Hessens um ca. 50 % [14].

In den letzten 20 Jahren traten immer häufiger und in mehreren Abfolgen niedrige Quellschüttungen und Grundwasserstände auf, die zu Problemen bei der Trinkwassergewinnung, vor allem in von Natur aus gering speicherfähigen Grundwasserleitern, geführt haben. Das jährliche Maximum der Grundwasserstände und

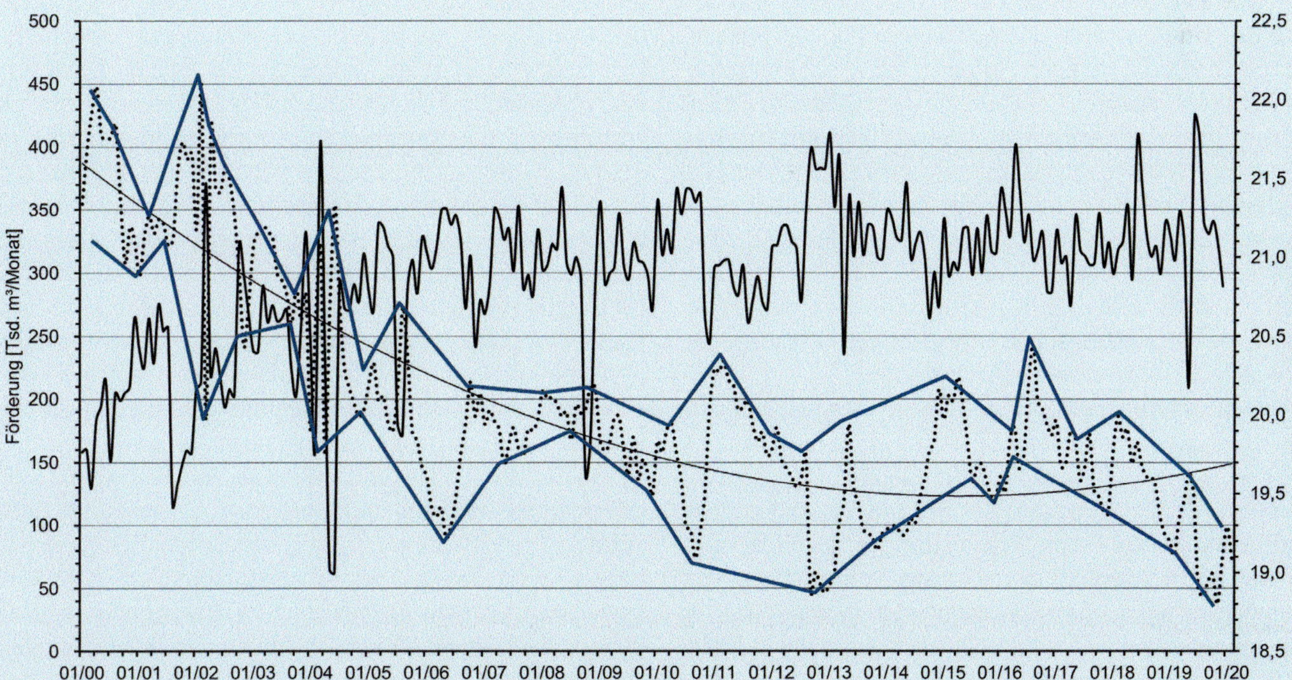

Bild 4: Ganglinie einer Grundwassermessstelle in einem bewirtschafteten oberflächennahen Porengrundwasserleiter mit Darstellung des „Korridors" zwischen den höchsten und niedrigsten Grundwasserständen (gestrichelte Linie: Grundwasserstand; durchgezogene Linie: Förderung in den Brunnen)

Quellschüttungen tritt beispielsweise in Bayern an ca. 47 % der Messstellen zunehmend früher im Jahr auf (bis zu fünf Tage pro Jahr), was zu einer Verlängerung von Niedrigwasserperioden in den verbrauchsstarken Frühsommermonaten führt. An ca. 41 % der Messstellen ist kein signifikanter Trend zu erkennen, während an weiteren ca. 12 % das Maximum später im Jahr auftritt. Am deutlichsten ist die Entwicklung hin zu einem früheren jährlichen Maximum in Baden-Württemberg und im nördlichen Bayern zu erkennen. Die zeitliche Verschiebung des Eintrittszeitpunkts des jährlichen Maximums lässt sich gut mit den klimatischen Veränderungen des Niederschlags- und Neubildungsverhaltens erklären [15].

Die zunehmende Dauer und Häufigkeit der Trockenperioden führt zu höheren Trinkwasserverbräuchen und gleichzeitig zu einem steigenden Bedarf für die landwirtschaftliche Beregnung. Die Gleichzeitigkeit und steigende Dauer hoher Bedarfsmengen und von Spitzenfördermengen in den Frühsommermonaten führen die Kapazitäten der Trinkwassergewinnungs- und -speicheranlagen vielfach an bisher nicht bekannte Grenzen. Parallel dazu treten in größerer Häufigkeit und Abfolge Starkregenereignisse und Gewitterschläge auf, die sich vor allem auf die mikrobiologische Beschaffenheit der oberflächennahen Grundwasservorkommen auswirken können [5].

Die quantitativen Modelle zur Vorhersage der Grundwasserneubildung beruhen beispielsweise auf der oben erwähnten Stationarität, deren wichtigste Aussage ist, dass die einmal anhand von Vergangenheitsdaten festgelegten Ober- und Untergrenzen der Grundwasserstände für einen Grundwasserkörper unveränderlich sind [16]. Daran gekoppelte Prognosen konnten als verlässlich, z. B. für die Voraussage von „bilanzneutralen und unschädlichen" Fördermengen, gelten.

Die zeitliche Entwicklung und der Trend des „Korridors", in dem sich die Grundwasserstände als messbare Reaktion der Veränderungen der Komponenten der Wasserhaushaltsgleichung bewegen, hat aber in den letzten Dekaden eine signifikante und aktuell nicht mehr reversible Veränderung erfahren (**Bild 4**). Daher haben führende Hydrologen unlängst festgestellt: „Stationarität ist tot und sollte in der Risikoabschätzung der Wasserverfügbarkeit und im Wassermanagement nicht mehr als zentrale Standardannahme dienen" (Übersetzung d. Verf., [17, S. 573]). Das heißt erst mal nichts anderes, als dass Vorhersagen auf der Basis der Vergangenheitsdaten bzgl. Stabilität und Entwicklung der Variablen des Wasserkreislaufes zunehmend unsicher werden.

Auch sind die an die Stationarität gekoppelten Werkzeuge der linearen Gleichgewichtsmodellierung nicht mehr ausreichend; es braucht nichtstationäre, probabilistische (Ungleichgewichts-)Modelle von relevanten Umweltvariablen [17], wie z. B. Verdunstung, schnellerer Abfluss von Regen, Veränderung der Landbedeckung und -nutzung, Veränderung der Sickerraten, Verschiebung von Niederschlagszonen (Hadley-Zirkulation) nach Norden [18, 19], Veränderung der Verdunstungsraten, Verlängerung der Vegetationsperioden. All das verdeutlicht, wie komplex die Veränderungen sind und was alles in die hydrologische Modellierung für die Bestimmung der sich instationär entwickelnden Komponenten der Wasserhaushaltsgleichung zu integrieren wäre.

Veränderte Perspektiven für eine „verträgliche" Grundwasserbewirtschaftung

Die Signale der Veränderung im Grundwasserraum sind nicht zu übersehen: Die Grundwasserneubildung nimmt ab, die „Füllstände" in den Grundwasserkörpern verringern sich langsam, aber tendenziell immer weiter. Artesisch gespannte Grundwasserleiter sind inzwischen selten, die saisonalen Schwankungen nehmen zu, die Häufigkeit und Intensität von Starkniederschlägen nimmt langfristig zu, sodass die Grundwasserneubildung über die Fließgewässer durch die schnelleren Abflüsse reduziert und weniger wird [20]: Auch wenn die Klimaprojektionen noch keine feste Basis für künftige Wasserhaushaltsgrößen abgeben, so zeigen sich eindeutige Signale, dass langfristig von einer Verringerung der Grundwassermengen ausgegangen werden muss [21]. Die Hitzetage und Trockenperioden nehmen zu, die Schneeauflage im Winter nimmt ab, mehr Verdunstung durch die stete Zunahme der Temperatur (verstärkt durch längere Vegetationsperioden) zehren zunehmend die Grundwasserneubildungsmenge [11].

Künftige dynamische Treiber dieser Entwicklung sind aber auch das Bevölkerungswachstum in den Metropolregionen, ein häufiger und über längere Zeiträume zu deckender Spitzenwasserbedarf während der häufiger werdenden Trockenperioden sowie ein wachsender Bewässerungsbedarf der Landwirtschaft als konkurrierende Nutzer. Die Hoffnung auf neue, die Grundwasserleiter vollständig regenerierender Nassperioden ist bisher unerfüllt geblieben, sodass weiterhin Neubildungsdefizite zu bewältigen sind. Folgen dieser Entwicklung sind auch eine räumliche Verlagerung der Ressourcennutzungen in bisher ungenutzte oder weniger intensiv bewirtschaftete Grundwasserkörper, da z. B. in den Metropolregionen der spezifische Wasserverbrauch durch den anhaltenden Bevölkerungszuwachs mit Zunahme der „Komfortnutzungen" (immer mehr private Pools, Homeoffice und wohnortnahes Freizeitverhalten) und die Verlagerung der Verbrauchsspitzen in die Zeiten niedriger Grundwasserstände immer weiter zunimmt. In diesen Fällen ist eine Überbrückung von Bedarfsspitzen, wie das z. B. bei einem erhöhten Energiebedarf ohne Weiteres möglich ist, aus defizitären Grundwasserleitern langfristig nicht mehr möglich, sodass neue „Quellen" erschlossen werden müssen.

Diese „Rotation" und „Verlagerung von lokalen Problemen" bei der Nutzung der Grundwasservorkommen sei an einem Beispiel aus dem Vogelsberggebiet verdeutlicht: Eine politisch geforderte, „ökologisch verträgliche" Grundwasserentnahme im östlichen Vogelsberg stößt aktuell aufgrund der Grundwasser- und Bedarfsentwicklung in den dort genutzten Grundwasserkörpern an ihre Grenzen. Da die örtliche Ressourcennutzung nicht weiter gesteigert werden kann, muss aus einem benachbarten Gebiet Rohwasser beigefördert werden. Im westlichen Vogelsberg muss beispielsweise die Oberhessische Versorgung AG (OVAG), die Trinkwasser aus dem Grundwasser für Frankfurt gewinnt, um ökologische Grenzwerte einhalten zu können, sich Grundwasser aus dem Marburger Burgwald vom Zweckverband Mittelhessische Wasserwerke (ZMW) zuleiten lassen; der Wasserverband Kinzig (WVK), ebenfalls Wasserlieferant für die Metropolregion Rhein-Main, möchte, um ökologische Grenzgrundwasserstände im südlichen Vogelsberg (Brachttal) einhalten zu können, Grundwasser aus dem nördlich gelegenen Kirchbracht / Illnhausen (Gemeinde Birstein) gewinnen.

Maßnahmen

Das notwendige Umdenken könnte mit folgenden Maßnahmen begleitet werden, die an vielen Stellen kurzfristig umgesetzt werden können:

- Minderung oder Rückführung der Versiegelung im urbanen Raum, da diese den schnellen Abfluss und Überflutungsprobleme fördert. Ziel muss sein, das Wasser, das in Trockenzeiten im Grundwasserspeicher der Gewinnungsanlage fehlt, über die belebte Bodenzone gezielt zuzuführen. Diese Zuführung von Wässern in den Grundwasserleiter über die belebte Bodenzone muss aufgrund der träge ablaufenden Vergleichmäßigungsprozesse und den damit verbundenen hydrochemischen Prozessen im Grundwasserraum vorausschauend geplant und ausgeführt werden. Beispiele für wasserstandsorientierte Grundwassermanagementsysteme finden sich in Südhessen (Hessisches Ried) oder im südlichen Rheinland-Pfalz (Eicher Rheinbogen). Eine direkte Fremdwasserzuführung, z. B. Regen- oder Oberflächenwasser, direkt in das Grundwasser ist bisher nicht erforderlich, aber aufgrund der Stoffbelastungen auch nicht anzuraten.
- Die für eine Versickerung zur Verfügung stehende Oberflächenwassermenge ist niederschlagsabhängig und daher auch lokal sehr volatil. Es steht aus qualitativen Gründen nur ein begrenzter Teil davon, z. B. aus unbebauten Flächen, zur Verfügung, um das Dargebot in einem intensiv genutzten Einzugsgebiet zu stützen bzw. zu verbessern.
- Als Ziel kann also neben einer Versickerung von Niederschlag über die belebte Bodenzone und eine gezielte Entsiegelung von Flächen das Rückhalten und unterirdische Speichern von Wasser aus Überschusszeiten für die länger werdenden Trockenperioden in Betracht gezogen werden. Dies kann über die Schaffung von Becken, Poldern oder Flächen mit einer Anreicherung des Grundwassers mittels geschlossener Sickerschlitzgräben erreicht werden. Darin könnte vorab aufbereitetes Regenwasser gezielt versickert werden.
- Eine Erweiterung der Fließgewässer mit einer Renaturierung und Anlage von versickerungsfähigen Ausuferungszonen kann Entsiegelungsmaßnahmen in urbanen und dicht bebauten Gebieten unterstützen.
- Eine erhöhte Verweilzeit des Wassers im Fließgewässer fördert bei entsprechender Gestaltung der Sohle und Ufer deren Aussickerung, anstatt durch einen raschen Abfluss aus dem jeweiligen Trinkwasser- und Grundwassereinzugsgebiet herausgeführt zu werden.
- Wasserwiederverwendung (z. B. Grauwasser), Brauchwasser (z. B. aufbereitetes Oberflächenwasser oder Wasser aus der Grundwasserhaltung), Zisternenbau sind erforderliche Maßnahmen zur Trinkwassersubstitution und gesetzlich durch Flächennutzungs- und Bebauungsplanung zu unterstützen [22].

Noch sind mittelfristig ausreichende Wasserressourcen in den meisten Grundwasserkörpern vorhanden; jedoch führen weitere quantitativ auf den dynamischen Vorrat wirkende Zunahmen der Garten- und Grünflächenbewässerung, der landwirtschaftlichen Beregnung und die zunehmende Flächenversiegelung beim Eigenheim- und Gewerbebau unweigerlich zu einer irreversiblen Übernutzung der Grundwasserressource, die dann bei zunehmender Trockenheit und Wasserverbräuchen der Bevölkerung nicht mehr resilient reagieren kann.
Die aktuell schon messbaren witterungsbedingten und klimatischen Einflüsse auf die grundwassergestützte Wasserversorgung müssen durch eine „wasserorientierte" Bauleitplanung und eine Vermeidung von weiteren Flächenversiegelungen bereits heute geplant und umgesetzt werden! Durch die Verbrauchsentwicklung der letzten Jahre werden die technischen Wasserversorgungsanlagen an ihre Leistungsgrenze getrieben.
Es besteht daher auch ein informativer Handlungsbedarf unter Berücksichtigung längerer und weiter steigender Spitzenbedarfszahlen (z. B. Bau von zusätzlichen Speicherräumen, Notstromausstattung verbessern, Aufrufe zum Sparen von Wasser in nicht lebensnotwendigen Bereichen, wie Pools, Gärten etc., Einschränkung zusätzlicher Nutzungen).

Zusammenfassender Ausblick

Langfristig muss damit gerechnet werden, dass die Grundwasserneubildungsmenge tendenziell entweder weiter abnehmen wird oder sich auf niedrigerem Niveau als vor 20 Jahren stabilisiert. In Zeiträumen mit Spitzenförderung, wie z. B. in den Sommern 2018 bis 2020, kann das verfügbare Dargebot so gemindert werden, dass die schon heute aufgebauten langfristigen Dargebotsdefizite nicht mehr vollständig ausgeglichen werden. Es braucht daher dringend ein Erkennen der Tatsache, dass die Grundwasserstände seit mehr als 20 Jahren tendenziell abnehmen und damit die Grundwassermenge irgendwann, z. B. auch aufgrund steigender Ansprüche von Natur und Landschaft innerhalb sich weiter verkleinernder Räume, nicht mehr in dem bisher gewohnten Umfang zur Verfügung stehen wird, sofern wir nicht in ein irreversibles System des „overpumpings", wie in den semiariden und ariden Regionen der Erde praktiziert, verfallen wollen.
Trotz der tendenziell negativen Entwicklung bei den Grundwasserständen und der sie begleitenden Signale ist festzustellen, dass die Aufsichtsbehörden die offensichtlichen Probleme nicht konkret genug angehen wollen, da sie vielschichtig sind, technisch wie politisch. Sie scheinen zu komplex und fern von „schnellen" Lösungen; dabei steigern Abwarten und Zusehen den Trend einer sich langfristig abzeichnenden Überbewirtschaftung der stark genutzten Grundwasserkörper. Allenfalls ist ein kurzfristig angelegtes, reaktives Krisenmanagement zu beobachten, das auf weiteren Ausbau der Fernwasserversorgung und weiterer Erschließung bisher kaum oder nicht genutzter Grundwasserressourcen abzielt. Ein langfristig angelegter Paradigmenwechsel für ein Management des gesamten Wasserkreislaufes ist für die immer noch wachsenden Metropolregionen und die sich

„entleerenden" Räume dazwischen unabdingbar, aber aktuell (noch) nicht in Sicht.

Bei wasserrechtlichen Genehmigungsverfahren für eine befristete Grundwassernutzung kann nicht mehr von langjährig gleichbleibenden Mittelwerten als Grundlage einer Bewirtschaftungsentscheidung ausgegangen werden. Der Wasserbedarf im Rahmen klassischer Wasserbilanzen ist kritisch zu hinterfragen. Insbesondere könnte der Wasserbedarf von der numerischen und direkt zur Wasserentnahme proportionalen Einwohnerentwicklung abgekoppelt werden. Hier könnten die Instrumente der rationellen Weiterverwendung greifen [23]:

- Substitution von Trinkwasser in bestimmten Lebensbereichen wie z. B. der Gartenbewässerung durch Brauchwasser oder der Einsatz von Grauwasser im Siedlungsbereich; alleine der Einsatz von Grauwasser kann bis zu 45 % des Frischwassers einsparen und die dezentrale bzw. semizentrale Speicherung des Grauwassers leistet einen wesentlichen Beitrag zur Abflachung des Spitzenwasserbedarfs während Trockenperioden.
- Für die periodische Anreicherung defizitärer Grundwasserkörper kann ein konjunktives Wassermanagement, das schon seit mehr als 100 Jahren an der Ruhr, am Neckar oder an der Elbe durchgeführt wurde und wird (Flusswasseraufbereitung für eine künstliche Grundwasseranreicherung), verstärkt genutzt werden. Solche Überlegungen sind aus dem Rhein-Main-Gebiet bekannt, bedürfen aber erheblicher Mittel und Aufwendungen bis zu einer erfolgreichen Implementierung.
- Auf der kommunalen Ebene können lokale Managementpläne für Verbesserung der lokalen Grundwasseranreicherung (urban wie auch in der offenen Landschaft) auf der Konkretionsebene von Flächennutzungsplänen mit entsprechenden Beauflagungen sorgen. Dazu zählen auch die Reduktion der Abflussgeschwindigkeiten und Vergrößerung der Retentionsmöglichkeiten für Niederschlagswasserabflüsse, die mit einer Verbesserung der Infiltrationsleistung perennierender oder intermittierend wasserführender Fließgewässer im urbanen und ländlichen Raum einhergehen muss, anstatt zunehmende Abdichtung und Sohlverbauten zur Abflussbeschleunigung.

Literatur

[1] Famiglietti, J., Ferguson, G. (2021): The hidden crisis beneath our feet. In: Science 372 (6540): 344-345.

[2] Hayek, I. (2022): Gletscher schmelzen – na und? In: bergauf 02/2022: 7: o.A.

[3] Lieb, G., Kellerer-Priklbauer, A. (2022): Gletscherbericht 2020/21. In: bergauf 02/2022: 10 -19.

[4] Kessler, T., Marschallinger, R., Höfer-Öllinger, G. (2021): Steigende Grundwasserstände als Herausforderung für zukünftiges Grundwassermanagement in alpinen Tälern. In: Grundwasser – Zeitschrift der Fachsektion Hydrogeologie 26: 395-407.

[5] Treskatis, C. (2020): Heute schon spürbare Einflüsse des Klimawandels auf die technische Resilienz von Wasserfassungen. In: gwf Wasser | Abwasser 04/2020: 57-63.

[6] Treskatis, C. (2021): Schüttungsrückgang und Trockenfallen von Quellfassungen. Mögliche Maßnahmen und Strategien zur Minderung witterungs- und klimabedingter Einflüsse. In: ewp energie|wasserpraxis 01/2021: 22-29.

[7] de Crescentiis, P. (2007): Erfolgreiche Landwirtschaft: Ein mittelalterliches Lehrbuch. Erster und zweiter Halbband. Stuttgart: A. Hiersemann.

[8] Schickhofer, M. (2017): Schwarzbuch Alpen. Wien: Brandstätter.

[9] DIN 4049-1:1992-12 (1992): Hydrologie; Grundbegriffe. Stand 12/92. Berlin.

[10] Umweltbundesamt (Hrsg.) (2019): Monitoringbericht 2019 zur Deutschen Anpassungsstrategie an den Klimawandel – Bericht der Interministeriellen Arbeitsgruppe Anpassungsstrategie der Bundesregierung: 276 S.; Berlin.

[11] Fliß, R., Baumeister, C., Gudera, T., Hergesll, M., Kopp, B., Neumann, J., Posselt, M. (2021): Auswirkungen des Klimawandels auf das Grundwasser und die Wasserversorgung in Süddeutschland. In: Zeitschrift der Fachsektion Hydrogeologie 26 (2021): 33-45.

[12] Brockmann, D. (2021): Im Wald vor lauter Bäumen. Unsere komplexe Welt besser verstehen. München: dtv.

[13] Kluge, T. /Schramm, E. (1988): Wassernöte. Zur Geschichte des Trinkwassers. Köln: Volksblatt-Verlag.

[14] HLNUG (2020): Gewässerkundlicher Jahresbericht 2019. Hydrologie in Hessen, Heft 19. Wiesbaden: HNLUG.

[15] KLIWA: Grundwasserstände und Quellschüttungen. Online unter: https://www.kliwa.de/grundwasser-wasserstaende-langzeitverhalten.htm; Abruf 02.02.2020.

[16] Bjornerud, M. (2020): Zeitbewusstheit: Geologisches Denken und wie es helfen könnte, die Welt zu retten. Berlin: Matthes & Seitz Verlag.

[17] Milly, P.C.D., Betancourt, J., Falkenmark, M., Hirsch, R.M., Kundezewicz, Z.W., Lettenmaier, D.P., Stouffer, R.J. (2008): Climate Change – Stationarity is dead: Whither water management? In: Science 319 (5863): 573-574. doi: 10.1126/science.1151915

[18] IPCC (2014): Klimaänderung 2013: Naturwissenschaftliche Grundlagen. Häufig gestellte Fragen und Antworten – Teil des Beitrags der Arbeitsgruppe I zum Fünften Sachstandsbericht des Zwischenstaatlichen Ausschusses für Klimaänderungen (IPCC). Deutsche Übersetzung durch die deutsche IPCC-Koordinierungsstelle und Klimabüro für Polargebiete und Meeresspiegelanstieg. Bonn, 2017.

[19] IPCC (2022): Zusammenfassung für die politische Entscheidungsfindung. In: Naturwissenschaftliche Grundlagen. Beitrag von Arbeitsgruppe I zum Sechsten Sachstandsbericht des Zwischenstaatlichen Ausschusses für Klimaänderungen. Deutsche Übersetzung auf Basis der Druckvorlage durch Deutsche IPCC-Koordinierungsstelle, Bonn.

[20] Epting, J., Michel, A., Huggenberger, P., Affolter, A. (2020): Ist-Zustand und Temperatur-Entwicklung Schweizer Lockergesteins-Grundwasservorkommen. Hydro-CH2018 synthesis report chapters: "future changes in hydrology". Hydro-CH2018 Project. Commissioned by the Federal Office for the Environment (FOEN). Bern. doi: 10.5451/unibas-ep78426.

[21] Wunsch, A., Liesch, T., Broda, S. (2022): Deep learning shows declining groundwater levels in Germany until 2100 due to climate change. In: Nat. Commun. 13: 1221. doi: https://doi.org/10.1038/s41467-022-28770-2.

[22] Kluge, T. (2020): Regulation der Ressource Grundwasser raumplanerisch und infrastrukturell gestalten. In: Der Wassermeister 20: 12-14.

[23] Riedel, T., Nolte, C., aus der Beek, T., Liedtke, J., Sures, B., Grabner, D. (2021): Niedrigwasser, Dürre und Grundwasserneubildung. Bestandsaufnahme zur gegenwärtigen Situation in Deutschland, den Klimaprojektionen und den existierenden Maßnahmen und Strategien. Abschlussbericht. Berlin: UBA.

Heute schon spürbare Einflüsse des Klimawandels auf die technische Resilienz von Wasserfassungen

Christoph Treskatis

Klimawandel, technische Resilienz, Grundwasser, Wassermanagement

Steigende Temperaturen und veränderte Niederschlagsmuster führen zu einer sinkenden Grundwasserneubildung, häufigeren Trockenperioden sowie früheren jährlichen Wasserstandshöchstwerten. Gleichzeitig nehmen Starkregenereignisse zu, die kaum zur Grundwasserneubildung beitragen und zu mikrobiologischen Belastungen führen. Die technische Resilienz – verstanden als Anpassungsfähigkeit und Funktionssicherheit von Wassergewinnungsanlagen unter veränderten Bedingungen – ist bei oberflächennahen Fassungen oft gering. Um dem entgegenzuwirken, werden Maßnahmen wie Sanierung bestehender Fassungen, Abdichtung gegen Fremdwasserzutritte, Schutz vor Extremwetter sowie gezielte Regenwasserversickerung vorgeschlagen. Ohne strukturelle Anpassungen drohen langfristig Nutzungseinschränkungen und Übernutzung der Grundwasserleiter. Daher ist ein vorausschauendes Wassermanagement mit resilienten, klimafesten Infrastrukturen essenziell.

Einleitung

Bereits heute sind die Folgen des Klimawandels in der Wasserversorgung spürbar. Er beeinflusst die Grundwasserneubildung durch steigende Temperaturen und veränderte Niederschläge. Steigende Temperaturen wirken sich auf die Verdunstungshöhe aus und verringern die Versickerung und in deren Folge die Erneuerung des Grundwassers. Die veränderten Niederschlagsverhältnisse beeinflussen vor allem über den zeitlich und räumlich veränderlichen Oberflächenabfluss die Grundwasserneubildung. Starkregen fließt schnell ab und kann nicht versickern; geringere Niederschlagsmengen verdunsten und erreichen nicht mehr den Grundwasserraum.

In den letzten Jahren traten immer häufiger und in mehreren Abfolgen niedrige Quellschüttungen und Grundwasserstände auf, die in einigen Gemeinden zu Problemen bei der Trinkwasserversorgung geführt haben (**Bild 1**). Veränderungen im Jahresgang der Quellschüttungen und Grundwasserstände sind seit einigen Jahren schon zu beobachten. Das jährliche Maximum der Grundwasserstände und Quellschüttungen tritt beispielsweise in Bayern an 47 % der Messstellen zunehmend früher im Jahr auf (bis zu fünf Tage pro Jahr), was zu einer Verlängerung von Niedrigwasserperioden in den verbrauchsstarken Frühsommermonaten führt. An 41 % der Messstellen ist kein signifikanter Trend zu erkennen, während an weiteren 12 % das Maximum später im Jahr auftritt. Am deutlichsten ist die Entwicklung hin zu einem früheren jährlichen Maximum in Baden-Württemberg und im nördlichen Bayern zu erkennen. Die zeitliche Verschiebung des Eintrittszeitpunkts des jährlichen Maximums lässt sich gut mit den bekannten Änderungen des Niederschlags- und Neubildungsverhaltens erklären [1].

Die zunehmende Dauer und Häufigkeit der Trockenperioden führt zu höheren Wasserverbräuchen in den Gemeinden und gleichzeitig zu einem steigenden Bedarf für die landwirtschaftliche Beregnung. Die Gleichzeitigkeit und steigende Dauer hoher Bedarfsmengen und von Spitzenfördermengen in den Frühsommermonaten führen die Kapazitäten der Trinkwassergewinnungs- und -speicheranlagen vielfach an bisher nicht bekannte Grenzen. Parallel dazu treten in größerer Häufigkeit und Abfolge Starkregenereignisse und Gewitterschläge auf, die sich vor allem auf die mikrobiologische Beschaffenheit der oberflächennahen Grundwasservorkommen auswirken können (**Bild 2**).

Was bedeutet „technische Resilienz“ für Brunnen und Quellfassungen?

Je mehr wir auf das Funktionieren technischer Systeme in unserem Alltag angewiesen sind, desto wichtiger wird deren Resilienz: Sie müssen auch beim Auftreten innerer und äußerer Ausfälle und Störungen jederzeit in der Lage sein, die erforderlichen Systemleistungen aufrecht zu erhalten und nach einer Störung wieder in den Ausgangszustand zurückzukehren. Das betrifft nicht nur Einzelsysteme (z. B. Autos, medizinische Geräte, Flugzeuge), sondern auch Infrastrukturen (Verkehr, Wasser- und Energieversorgungssysteme, Informations- und Kommunikationssysteme etc.) [2].

Eine zentrale Frage im Bereich der Nachhaltigkeit der Wassergewinnung gegenüber den Folgen des Klimawandels ist die technische Resilienz der Fassungsanlagen und der genutzten Grundwasserleiter, d. h. ihre Anpassungs- und Reaktionsfähigkeit bei kurz- und langfristigen Veränderungen der äußeren Bedingungen. Hierbei spielen die Nutzungssicherheit und die technische

© C. Treskatis

Bild 1: Rückläufige Schüttungen sind seit einigen Jahren vor allem in den Quellfassungen in oberflächennahen Grundwasserleitern der Mittelgebirge und in der alpinen Molasse zu beobachten

Robustheit und damit die langfristige Perspektive einer Gewinnungsanlage sowohl bei zunehmender Trockenheit und gleichzeitig hoher Entnahme als auch bei Starkregen und anderen exogenen Einflüssen, wie z. B. Stürmen und mittelfristig immer geringerer Grundwassererneuerung eine wichtige Rolle.

Klimatische und hydrologische Entwicklungen und Auswirkungen

Verschiedene Klimastudien zeigten bei einer Analyse der Wetterdaten von 1941 bis 2008, dass zukünftig im Winter mehr und im Sommer geringere Niederschlagsmengen zu erwarten sind [3]. Damit sollte eine Erhöhung der winterlichen Neubildungsrate für das Grundwasser einhergehen. Bei einer Erweiterung der Prognosen bis 2018 bestätigte sich, dass die Sommerniederschläge in der Tat jetzt schon rückläufig sind (z. B. der besonders trockene Sommer in 2003, 2011 und zuletzt in 2018, 2019…).

Jedoch werden die Mindermengen in den Wintermonaten nicht wieder ausgeglichen, sodass seit 2003 bundesweit leicht und seit 2015 verstärkt rückläufige Neubildungsraten verbunden mit weiträumig fallenden Grundwasserständen zu verzeichnen sind (**Bild 3**). Im Vergleich zum langjährigen Mittel werden Monate mit unterdurchschnittlich niedrigen Grundwasserständen signifikant häufiger. Vor allem über mehrere Jahre hintereinander auftretende Niederschlagsdefizite führen zu abnehmender Grundwasserneubildung und damit zu sinkenden Grundwasserständen oder verringerten Quellschüttungen [4]. In vielen Regionen Deutschlands besteht heute seit der Dekade der 2001 bis 2010 ein Neubildungsdefizit von ca. 30 % und die Grundwasserstände sind seit 2015 in den oberen Grundwasserleiterschichten um insgesamt 1,5 bis 2 m stetig gefallen (s. **Bild 2** und **Bild 3**, siehe Beitrag 1, ab S. 11).

© C. Treskatis

Bild 2: Überflutung eines Quellsammelschachtes nach 1-wöchigem Starkregen

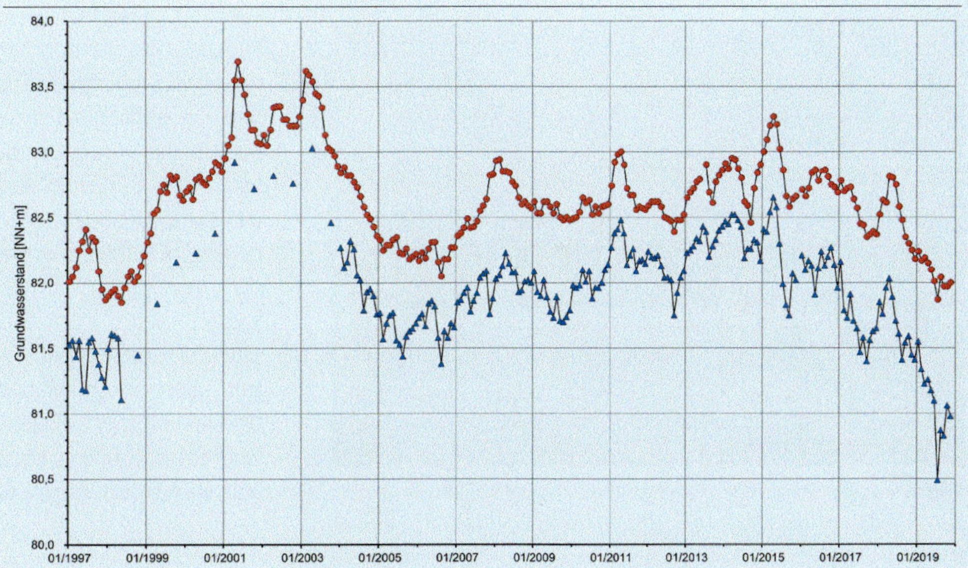

Bild 3: Veränderungen der Grundwasserstände in einem quartären Grundwasserleiter, der zur Wassergewinnung einer Metropolregion genutzt wird. Seit 2015 fielen in dieser Beispielganglinie die Wasserstände verstärkt.

Die heute schon erkennbaren mittel- bis kurzfristigen klimatischen Entwicklungen wirken sich vor allem auf die Quellschüttung und Brunnenergiebigkeit aus. Bei Quellen nimmt die Schüttung in den Sommermonaten immer stärker und nachhaltiger ab oder die Quellen fallen komplett „trocken". Eine „Erholung" im Winter dauert oft länger als in den früheren Dekaden und führt vielfach zu bleibenden Defiziten. Diese Effekte wurden auch an Quellen im ansonsten regenreichen Allgäu sowie in den Mittelgebirgen festgestellt. Hauptursachen waren die flachgründige Einbindung der Fassungsorgane und häufig vorkommende Umläufigkeiten der Fassungsmauern und Einläufe in die Quellsammelschächte. Bei Starkregen oder Überflutung reagieren diese Fassungsbauwerke dagegen mit einem Überlaufen der Quellsammelschächte sowie mit Trübungen und bakteriologischen Positivnachweisen im Quellwasser.

Defekte und Undichtigkeiten in verschiedenen Bauteilen der Quellfassungen reduzieren deren Resilienz und Nutzbarkeit bei niedrigen Grundwasserständen und defizitärer Grundwasserneubildung.

Anhand geophysikalischer Messungen zeigte sich in vielen Flach- und Tiefbrunnen, dass die Hauptwasserführung in einer relativ oberflächennahen Zone hoher Durchlässigkeit stattfindet. Der Hauptwasserzufluss aus der in **Bild 4** beispielhaft dargestellten oberflächennahen, nicht verfilterten Zuflusszone eines Brunnens im Festgestein wird bei klimabedingt sinkenden Wasserständen langsam zurückgehen. Der Brunnen verliert immer weiter an Ergiebigkeit. Der Zufluss ist nicht mehr durch Regenerierung reaktivierbar. Die technische Resilienz gegenüber Trockenzeiten ist in solchen Fällen, wie bei den oberflächennah gefassten Quellfassungen, gering und die Vulnerabilität gegenüber Verschmutzungen bei Starkregen und Überflutung der Geländeoberfläche im Fassungsbereich sehr hoch.

Was kann der Wasserversorger tun?

Die Neuerschließung weiterer Vorkommen oder tieferer Grundwasserleiter, der Bau von neuen Behältern oder die Steigerung der Entnahme in den noch gut ergiebigen Fassungen ist aktuell in vielen Regionen Thema der wasserwirtschaftlichen Klimadiskussion. Jedoch sind bei weiter rückläufigen Neubildungshöhen und

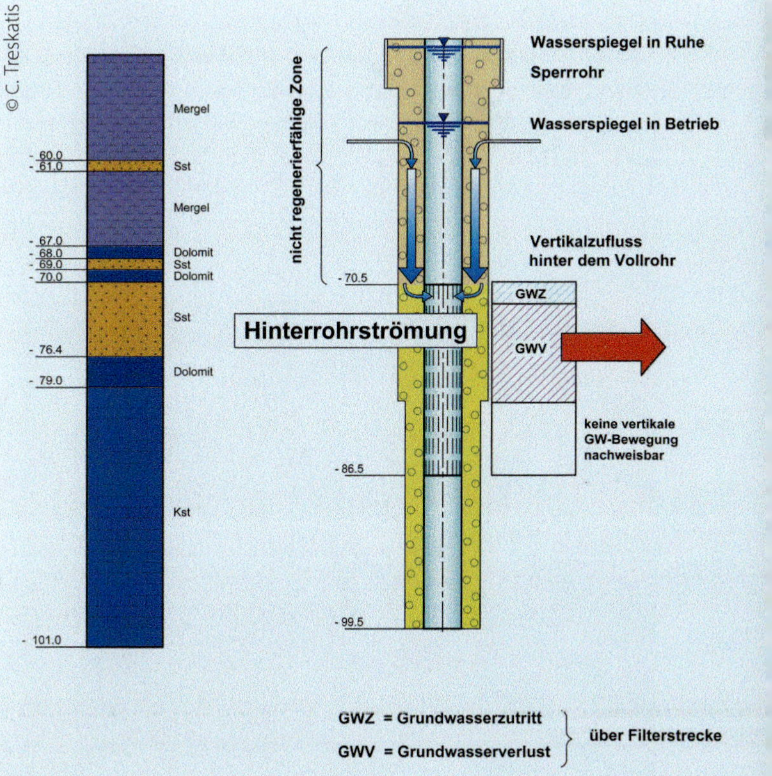

Bild 4: Beispiel eines Brunnenausbaus mit ausgeprägter Hinterrohrströmung aus dem oberflächennahen Teil eines Grundwasserleiters

© C. Treskatis

Bild 5: Wasserzufluss in den Quellsammelschacht über eine undichte Rohreinbindung des Fassungsstrangs: Nach Starkregen tritt innerhalb des Schachtumfeldes kurzzeitig Oberflächenwasser über diese Undichtigkeit in den Sammelschacht ein (Gefahr durch mikrobiologische Verunreinigungen).

aufgrund der zunehmenden Konkurrenz in der Grundwassernutzung durch Landwirtschaft und Industrie diesen Abhilfemöglichkeiten auf kurz oder lang Grenzen gesetzt. Die Niedrigwasserstände und geringe Neubildung der oberflächennahen Grundwasserleiter wird über kurz oder lang auch die tieferen Leiter beeinflussen, so dass Entnahmesteigerungen dort die Nutzungseinschränkungen und Resilienzprobleme von morgen hervorrufen würden.

Die derzeitige Genehmigungspraxis der Wasserbehörden unterstützt heute einerseits meist aus politischen Gründen die Grundwasserneuerschließungen für die Landwirtschaft. Andererseits reduzieren die zunehmende Versiegelung und Verstädterung der Kulturlandschaft in den Räumen mit steigendem Trinkwasserbedarf (z. B. Rhein-Main-Gebiet) die Möglichkeiten für die Wasserversorgungsunternehmen und Gemeinden, weitere schutz- und genehmigungsfähige Trinkwasserressourcen zu erschließen. Oft sind der amtliche Naturschutz und dessen Instrumentalisierung für subjektive Interessen örtlicher Naturschutzverbände (Beispiel „Rettet den Burgwald" in Mittelhessen) ein gravierendes und nur wenig vorhersagbares Hindernis für trinkwassertechnisch erforderlichen Maßnahmen, wie z. B. der Neuerschließung oder Nutzungserweiterung von Grundwasservorkommen.

Folgen dieses restriktiven Genehmigungsumfeldes für Neuerschließungen sind bei der auch bei Trockenheit von der Öffentlichkeit geforderten umfänglichen Versorgungssicherheit durch den Wasserversorger z. B. zeitweise Übernutzungen der Grundwasserleiter (overpumping) bis hin zum allmählichen Aufbrauch des statischen, nicht mehr erneuerungsfähigen Grundwasservorrates.

© C. Treskatis

Bild 6: Wasserverluste durch eine undichte Fassungsmauer im Abstrom des Fassungskopfes

Möglichkeiten zur Erhaltung oder Herstellung der technischen Resilienz

Die Entwicklung der letzten fünf Jahre muss in den Gemeinden und bei den Wasserversorgern inzwischen ausreichend Anlass bieten, neben einer sinnvollen baulichen Erweiterung bei der Trinkwasserspeicherung und der Neuerschließung von bisher ungenutzten Vorkommen die technische Resilienz der Bestandsfassungen und Grundwasserressourcen für die Trinkwassergewinnung langfristig zu verbessern. Die Auswirkungen von gegensätzlichen exogenen Einflüssen, wie eine längere Trockenheit oder ein kurzfristiges „Überangebot" an Regen- oder Flusswasser sind aufgrund der vielfach begrenzten oder nicht mehr vorhandenen technischen Resilienz der Wasserfassungen vergleichbar: Das Grundwasserdargebot wird nicht mehr im ausreichenden Maße ergänzt und die Nutzbarkeit der Fassungen wird zeitweise erheblich eingeschränkt.

Die Nutzbarkeit und damit auch die technische Resilienz der Grundwasserfassungen kann aber durch folgende technische und planerische Maßnahmen erheblich verbessert werden:

- *Erkundung und Sanierung der Quellfassungen gegenüber Umläufigkeiten (**Bild 5**), Wasserverlusten (**Bild 6**) und Überflutungen:* Ein Hauptproblem von flach gefassten Quellen ist das Verlaufen des Quellwasserzutrittes, da die Fassungsköpfe nicht ausreichend abgedichtet oder gegen Abstrom gesichert wurden. Dies zeigt sich dann bei niedrigen Wasserständen, wenn die Quelle trockenfällt und trotz längerer Trockenheit unterhalb des Sammelschachtes wiederum Vernässungen auffallen (**Bild 7**). Eine Sanierung der Abstromsicherung und eine „tiefere" Fassung des Quellwassers ist eine bewährte Methode, jedoch sind damit auch Risiken wie Qualitätsveränderungen (z. B. bei Neuverlegung der Fassung in chemisch reduzierte Grundwässer) oder ein Durchstoßen zuvor wasserstauender Schichten verbunden.
- *Erkundung und Sanierung der Flachbrunnen mit Abdichtung der unerwünschten Zuflüsse (z. B. nach Starkregen oder Überflutung):* Mithilfe von Bohrlochgeophysikmessungen und Tracergasmessungen können die Stellen der Undichtigkeiten lokalisiert

© C. Treskatis

Bild 7: Vernässungen einer Quellzone durch Umläufigkeiten

© C. Treskatis

Bild 8: Beispiel eines Sickerschlitzgrabens (im Bau, noch ohne Abdeckung) zur Anreicherung des Grundwassers und Stabilisierung der Grundwasserstände

werden [5, 6]. Oft führt eine Abdichtung zu einem Ergiebigkeitsverlust, sodass qualitative und quantitative Aspekte vor einer Sanierung abgewogen werden müssen.

- *Sicherung der Wassergewinnungsanlagen gegenüber exogenen Einflüssen wie Starkregen, Überflutung, Sturmfolgen oder Erdbewegungen/Erosion:* Die Erkenntnisse von Tracergastests und anderen Untersuchungen an einer Quell- oder Brunnenfassungen erlauben die Definition der Abdichtungen in der Fläche um die Fassung und die Modellierung des Geländes der Zone I zur Minderung von Erosionsschäden oder Überflutung.
- *Verzögerung des Abflusses zur lokalen Steigerung der Grundwasserneubildung:* Die zunehmende Versiegelung der Landschaft und damit auch der Grundwasserneubildungsgebiete verschärft die mittelfristigen Auswirkungen der Trockenzeiten auf die Wasservorräte und die Grundwasserstände; schnell abfließendes Regenwasser kann den Grundwasserkörper nicht erreichen und das Defizit der Neubildungsmenge steigt kontinuierlich an. Eine Entsiegelung ungenutzter Flächen, die Nutzung von natürlichen Retentionsräumen mit Steigerung der Versickerungsfähigkeit, eine Sensibilisierung der Bevölkerung bzgl. der Gestaltung der Grundstücksbebauung etc. können als Maßnahmen im Gemeindegebiet und Wasserschutzgebiet die Auswirkungen der Trockenheit abfedern.
- *Gezielte Wassereinspeicherung in den Untergrund (subsurface water storage):* Über geschlossene und damit im Vergleich zu Becken besser schützbare Sickerschlitzgräben können Regenwässer nach einer Partikelabtrennung in den Untergrund eingespeichert werden (**Bild 8**) [7]. Dazu müssen passende Geländeverhältnisse und entsprechend aufnahmefähige Grundwasserleiter vorliegen.

Zusammenfassung

Unter der technischen Resilienz von Brunnen und Quellfassungen kann in Zusammenhang mit den heute schon spür- und sichtbaren Folgen des Klimawandels die Erhaltung oder Wiederherstellung der funktionalen Eigenschaften verstanden werden, bei einem Teilausfall (z. B. Schüttungs- oder Ergiebigkeitsrückgang durch zeitweise ausbleibende Grundwasserneubildung und sinkende Wasserstände) nicht vollständig zu versagen (i.e. vollständig zu verlaufen oder trocken zu fallen).

Schon heute stehen mehrere Möglichkeiten zur Verfügung, die technische Resilienz der Wasserfassungen zu erhöhen. Dazu gehören Sanierungskonzepte gegen Verlaufen und Fremdwasserzuflüsse sowie Maßnahmen in den Einzugsgebieten, wie Entsiegelungen und gezielte Sammlung von Oberflächenwasser zur Einspeisung in den Untergrund bzw. Regenwasserversickerung an geeigneten Stellen.

Literatur

[1] https://www.kliwa.de/grundwasser-wasserstaende-langzeitverhalten.htm; Abruf 02.02.2020 12:49h

[2] Hiermaier, S., Scharte, B. (2018): Ausfallsichere Systeme – Resilienz als Sicherheitskonzept im Zeitalter der Digitalisierung. – in: Neugebauer, R. (Hrsg.) (2018): Digitalisierung – Schlüsseltechnologien für Wirtschaft und Gesellschaft: 295 – 310 Heidelberg (Springer).

[3] Donner, C., Lange, A. & Eggelsmann, F. (2020): Anpassungen an den Klimawandel bei den Harzwasserwerken. – in: energie|wasser-praxis (ewp) 01/2020: 52 – 54.

[4] Umweltbundesamt (Hrsg.) (2019): Monitoringbericht 2019 zur Deutschen Anpassungsstrategie an den Klimawandel – Bericht der Interministeriellen Arbeitsgruppe Anpassungsstrategie der Bundesregierung: 276 S.; Berlin.

[5] Treskatis, C. (2015): Praktische Durchführung von Tracergastests zur Erkundung von Undichtigkeiten an Brunnen. – in: bbr 01/2015: S. 82 - 88.

[6] Treskatis, C. (2015): Grundlagen und Anwendung von Tracergastests zur Ortung von Eintragswegen für Sickerwässer in Trinkwasserfassungen. – in: gwf-Wasser|Abwasser 05/2015: S. 524 - 536.

[7] Treskatis, C. & Betschart, A. (2015): Untersuchung des Wasseraufnahmevermögens von Schluckbrunnen zur Grundwasseranreicherung im Grundwasserwerk Hardhof, Zürich. – in: Aqua & Gas 09/2015: S. 38-47.

Schüttungsrückgang und Trockenfallen von Quellfassungen

Mögliche Maßnahmen und Strategien zur Minderung witterungs- und klimabedingter Einflüsse

Christoph Treskatis

Klimawandel, Grundwasserstände, Trockenheit, Sanierungen, Standortanalyse

Historisch zentrale Wasservorkommen geraten zunehmend unter Druck: Trockenperioden, sinkende Grundwasserstände und veränderte Niederschlagsmuster führen zu häufigeren Schüttungsrückgängen und temporärem Trockenfallen, insbesondere in Freispiegelfassungen in Mittelgebirgen. Neben klimatischen Ursachen tragen auch Versiegelung, Landschaftsumbau und Drainagen in den Einzugsgebieten zur Verschlechterung bei. Zur Erhaltung der technischen Resilienz werden bauliche Maßnahmen wie regelmäßige Instandhaltung, laterale oder vertikale Erweiterung bzw. Vertiefung der Fassungsstränge sowie hydraulisch und hydrochemisch abgestimmte Sanierungen empfohlen. Diese Maßnahmen können die Stabilität der Wasserzuflüsse verbessern, erfordern jedoch eine sorgfältige Standortanalyse, fachgerechte Umsetzung und ggf. rechtliche Genehmigungen. Der Text fordert ein Umdenken zugunsten individueller, standortangepasster Lösungen anstelle großtechnischer Neuerschließungen, um die Versorgungssicherheit in Zeiten zunehmender Klimavariabilität zu gewährleisten.

Einleitung

Quellen werden seit der Sesshaftwerdung in der Jungsteinzeit zur Wasserversorgung gefasst. Dabei entstand eine außerordentliche Vielfalt von Fassungstypen und Nutzungsformen. Dauerhaft wasserführende Quellwasservorkommen waren für die damaligen Jäger und Sammler wichtige Gunstlagen, die regelmäßig aufgesucht wurden. Sie waren wertvoll und vielfach Anlass von dauerhafter Besiedlung und bäuerlicher Landwirtschaft. So empfiehlt Petrus de Crescentiis um 1300 in dem ältesten, noch erhaltenen Handbuch der mittelalterlichen Landwirtschaft ([1], S. 796, Bd. 2): „Im Oktober können Brunnen gebaut und Gräben ausgehoben werden…". Hinter dieser Empfehlung steht die Erfahrung, dass in der gemäßigten Klimazone im Herbst die Trockenheit des Sommers seinen Höhepunkt auch im Grundwasserraum erreicht hat und dann noch „laufende" Brunnen, Quellen und Gewässer bis zum Beginn der winterlichen Neubildungszeit eine kontinuierliche Wasserversorgung erlauben. In semiariden Zonen muss dagegen ganzjährig mit dem „Austrocken" von Quellen gerechnet werden (**Bild 1**).

Etwa seit Mitte des 20. Jahrhunderts hat sich im Zuge des wirtschaftlichen Aufschwungs die Landnutzung in den hydrologischen Gunstlagen durch Besiedelung, Landwirtschaft, Verkehr und Tourismus massiv verändert. So löste Bayern analog zu Österreich die „Zersiedelungsbremse" im Landesentwicklungsplan, in dem Ausnahmen zum „Anbindegebot" von Neubaugebieten an bestehende Siedlungen gelockert wurden. Dadurch werden nun auch auf der „grünen Wiese", nämlich auf den unversiegelten, für die Grundwasserneubildung wichtigen Flächen, inter-

Bild 1: Hinweis auf eine intermittierend trockenfallende Quelle in den Naukluftbergen Namibias

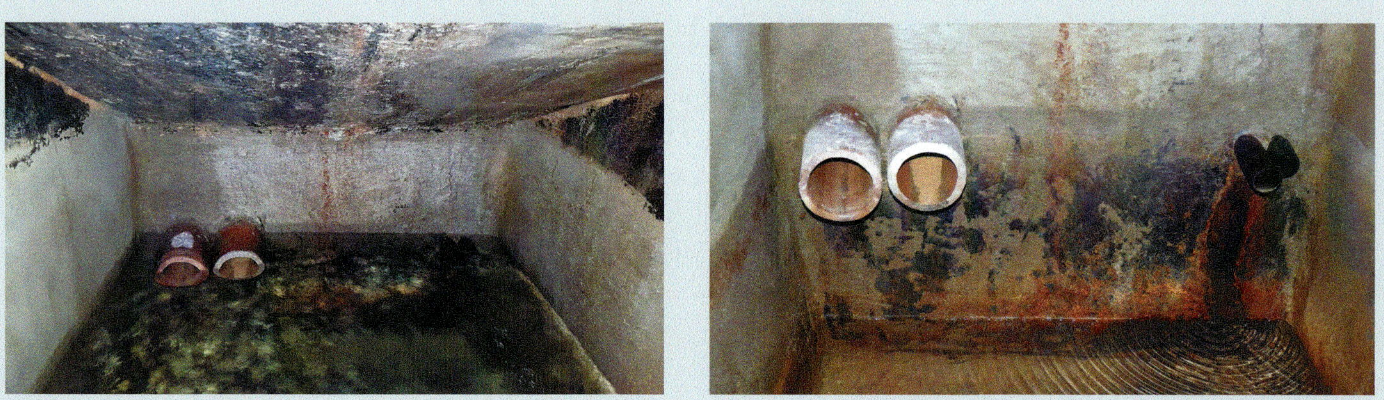

Bild 2: Quellfassung im Februar 2020 (links) und im September 2020 (rechts)

kommunale Gewerbegebiete, Tourismusvorhaben oder die Gewerbegebietsausweisung an Autobahnausfahrten erheblich erleichtert [2].

Große, naturnahe Freiflächen werden nicht nur durch Versiegelung, sondern auch durch den Anbau von Monokulturen und die Regulierung der Oberflächengewässer sowie durch die Entwässerung großer landwirtschaftlich genutzter Areale nachhaltig umgewandelt, sodass die Schüttungskontinuität und Wasserqualität vieler Quellwasservorkommen nachhaltig negativ beeinflusst wird. Neben dem „Ausräumen" und der Umgestaltung der Landschaft wurden die eiszeitlichen Böden unserer Kulturlandschaft in ihrer Neubildungsstabilität verändert (z. B. verdichtet) und der Einsatz von Düngemitteln und Pestiziden verstärkt.

Den Folgen dieser langfristig wirkenden anthropogenen Einflüsse wurde mit einer Aufgabe von Quellfassungsstandorten an „ungünstigen" Standorten zugunsten von Brunnen oder Fremdwasserversorgungen begegnet. Erhalten blieben die quelltechnischen Gunststandorte mit ausreichenden Erneuerungschancen.

Die seit Mitte der 2010er Jahre nicht mehr übersehbaren Folgen des Witterungs- und Klimawandels sind auch bei der Bewirtschaftung der Quellwasservorkommen angekommen und belasten deren Ergiebigkeit und Qualität zusätzlich zu den o.g. strukturellen Entwicklungen in den Einzugsgebieten. War 2003 noch ein singuläres Ausnahmetrockenjahr, reihen sich seit mehr als 10 Jahren mehrere Trockernjahre mit nur geringen Erholungsphasen aneinander. Sicht- und messbare Folgen sind eine abnehmende Wasserführung in den Vorflutern, geringere Frequenz und absolute Höhe von Mittel- und Hochwasserständen, die für die Erneuerung der Grundwasservorräte vieler Talaquifere von Bedeutung sind, und Veränderungen in der Schüttungsganglinie vieler Quellwasserfassungen bis hin zum temporären Trockenfallen (**Bild 2**).

Der Umgang mit solchen temporären Ausfällen von Quellwasserversorgungen ist in den hydrogeologisch nur mäßig ausgestatteten und strukturell abgelegenen Regionen der Mittelgebirge und in den Randgebieten von Versorgungszonen ohne ausreichende Verbundmöglichkeiten geübte Praxis. Jedoch hat sich nachweislich die Folge niederschlagsarmer und neubildungsreduzierter Zeiträume derart kumuliert, dass die Quellwasserspeicher bisher nicht wieder vollständig aufgefüllt werden konnten (**Bild 3**).

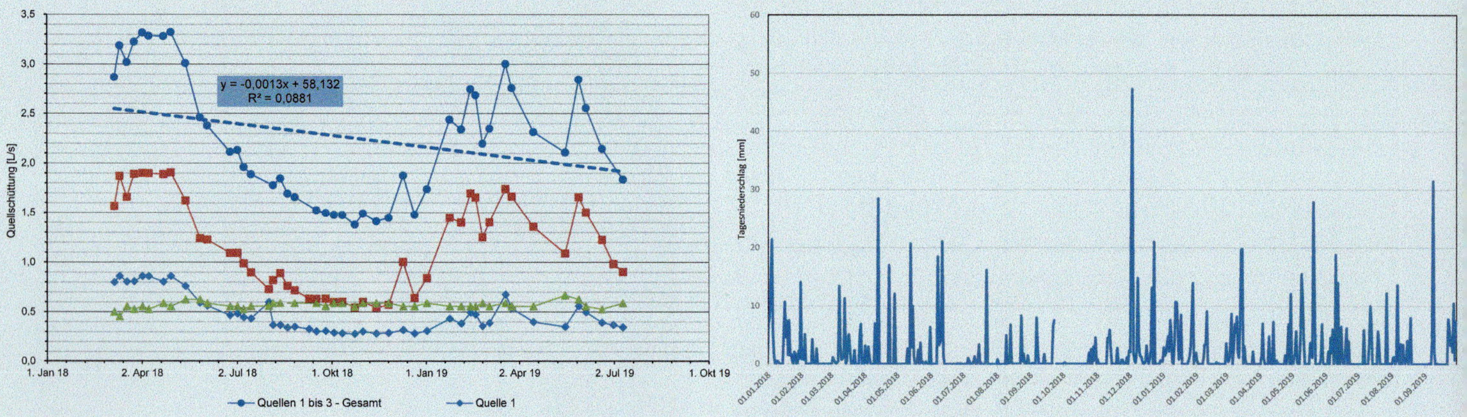

Bild 3: Schüttungsganglinie mit beispielhafter Darstellung einer nur unvollständigen Auffüllung eines Kluftgrundwasserspeichers nach der sommerlichen Rezession der Schüttungsmengen. Die Grafik rechts zeigt die täglichen Niederschlagshöhen im Quelleinzugsgebiet.

So verbleibt in hydrogeologisch ungünstigen Lagen in der Folge der trockeneren Jahre ein dauerhaftes und zunehmendes Bilanzdefizit erhalten, das durch temporäre Maßnahmen allein (z. B. „Wasserfahren“) nicht aufgefangen werden kann.
Dieser Beitrag beschäftigt sich mit möglichen technischen Maßnahmen zur Vorbeugung und zum Umgang mit witterungsbedingt abnehmenden Quellschüttungen, die mit dem Absinken der Grundwasseroberfläche in ungespannten Grundwasserleitern einhergehen.

Veränderungen in der Quellwasserergiebigkeit

Witterungs- und klimabedingte Veränderungen in der Quellschüttung sind im Vorfeld des Trockenfallens an der sogenannten Rezessionslinie erkennbar. Der Leerlaufkoeffizient α ist eine Gesteins- bzw. Speicherkonstante bei einer bestimmten Abflusshöhe und steht für die Neubildungsfähigkeit und das Speichervermögen des Quellwasservorkommens [3]. Die zeitliche Entwicklung einer Schüttungsganglinie einer Quelle ist daher analog zur Abflussganglinie eines Fließgewässers die direkte Antwort des Grundwasserkörpers auf seine Wiederergänzung. Die Wiederergänzung bzw. Grundwassererneuerung ist in den letzten Jahren geringer als das langjährige Mittel ausgefallen, wodurch die erneuerbare Grundwasserressource inzwischen sich seit mehreren Jahren stetig verringert hat (siehe **Bild 2**, Kap. 2). Wesentliche Ursachen sind Veränderungen in der Niederschlagsverteilung im hydrologischen Jahresverlauf und die Erhöhung der Verdunstung infolge steigender Temperaturen, vor allem auch in den neubildungswirksamen Monaten [4].
Aus einer Quellschüttungsganglinie können das Verhalten des Grundwasserspeichers bzgl. seines Neubildungsverhaltens oder anthropogene Einflüsse auf die Quelle (z. B. durch Drainierung bzw. Versiegelung von Teilen des Einzugsgebietes oder Einflüsse von Pumpbrunnen) in Funktion der Zeit abgeleitet werden [3]. Für eine schüttungsbezogene Risikoanalyse des Quellsystems sind solche Ganglinien daher unverzichtbar, werden aber in der Praxis oft nur sporadisch bzw. anlassbezogen ausreichend umfänglich gemessen. **Bild 3** zeigt, dass Quellen im gleichen hydrogeologischen Speichergestein in einem Quelleinzugsgebiet durchaus kurzzeitig unterschiedliche Schüttungsreaktionen zeigen können, welche nur durch ein enges zeitliches Messraster erfasst werden können.
Quellwasserspeicher reagieren sensibel auf Veränderungen der Neubildungsmengen und damit auf Variationen der Grundwasserstände. Im mehrjährigen Vergleich einer Quellgruppe in einem mesozoischen Kluftgrundwasserleiter weisen die Schüttungsganglinien nach dem typischen Rückgang in den Sommermonaten in den Wintermonaten auf eine Erholung der Schüttungsmengen hin (**Bild 3**). Jedoch werden die Speichersysteme im Untergrund in diesem Beispiel nicht vollständig aufgefüllt. Diese Auffülldefizite sind dann eine Gefährdung für die Quellwasserversorgung, wenn damit die Schüttung unter ein versorgungstechnisch relevantes Niveau abfällt und die Quelle trockenfällt (s. **Bild 2 rechts**).
Der Schüttungsrückgang ist bei Quellen in ungespannten Grundwasserleitern unmittelbar an das Absinken der Grundwasserstände und damit auch mit der Standrohrspiegelhöhe gekoppelt. Da Quellfassungen in solchen Aquiferen in der Regel nicht mit Pumpen bewirtschaftet und als Freispiegelsysteme gebaut werden, können witterungs- und klimabedingte Speicherdefizite den Grundwasserstand unter das Niveau der Fassungsleitung fallen lassen. **Bild 4** zeigt hierzu schematisch den Höhenverlauf der Geländeoberfläche und der Grundwasseroberfläche unterhalb der Böschung im früheren Quelltobel. Bei hohen Wasserständen

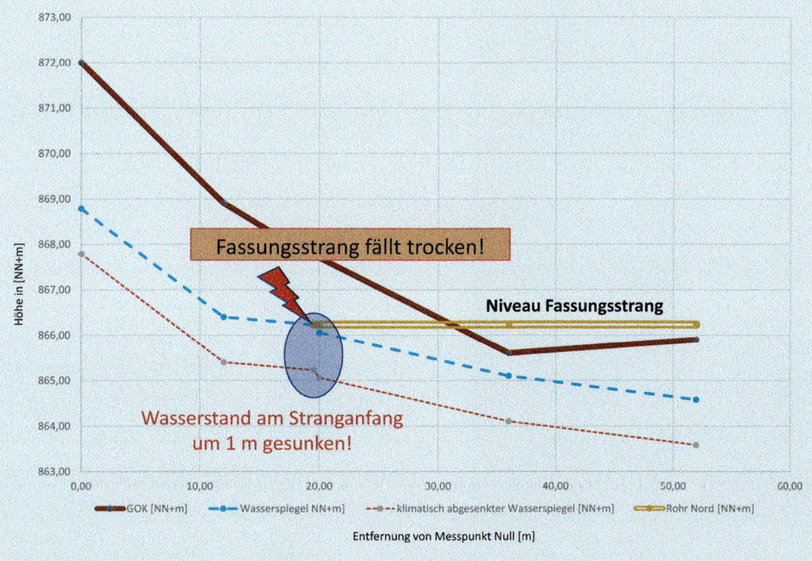

Bild 4: Schema der möglichen Auswirkungen eines Rückgangs der Grundwasserstände auf den Zufluss in die Quellfassungsleitung

Bild 5: Massive Wurzeleinwüchse reduzieren die Schütung des im Bild rechts in die Quelle eingebundenen Fassungsstrangs

Bild 6: Verlagerung und Verlängerung des Fassungsstrangs einer Quellfassung in einem Sandsteinaquifer

ist bei diesem Quellfassungstyp auf dem derzeitigen Fassungsniveau ein ausreichender Wasserandrang vorhanden. Dieser nimmt mit klimatisch fallenden Wasserständen immer weiter ab und der Quellkopf kann zeitweise ganz trockenfallen. Diese Situation ist vor allem bei Quellen in mächtigen Porengrundwasserleitern gegeben, deren Quellwasser aufgrund der damaligen Baumöglichkeiten nur nahe der Grundwasseroberfläche gefasst wurde. Der Stauer liegt bei solchen Fassungen im Gegensatz zu den meisten Kluftquellen oft mehrere Dezimeter bis Meter unter dem Fassungs- und Quellsammelschachtniveau, sodass auch eine quantitativ bedeutsame Unterströmung der Quellfassung möglich ist. Diese kann in Trockenjahren mit niedrigen Grundwasserständen quantitativ erheblich größer ausfallen als der dann noch verbleibende Quellwasserzutritt in die Fassungsleitung.

Langfristig versorgungswirksame Schüttungsrückgänge sind grundlegend niederschlagsbedingt, aber in einigen Fällen auch von der Bauart und dem technischen Zustand der Quellfassung beeinflusst. Im Gegensatz zu Brunnen, die bei einem unvollkommenen Ausbau vertieft oder verlagert werden können, sind Quellfassung nicht beliebig erweiterungsfähig oder verschiebbar. Schüttungsrückgänge in Quellfassungen können aber in bestimmten hydrogeologischen Situationen durch folgende bauliche Maßnahmen gemindert werden:

- Verbesserung der Zulaufhydraulik in den Freispiegelleitungen durch regelmäßige Instandhaltung und Entfernung leistungsmindernder Inkrustationen, Wurzeleinwüchse und Einschwemmungen
- Verlängerung von Fassungssträngen mit Erfassung bisher nicht verfilterter Zuflussbereiche auf dem gleichen geodätischen Niveau (z. B. bei Quellen mit baulich bedingten, lateralen Umläufigkeiten)
- Vertiefung des Fassungskopfes zum Abfangen sinkender Wasserstände in mächtigeren Grundwasserleitersystemen und zur Vermeidung von vertikalen Umläufigkeiten

Wurzeleinwüchse und Sandeinschwemmungen in die Filterpackung können die Schüttung in niederschlagsarmen Zeiten besonders nachhaltig reduzieren, da der Fließwiderstand und Wasserandrang durch solche „Hindernisse" überproportional verändert werden (**Bild 5**). Solche Einschränkungen in der Schüttung lassen sich durch regelmäßige Instandhaltungen, wie Spülungen und Regenerierarbeiten nach DVGW W 127 [5] vermeiden.

Grundwasserstandsbedingte Schüttungsvariationen können vor allem durch bauliche Maßnahmen in den Grundwasserleitern abgefedert werden, die am Standort der Fassung über eine ausreichende räumliche Erstreckung und weitere fassbare Quellwassermengen aus bisher nicht am Fassungskopf erfassten Aquiferabschnitten (lateral und im Liegenden) verfügen. Ein Beispiel einer Fassungszusammenlegung mit Erweiterung der Fassungslänge wurde von Treskatis [6] für eine Quellfassungsanlage in alpinen Schuttfächern beschrieben. Es konnte gezeigt werden, dass der Grundwasserabstrom oberhalb der genutzten, aber seit einigen Jahren in den Sommermonaten regelmäßig von massiven Schüttungsrückgängen betroffenen Quellfassung lateral vorbei strömt. Die räumliche Lagebeziehung zur Bestandsfassung und die Aquifergeometrie erlaubten die Fassungserweiterung an einem geodätisch höher gelegenen Standort im postpleistozänen Schuttfächer.

Ein weiteres Beispiel einer vor allem aus qualitativen und quantitativen Gründen ausgeführten Verlagerung und Verlängerung eines Quellfassungsstranges auf ein tieferes geodätisches Niveau zeigt **Bild 6**. Damit konnte die Schüttung auch bei niedrigen Grundwasserständen in einem porösen Kluftgestein (Sandstein, ungespannter Grundwasserleiter) gegenüber Wasserstandsschwankungen stabilisiert werden. Die Baumaßnahme war in diesem Fall vor allem deshalb erfolgreich, da die Vertiefung des Fassungsniveaus und die Verlängerung der Strangfassung zusätzliche Klüfte erschließen konnte, die bisher bei der Altfassung nicht vollständig erfasst werden konnten.

Neben regelmäßigen Instandhaltungsarbeiten und einer Verlängerung der Fassungsleitungen (z. B. bei lateral weiträumig um den Bestandsstandort verortbaren Grundwasserleitern) kommt unter Umständen eine Vertiefung des Fassungsniveaus als bauliche Maßnahme zur Reduktion der Auswirkungen saisonaler oder langfristiger Schüttungsrückgänge in Frage. Bei der Vertiefung des Fassungsniveaus bzw. der Anordnung weiterer Quellköpfe auf einem niedrigeren geodätischen Niveau müssen aber neben den geometrischen Lagebeziehungen zur Altfassung auch quantitative und qualitative Aspekte betrachtet werden.

Bild 7 zeigt schematisch die grundlegende Systematik für das Vertiefen eines Quellstrangs bzw. Fassungskopfes, die vor Ort durch Bohrungen und Pumptests, z. B. in Baggerschürfen, überprüft werden muss. Dabei sind folgende Voraussetzungen zu erfüllen:

- Der gesamte durchflusswirksame Teil des Grundwasserleiters unter dem Fassungskopf wird derzeit nicht erfasst.
- Das derzeitige Ableitungsniveau der Fassungsleitung kann verändert werden (z. B. bei der Zuleitung des Quellwassers in einen Behälter) oder durch einen Pumpensitz im Sammelschacht unterstützt werden.
- Der Quellsammelschacht kann so gestaltet werden, dass das Quellwasser aus beiden Fassungsköpfen auf unterschiedlichen Niveaus in getrennten Becken gesammelt werden kann (**Bild 8**). Damit wird ein aufgrund des hydraulischen Kurzschlusses zwischen den beiden Fassungsniveaus mögliches, zu schnelles „Leerlaufen“ des oberen Niveaus vermieden.
- Die Vertiefung des Quellkopfes muss in der gleichen geohydraulischen und hydrochemischen Zone erfolgen. Vertikale oder laterale Verlagerungen in geochemisch unterschiedliche Zonen kann zu massiven Einschränkungen der Nutzbarkeit des Quellwassers führen. Der davon betroffene Quellstrang kann verockern und es entsteht ein Mischwasser im Sammelbecken (**Bild 9 und 10**). Oft wird eine physikalische Aufbereitung für das Mischwasser aus unterschiedlichen hydrochemischen Zonen erforderlich.

Die „Verockerung“ in **Bild 10** ist erst nach der Tieferlegung des Fassungsstrangs im Zuge einer umfassenden Quellsanierung

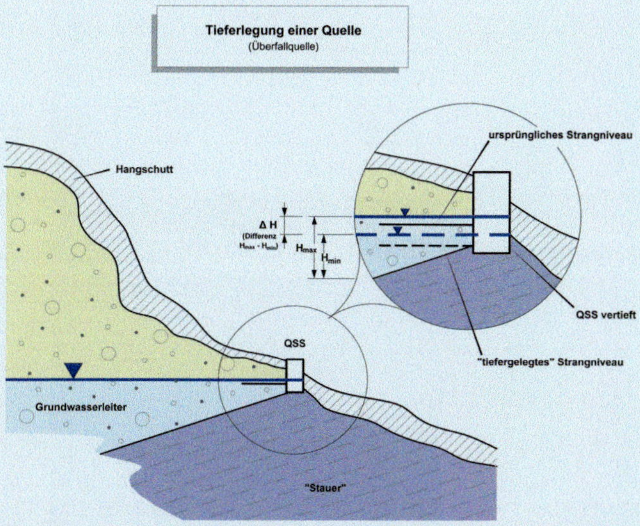

Bild 7: Schematische Darstellung der hydrogeologischen Randbedingungen, die für eine Vertiefung des Quellkopfes günstige Voraussetzung liefern

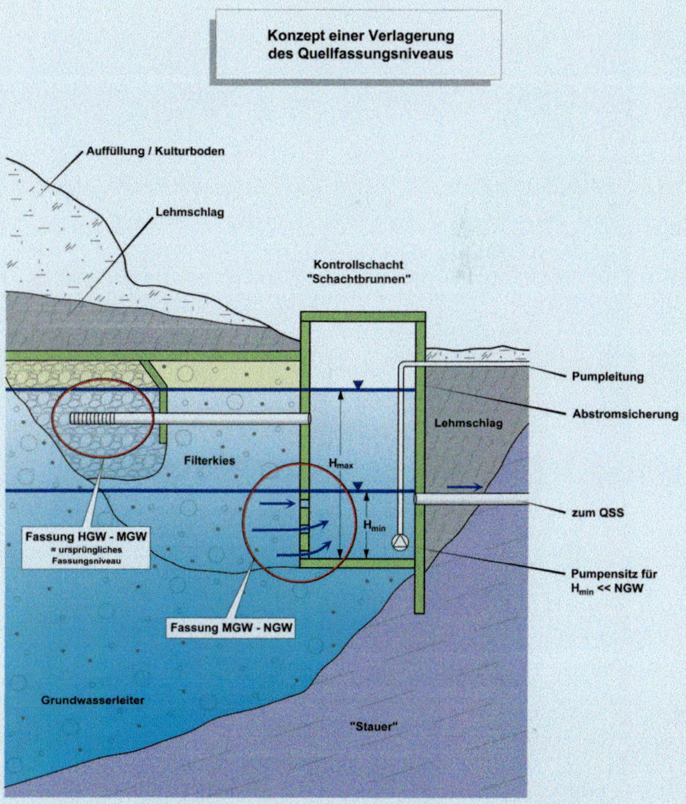

Bild 8: Schema eines Quellsammelschachtes (QSS) mit Fassungsköpfen auf unterschiedlichen geodätischen Niveaus. Die Anordnung der Becken ist zeichnerisch nicht dargestellt, da hierzu verschiedene Randbedingungen für die Ableitung in den Behälter bzw. zur Wasseraufbereitung beachtet werden müssen.

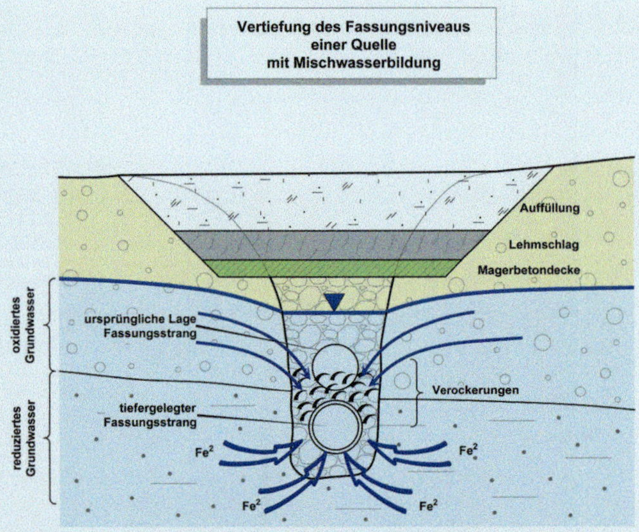

Bild 9: Schematische Darstellung der Mischwasserbildung bei der vertikalen Verlagerung eines Fassungsstranges in eine hydrochemisch anders beschaffene Zone (z. B. in einen sauerstoff-reduzierten Teil des Grundwasserleiters oder in ein anderes hydrochemisches Stockwerk am Quellstandort)

aufgetreten. Der neu verlegte Strang schneidet in dem dargestellten Beispiel nur ca. 1 m in eine Schicht (s. Schema in **Bild 9**), deren Mineralbestand das Wachstum und die Vermehrung von natürlichen Eisenbakterien fördert. Es handelt sich hier um eine mikrobiologisch induzierte, natürliche Bildung von fadenartigen Eisenbakterien, die auf die Anwesenheit des Bakteriums *Gallionella* schließen lassen. Die Gattung *Gallionella* wurde erstmals 1836 von Ehrenberg beschrieben und detailliert durch Hanert [7–10] untersucht. Sie ist an ein Leben unter den Bedingungen der Übergangszone zwischen oxischem und reduzierendem Milieu im Wasser optimal angepasst. Die für sie optimalen Milieubedingungen entsprechen dadurch genau denen, wie sie in vielen Brunnen und tiefer gefassten Quellen vorherrschen können [11].

In dem gezeigten Fallbeispiel wurde mit der Neufassung die Redoxgrenze im Quellwasserhorizont durchteuft und mit dem oxischen Grundwasser im darüberliegenden, ursprünglich allein gefassten Quellwasserleiter kurzgeschlossen. Die Tieferlegung des Fassungsstrangs hat zwar den erwünschten Mengenzuwachs und Schutz vor Trockenfallen bei niedrigen Grundwasserständen erreicht, jedoch wurde durch die hydrochemischen Randbedingungen die Nutzbarkeit dieser Zusatzmengen in der derzeitigen Konstellation dieser Beispiel-Wasserversorgung ohne Aufbereitung eingeschränkt.

Bild 10: Der Zufluss rechts wurde in einem reduzierten geochemischen Milieu im oberen Grundwasserleiter vertieft und fördert seitdem Wasser mit gelöstem, 2-wertigen Eisen, das im Strang und im Sammelbecken teilweise ausfällt. Der linke Zulauf ist davon nicht betroffen.

Tabelle 1: Bewertung der baulichen Möglichkeiten zum Auffangen von witterungs- und klimabedingten Schüttungsrückgängen

Maßnahme	Voraussetzungen	Fassungs- und nutzungstechnische Vorteile	Fassungs- und nutzungstechnische Nachteile
Verbesserung der Zulaufhydraulik	Strang muss für eine Regenerierung durchgängig befahrbar und statisch stabil ausgebildet sein (Ton- und Steinzeugrohre sind für die Anwendung von Impulsverfahren ungeeignet)	• Minderung der Eintrittswiderstände • Verbesserung und Stabilisierung der Zuflussmöglichkeiten auch geringer Wassermengen bei Trockenheit • Erhöhung des spezifischen Zuflusses	Bei fachgerechter Durchführung keine Nachteile bzgl. der Schüttung und Qualität des Quellwassers zu erwarten
Verlängerung des Fassungsstrangs	Vorhandensein noch nicht gefasster zusätzlicher lateraler Zuflüsse am Standort	• Erhöhung des spezifischen Zuflusses • Steigerung der zulaufenden Wassermengen • Schaffung von Redundanzen bei Trockenheit	• Neue Grundstücke müssen ggf. erworben werden • Verlängerung des Fassungsstrangs kann zu einem neuen wasserrechtlichen Genehmigungs- und Aufbereitungsbedarf führen • Erweiterung der Schutzzonen I und II (neues Schutzzonenverfahren erforderlich?!)
Geodätische Vertiefung des Fassungskopfes	Stauer liegt nicht direkt unter dem derzeitigen Fassungsniveau und am Standort sind noch nicht gefasste, zusätzliche vertikale Zuflüsse vorhanden (Umläufigkeiten) Prüfung der geochemischen Zonierung	• Erhöhung des spezifischen Zuflusses • Steigerung der zulaufenden Wassermengen • Schaffung von Redundanzen bei Trockenheit und fallenden Wasserständen • Minderung der Umläufigkeiten	• Vertiefung kann zu einem wasserrechtlichen Genehmigungs- und Aufbereitungsbedarf führen • QSS muss zur separaten Erfassung und Vermeidung von Mischwässern umgestaltet werden (z. B. getrennte Becken) • Ohne Drosselung: rascheres Auslaufen bei MGW und HGW (**schnelleres Leerlaufen des Speichergesteins wird gefördert!**) • Bei NGW muss ggf. gepumpt werden, um die vorhandene Ableitung nutzen zu können (Energieeinsatz, Absenkungswirkung wie bei einem Schachtbrunnen mit möglichen negativen hydraulischen Auswirkungen auf das Umfeld)

Die baulichen Möglichkeiten zum Auffangen von witterungs- und klimabedingten Schüttungsrückgängen sind nach den bisherigen Erfahrungen des Autors nach **Tabelle 1** zu bewerten.

Zusammenfassung

Schüttungsrückgänge und temporäres Trockenfallen von Quellfassungen sind Auswirkungen der geminderten Grundwasserneubildung und dem damit verbundenen Rückgang der Grundwasserstände der letzten Jahre. Davon betroffen sind vor allem Freispiegel-Quellfassungen in den Mittelgebirgen und in Bereichen mit flachgründigen, an die lokalen Vorfluter gekoppelte Grundwasservorkommen (z. B. im Schwarzwald, Eifel, Sieger- und Sauerland oder im Bayerischen Wald). Neben diesen aktuellen Einflüssen des Klimas und der Witterung kumulieren sich vielfach die Einflüsse in der Umgestaltung und zunehmenden „Ausräumung" der Landschaft der Quelleinzugsgebiete zugunsten von großflächigen Flächenversiegelungen durch Bebauung, von Veränderungen der Vorflutniveaus und der Grundwasserstände, von flächendeckender Drainierung und zugunsten der Anlage von Verkehrswegen mit der Ausleitung von Regenwasser aus den Bilanzgebieten von Wasserfassungen.

Die aktuelle Entwicklung erfordert neben den in der Branche diskutierten Konzepten von Verbünden und Neuerschließungen die Suche nach einer standortgerechten Lösung bei Einzelversorgungen oder abgelegenen Versorgungsgebieten. Bei günstigen standörtlichen Voraussetzungen kommen als bautechnisch umsetzbare Lösungsmöglichkeiten in Betracht:

- Regelmäßige Instandhaltung zum Erhalt und Verbesserung der Zuflusshydraulik des Fassungsstrangs, z. B. mit Entfernung schüttungsbehindernder Einwurzelungen und Sandführung
- Laterale Verlängerung des Fassungsstrangs mit Fassung von bisher umläufigen und zusätzlichen Wassermengen
- Geodätische, vertikale Vertiefung des Fassungskopfes bei unvollkommenem Ausbau

Eine detaillierte und sorgfältige Erkundung der hydrogeologischen Verhältnisse und der saisonalen Zuflussrandbedingungen zur Bestandsquelle sind wichtige Voraussetzungen für die Machbarkeit und eine erfolgreiche Umsetzung einer baulichen Lösung. Vorteile dieser Individuallösungen sind eine höhere Resilienz gegenüber sinkenden Wasserständen und eine Stabilisierung der Zuflüsse.

Wesentliche Nachteile sind die teilweise erheblichen baulichen Eingriffe in der Zone I (Fassungsbereich) und Kosten und ggf.

„überraschende" Veränderungen in der Quellwasserbeschaffenheit, die einen Aufbereitungsbedarf für das nach Umbau gewonnene Quellwasser nach sich ziehen können. Ebenso ist zu beachten, dass bei solchen Umbauten von trockenheitsbedrohten Bestandsfassungen die wasserrechtlichen und schutzzonentechnischen Randbedingungen geändert werden und daher eine neue behördliche Genehmigung erforderlich werden kann.

Literatur

[1] Petrus de Crescentiis (Pier de' Crescenzi) (um 1304 – 1309): Erfolgreiche Landwirtschaft: Ein mittelalterliches Lehrbuch – Erster und zweiter Halbband: 825 S.; Stuttgart 2007 (Verlag A. Hiersemann) ISBN 10: 3777207128 / ISBN 13: 9783777207124

[2] Schickhofer, M. (2017): Schwarzbuch Alpen. – 198 S. (ISBN: 978-3-7106-0165-1); Wien. Siehe dazu auch: www.bayerische-staatszeitung.de/staatszeitung/politik/detailansicht-politik/artikel/fluch-und-segen-neuer-gewerbeflaechen).

[3] Treskatis, C. & Tauchmann, H. (2018): Quellfassungsanlagen zur Trinkwasserversorgung – 2. Auflage: 703 S.; Essen (DIV).

[4] Treskatis, C. (2020): Heute schon spürbare Einflüsse des Klimawandel auf die technische Resilienz von Wasserfassungen. – in gwf Wasser + Abwasser 04/2020: 57 – 63.

[5] DVGW-Arbeitsblatt W 127 (2006): Quellwassergewinnungsanlagen – Planung, Bau, Betrieb, Sanierung und Rückbau; Bonn.

[6] Treskatis, C. (2019): Zusammenlegung von benachbarten Quellfassungen? Studie zu den Randbedingungen am Beispiel der Aubachquellen in Kurtatsch an der Weinstraße (Südtirol – Provinz Bozen). – in: energie|wasser|praxis 01/2019: 18–25.

[7] Hanert, H. (1968): Untersuchungen zur Isolierung, Stoffwechselphysiologie und Morphologie von Gallionella ferruginea Ehrenberg. – Arch. Mikrobiol. 60: 348–376.

[8] Hanert, H. (1973): Quantifizierung der Massenentwicklung des Eisenbakteriums Gallionella ferruginea unter natürlichen Bedingungen.- Arch. Mikrobiol. 88: 225–243.

[9] Hanert, H. (1974): In-situ Untersuchungen zur Analyse und Intensität der Eisen(III)-Fällung in Dränungen. – Z. Kulturtechn. Flurbereinigung 15: 80–90.

[10] Hanert, H. (1981): The genus Gallionella. In: Starr, M.P.; Stolp, H.; Trueper, H.G.; Balows, A. & Schlegel, H.G. (Hrsg.) (1981): The Prokaryotes. A handbook on habitats, isolation and identification of bacteria.- 509–515; Berlin.

[11] Houben, G., Treskatis, C. (2020): Regenerierung und Sanierung von Brunnen. – 3. Auflage: 600 S.; Essen.

Nach der Dürre kam der Dauerregen – mit neuen Herausforderungen für die Wasserwirtschaft in den Mittelgebirgsregionen

Thomas Kluge und Christoph Treskatis

Klimawandelfolgen, schwebende Grundwasserstockwerke, Oberläufe von Bächen, Quellen, Feuchtgebiete, Monitoringprogramme und darauf abgestimmte Messvorrichtungen nach Stand der Wissenschaft und Technik für unterschiedliche Grundwasserstockwerke und Bachoberläufe

Nach dem sehr nassen Winter 2023/24 sind die Grundwasserstände in ganz Deutschland wieder angestiegen. Es war einer der nassesten Winter seit dem Jahr 1881, vor allem in den westlichen und nördlichen Staulagen der Mittelgebirge. Die Bodenfeuchte und der Grundwasserspiegel haben sich vielerorts durch die jüngsten Niederschläge erholt. Trotzdem gibt es immer noch Bereiche, in denen der viele Regen die Trockenheit der vergangenen Hitzesommer und Dürreperioden noch nicht vollständig ausgleichen konnte.

Ein nasser Winter hilft nach 20 trockenen Jahren nicht: In den vergangenen 20 Jahren hat es immer wieder Situationen mit viel zu wenig Grundwasserneubildung gegeben, sodass seit nunmehr zwei Dekaden in der Summe und im Vergleich zu den Entnahmen zu wenig neues Grundwasser im Untergrund gespeichert werden konnte. Die langen und heißen Trockenperioden in den letzten Jahren verstärkten die negativen Salden insbesondere im Bodenwasser- und in den Grundwasserspeichern. Davon betroffen waren aktuell vor allem die Mittelgebirgsregionen, in denen die Grundwasserleiter oft wenig speicherfähig für Neubildungswässer sind und daher sehr sensibel auf Niederschlagsrückgänge reagierten. Am Beispiel der Vogelsbergregion wird der Konflikt zwischen der Grundwasserförderung und dem Anspruch von Feuchtgebieten und natürlichen Quellen sichtbar. Die aufgrund der besonderen geologischen Situation möglichen Interaktionen zwischen dem Grundwasser und den gerade in Zeiten des Klimawandels wertvollen aquatischen Landbiotopen können dort studiert werden. Die Ansprüche an Monitoringsysteme zur zeitlich-räumlichen Erfassung der hydraulischen Einflussnahmen, z. B. durch Grundwasserentnahmen in den dort unter schwebenden Grundwasserstockwerken anstehenden Tiefenaquiferen, müssen dort unter besonderer Berücksichtigung der standörtlichen Geologie entwickelt werden.

Die „zwei Gesichter des Klimawandels“

Der Klimawandel ist in aller Munde und wird in der Politik und Gesellschaft als Ursache für mannigfaltige Probleme (mit) verantwortlich gemacht. Aus der Sicht der Wasserwirtschaft manifestieren sich die Folgen des Klimawandels nicht nur in trocken gefallenen Bachbetten, sinkenden Grundwasserständen oder versiegenden Quellen, sondern auch in einem in kurzer Zeit in der Landschaft sichtbaren Überangebot an Wasser (**Bild 1**).

Nach mehreren Jahren der Dürre und rückläufiger Grundwasserneubildung ergeben sich seit Oktober 2023 neue Herausforderungen für die Wasserwirtschaft, vor allem in den bzgl. der Speicherfähigkeit von Sickerwässern und Oberflächenwasser unterschiedlich gut ausgestatteten Grundwasservorkommen in den Mittelgebirgslagen des Rheinischen Schiefergebirges und des Hessischen Berglandes.

Vom vergangenen November bis ins Frühjahr 2024 hinein verzeichnete vor allem der Norden und die Mitte Deutschlands regelmäßige, hohe Niederschläge. Die Pegel der Flüsse stiegen und vor allem die Flüsse aus den Mittelgebirgen sorgten für Hochwasser in den Niederungen – vielerorts bangte man im Winter um Dichtheit und Haltbarkeit der Dämme und Deiche. Die schnell wirkenden Hochwässer in den Niederungen waren in diesem ungewöhnlich niederschlagsreichen Winter vielfach der geringen Wasseraufnahmefähigkeit und Speicherfähigkeit der Böden und oberflächennahen Grundwasserleiter und nicht zuletzt der Versiegelung potenzieller Retentionszonen in einem stark reliefierten Gelände geschuldet.

In den Niederungsregionen der Talauen und der Norddeutschen Tiefebene war der Boden zutiefst gesättigt, Hohlräume mit Sickerwasser verschlossen, was für die agrarische Bewirtschaftung der Böden von großem Nachteil sein kann.

Jedoch lehrt uns der Blick in die Vergangenheit: Im Frühsommer kann es wieder heiß und niederschlagsarm werden, die Wasserabgabemengen der Versorgungsunternehmen steigen exponentiell an und die steigenden Verdunstungsraten trocknen die Oberböden erneut aus.

Das ist eine Ausgangslage, von der es gute Gründe gibt, dass sich solche Extreme wiederholen werden und die Wasserwirtschaft neue, komplexer werdende Aufgaben zu bewältigen hat. Die möglichen Auswirkungen der „zwei Gesichter des Klimawandels" sollen in dem Fachbeitrag im Zusammenhang mit dem oft nicht genau bekannten und bisher wenig gemessenen Einfluss von Grundwasserentnahmen aus tieferen Grundwasserleitern auf die hydrologischen Systeme an der Erdoberfläche näher beleuchtet werden.

Inzwischen bekannte Folgen des Klimawandels für die Wasserversorgung

Für die Wasserversorgung aus dem Grundwasser sind folgende Folgen des Klimawandels ursächlich für Dargebotsdefizite und Schäden an der Infrastruktur:

- Rückgang der Sommerniederschläge
- Zeitliche und mengenmäßige Zunahme der winterlichen Niederschläge
- Zunahme der Starkniederschläge, vor allem in den Sommermonaten
- Erhöhte Verdunstung bei steigenden Temperaturen
- Kürzer werdende „hydrologische" Erholungsphasen für die Speicherauffüllung in den letzten Jahren durch längere und mengenmäßig hohe Förderphasen in den Brunnen

Die seit Langem steigenden Temperaturen (**Bild 2**) verändern den gesamten Wasserkreislauf. Mehrere Projektionen [1, 2, 3] gehen davon aus, dass die Temperaturen noch weiter zunehmen werden. Sie führen zu weiterhin hohen Verdunstungsraten und längeren Vegetationsperioden sowie periodisch verstärkten Abflüssen in den Vorflutern (z. B. nach sommerlichen Starkregen). Die Grundwasserneubildung erfolgt aber im Grundwasserraum erst nach einer Sättigung der Böden mit dem frei beweglichen Sickerwasser und erfolgt daher zeitverzögert zum rezenten Niederschlag (oft erst nach drei bis sechs Monaten). Seit 2016 ist die Grundwasserneubildungsmenge in allen Bundesländern (**Bild 3**, **Bild 4**, **Bild 5**) vor allem in den meisten Regionen Mitteleuropas durch die geringen Niederschlagsintensitäten und -mengen rückläufig (z. B. waren dies vor dem regenreichen Herbst/Winter 2023/2024 im Mittel ca. 30 % weniger als das langjährige Mittel). Konkurrierende Entnahmen, wie die landwirtschaftliche Bewässerung und die saisonale Zunahme des Individualbedarfes in den Metropolregionen, müssen somit seit einigen Jahren in ein zunehmend labileres und in seiner Volatilität dynamischeres Dargebotssystem eingreifen.

Statistiker vs. (dynamische) Modellierer

Die inzwischen unstreitig höhere Verdunstung und dadurch gesteigerte Wasseraufnahmefähigkeit der Atmosphäre wird in der nahen Zukunft zu einer labilen Neubildungssituation für das Grundwasser, vor allem in den aquiferbedingt sensiblen Mittelgebirgsregionen von NRW, Rheinland-Pfalz und Hessen führen. Im mittelfristigen Projektionszeitraum bis 2050 gehen aber die

© C. Treskatis

Bild 1: Niedrigwasserschüttung im Sommer 2019 in einer Quelle im Taunus (linkes Bild) und überlaufende Quelle mit seitlichen Austritten nach längerer Niederschlagsperiode im Nordschwarzwald (rechtes Bild)

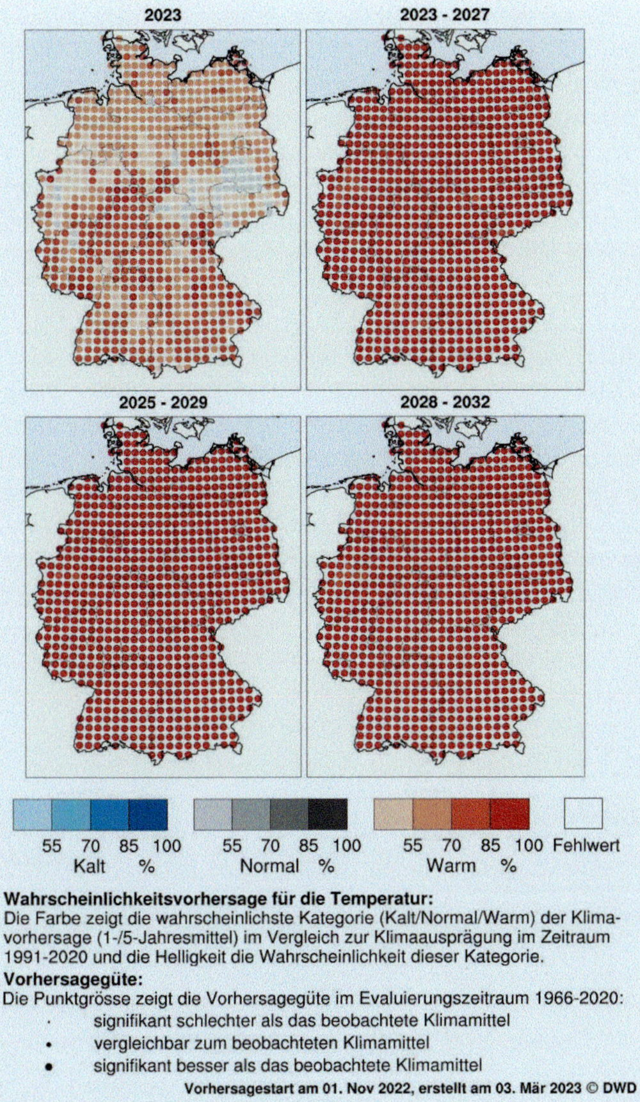

Bild 2: Wahrscheinlichkeitsvorhersage für die Lufttemperatur [4]

meisten Vorhersagen auf Basis dynamischer Modellierung davon aus, dass durch die Zunahme der Winterniederschläge eine stabile Grundwasserneubildung zu erwarten sei, was nicht unbedingt durch erhöhte Evapotranspiration oder durch kürzere Winter kompensiert werde. Im Langfristtrend 2071 bis 2100 wird jedoch wieder von einer Abnahme der Grundwasserneubildung (bei gleichzeitig stetiger Temperaturerhöhung) ausgegangen (vgl. **Bild 3**).

Statistiker gehen bei diesen Projektionen von gesicherten Daten der Vergangenheit aus und extrapolieren ihre Prognosedaten aus längeren, bereits vergangenen Zeitreihen und sind von daher vorsichtig mit Aussagen zu Trendwechseln, wie beispielsweise nach dem aktuell sehr nassen Winter/Frühjahr (2023/2024). Daher ist es zu früh, bereits jetzt von einer anstehenden Feuchtperiode auszugehen (vgl. **Bild 4**, **Bild 5**) [5].

So gibt es derzeit durchaus eine Diskrepanz zwischen den statistisch orientierten Prognosen und denen durch dynamische Modelle gewonnenen Projektionen in die wasserwirtschaftliche Zukunft. Sind die statistisch gewonnenen Werte durch ihre Historie einem festeren Korridor verhaftet, sind die dynamischen Modellierungen in gewisser Weise zukunftsoffener gegenüber sich unterschiedlich verändernden Klimasignalen (Hereinnahme verschiedener Klimaszenarien, wie „weiter so wie bisher mit eingerechneter Temperaturerhöhung bis 4,8° C (RCP8.5)" oder „erhöhter Klimaschutz mit allenfalls 1,7° C (RCP2.6)").

Die statistisch orientierten Modellierer können mit guten Gründen sagen, dass – wenn es auch eine Zunahme der Niederschläge gegeben hat – dies noch keine Richtungssicherheit für ein Mehr an Grundwasserneubildung bedeute. Insoweit gebiete das Vorsorgeprinzip aus Sicherheitsgründen sich am unteren trockenen Rand (als sogenannter „Klimaabschlag") zu orientieren [5].

Diese Haltung wird mitunter im Interesse der Wasserwirtschaft kritisiert, zumal sich die Wasserbehörden und Gerichte solche restriktiven Interpretationen z. B. bei den Entscheidungen zu Wasserentnahmen in wasserrechtlichen Genehmigungsverfahren zu eigen machten. Dies habe zur Folge, dass die Wasserwirtschaft gezwungen sei, unnötige Vorhalte- und Doppelinvestitionen vorzunehmen, anstatt kurzweilige Überschreitung von Grenzgrundwasserständen zuzulassen [9, 10, 2].

So unterschiedlich die Aussagen – Statistiker versus Modellierer – bei der Grundwasserneubildung sind, so wird doch bei beiden deutlich, dass die innerjährlichen Schwankungen wie z. B. Starkregenereignisse oder Hitze-/Dürrephasen zunehmen werden.

Einordnung des Starkregens

Auswirkungen des Starkregens in der Landschaft und auf das hydrogeologische System im Untergrund sind abhängig von der Bodenstruktur, dessen Wasseraufnahmefähigkeit und -durchlässigkeit sowie von der Morphologie. Trockene, rissige

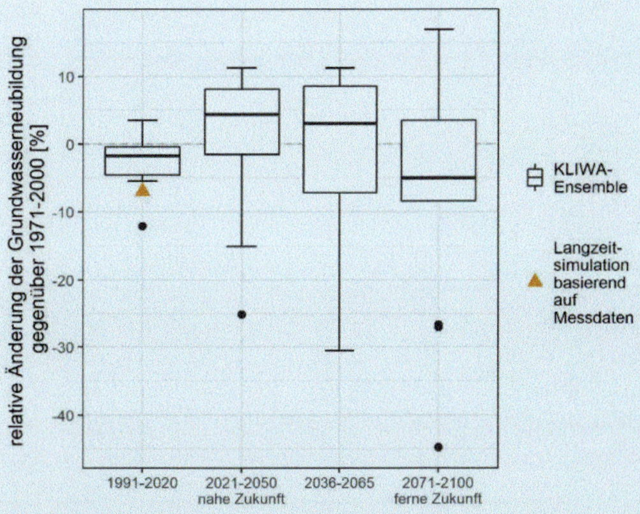

Bild 3: Langfristige Entwicklung der Grundwasser in Süddeutschland [6]

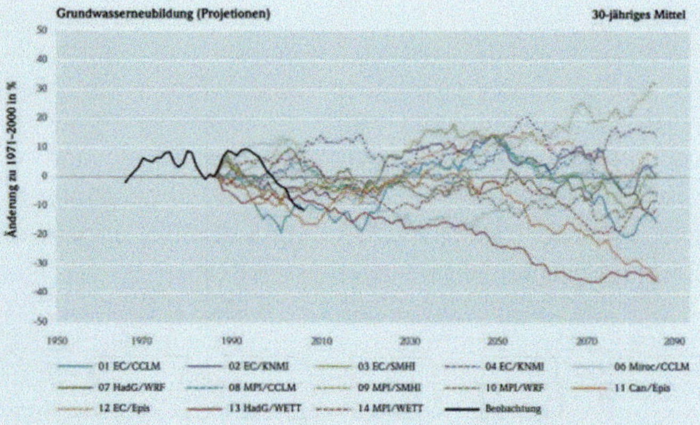

Bild 4: Projektion der Entwicklung der Grundwasserneubildung in Hessen [7]

und verdichtete Böden haben wenig Wasserhaltekapazität. Im Gegensatz dazu können Feuchtgebiete und Grünlandauengebiete Feuchte gut aufnehmen. Feuchtgebiete, bestenfalls Moore, sind ideale Retentionskörper, die Wasser in sich aufnehmen und dadurch den Niederschlagsabfluss verlangsamen. Darüber hinaus sind sie auch groß angelegte Filter für das ablaufende Oberflächenwasser. Sie halten Oberflächenabläufe freier von Trübungs- und Erosionspartikeln. Landschaftsökologisch geht es mit Blick auf Starkregen darum, das Wasser möglichst lange in der Landschaft am Punkt des Entstehens von Oberflächenabflüssen zu halten, damit der Abfluss insgesamt zeitlich verlangsamt und mengenmäßig gemindert werden kann. Zusätzliche wasserbauliche Maßnahmen, wie Wasserrückhalteanlagen z. B. Mulden auf Hochebenen in ansonsten abflusslosen Karstregionen (**Bild 6**), in Wäldern (Muldenbau in Wald-Hanglagen des Taunus) [11] oder Mulden-Rigolen-Systeme bzw. die Erweiterung von Retentionsflächen für Oberflächenabflussgebiete sind in diesem Zusammenhang von großer hydrologischer Bedeutung [12].

Eine große Rolle in der Landschaftsökologie spielen Drainagen. Sie dienen im Wesentlichen der Trocknung der Oberböden (Sicherung der Maschinenbefahrbahrkeit) durch schnellen Niederschlagsabfluss. Drainagen sind aber auch wichtig für den Schutz von Gebäuden vor Überschwemmungen. Zur Adaption an den Klimawandel müssten für die Zukunft Drainagen bei Trockenwetterlagen zur Erfüllung der Zielstellung „Wasser in der Landschaft

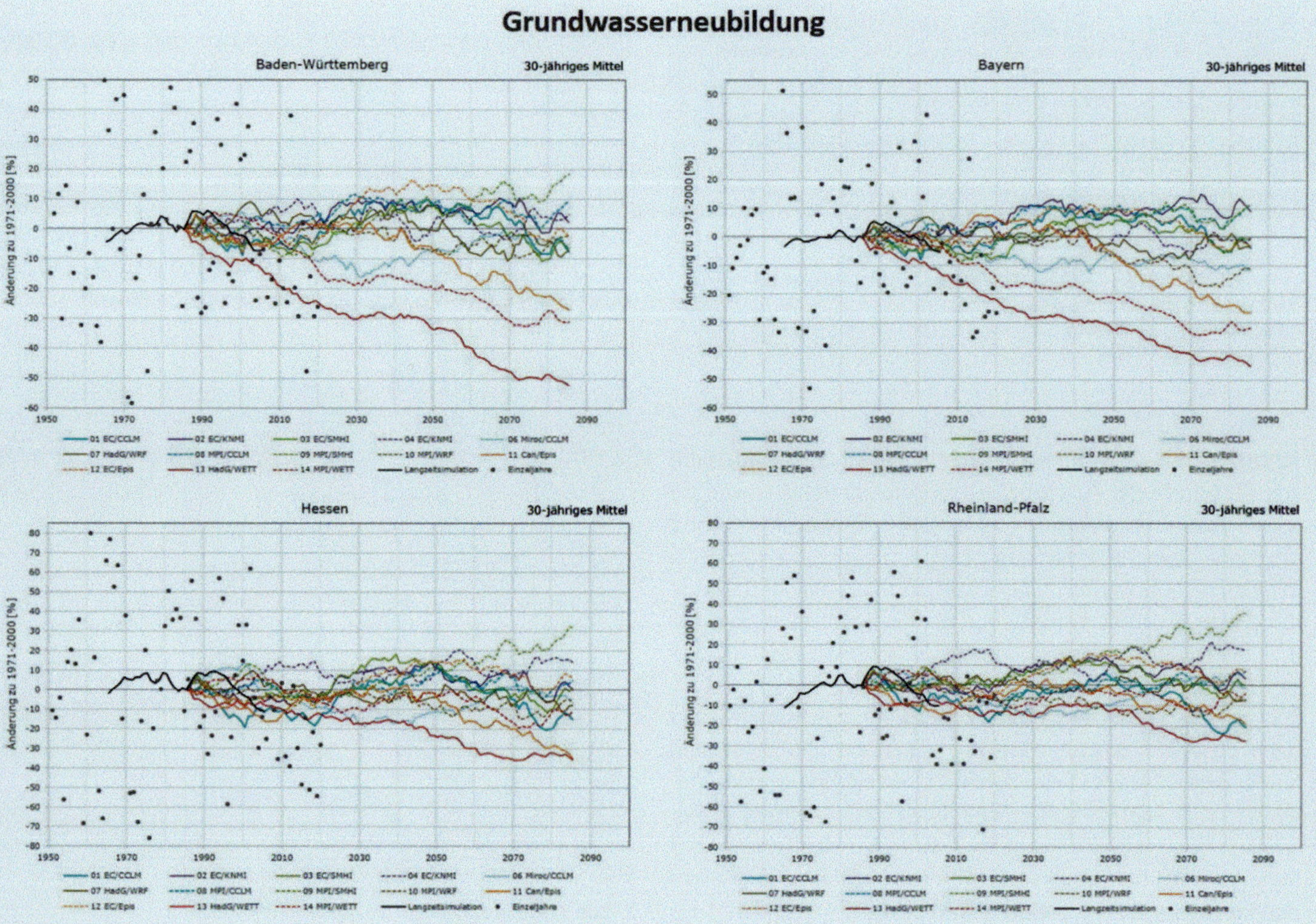

Bild 5: Projektion der Entwicklung der Grundwasserneubildung in verschiedenen Bundesländern [8]

halten" und „Stabilisierung der Grundwasserneubildungsfähigkeit" steuerbar sein. Dann würden die Drainagen die eigentliche Funktion einer Absenkung der Grundwasseroberflächen verlieren und den Grundwasserstand nicht noch zusätzlich absenken.
An geeigneten und besonders ausgewählten Standorten, an denen keine negativen Folgen für Natur und Landschaft und die Infrastruktur zu besorgen sind, sollten Drainagen jedoch bei Starkregen zur Wasserableitung geöffnet werden können.
Die Umsetzung solcher Planungen kann nur in kleinen Skalen mit einem partizipationsorientierten, transdisziplinären Ansatz unter Beteiligung aller Betroffenen, Landschaftsplanern und Wasserbauingenieuren erfolgen. Neben den regulierenden Effekten auf den Oberflächenwasserhaushalt können diese Maßnahmen in Grundwassereinzugsgebieten zu einer Erhöhung der Grundwasserneubildung führen. Dazu sind diese Retentions-, Versickerungs- und Drainagesystem so zu gestalten, dass die Grundwasserbeschaffenheit nicht nachteilig verändert wird. Dies gilt vor allem für die Zuführung von belastetem Niederschlagswasser, z. B. von Verkehrs- und Gewerbeflächen in die Versickerungsmulden oder Drainagen.

© C. Treskatis

Bild 6: Beispiele für ein Retentionsbecken (Bild oben) und eine Versickerungsmulde (Bild unten) auf der Ostalb in einem Wasserschutzgebiet als Retentionseinrichtung für versickerndes Niederschlagswasser

Zunehmende Hitze-/Dürrephasen

Für diese Folgen des Klimawandels sind der Erhalt und die Entwicklung von funktionsfähigen Feuchtgebieten von elementarer Bedeutung. Dazu gehören auch die Sicherung von Mindestabflussraten für Bäche und Schüttungen aus natürlichen Quellsystemen.
Bei längeren Hitzephasen mit viel Sonneneinstrahlung nimmt die Bodenfeuchte durch hohe Evapotranspiration schnell ab und damit auch die Verdunstungsluftfeuchte. Die Atmosphäre erreicht über trockenen Landflächen keinen Sättigungspunkt mehr, was zu einer positiven Rückkopplung führen kann, die zu einer Selbstverstärkung von Trockenheit und Dürre führt [10]. Hinzu kommt, dass in den letzten Jahren durch Veränderung des Jetstreams vermehrt sogenannte Sommerblockaden aufgetreten sind. Diese hatten durchgehend stabile Hochdrucklagen mit Dürre- und Hitzeeffekten zur Folge [13].
Im öffentlichen „Wasserdiskurs" finden Feuchtgebiete aktuell noch zu wenig Beachtung. Ihre Verdunstungsleistungen bilden Kühlungsinseln in der Landschaft und sind Attraktoren für Niederschläge. Gleichzeitig sind sie in der Regel eine essenzielle Basis von Biodiversitätshotspots [14, 15] und eine grundsätzliche Sicherung gegen die vor allem in den letzten Sommern akute Waldbrandgefahr und Feldbrand.

Relevanz von Feuchtgebieten für den Wasserhaushalt

Dieser kurze Blick auf die Wirkungen von Starkregen wie auch der letzten Dürrephasen betont die grundsätzliche Relevanz von Feuchtgebieten, die mit Blick auf die Adaptionspotenziale an den Klimawandel viel zu wenig unter konsequenten Schutz gestellt werden. Sie sind den agrikulturellen Meliorisierungen und den vielfältigen Interessen an der Nutzung zusätzlicher Flächen, vor allem in den dicht besiedelten Metropolregionen, zum Opfer gefallen. Das große Ziel der Landwirtschaftspolitik war bisher ausschließlich die Maschinenbefahrbarkeit sämtlicher Bewirtschaftungsflächen, auch von Feuchtgebieten, zu sichern.
Bei einer weiteren Zunahme und Dauer von Hitze und Dürrephasen steht die Wasserversorgungswirtschaft unter immer weiter zunehmendem Druck. Die Ansprüche an die Wasserversorgung wachsen durch einen temporär steigenden, höheren Wasserbedarf für die Trinkwasser- und Betriebswasserversorgung wie auch durch ein zeitgleiches Mehr an Beregnungswasserbedarf in der Landwirtschaft. Alle Mengensteigerungen wirken, auch wenn sie nur temporär erfolgen, auf den mengenmäßigen Zustand im Grundwasserraum, auf die Grundwasserstände, die Quellschüttungen und die effluenten Vorfluter. Aber auch die Ansprüche der Natur nehmen während dieser temporären Hitzeperioden zu. Von besonderem Interesse sind für diesen Kontext die Konfliktlagen um Feuchtgebiete, Quellaustritte und Oberläufe von Bächen in Mittelgebirgslagen.

Vogelsbergregion in Hessen

Wie komplex hier die Schutzbelange von Feuchtgebieten, Quellen und Oberläufen von Bächen in Zeiten des Klimawandels sind, sei an einer Mittelgebirgsregion im Kontext mit der dortigen Grundwassergewinnung geschildert: der Vulkanregion des Vo-

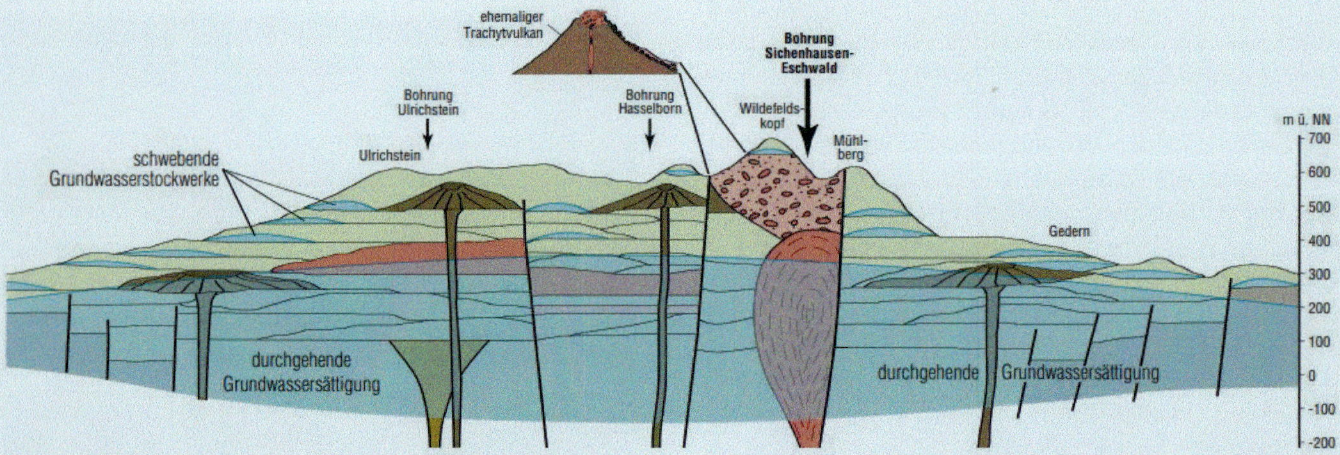

Bild 7: Hydrogeologischer Schnitt durch den Vogelsberg [18]

gelsberges in Hessen. Diese Region ist maßgeblicher Wasserlieferant für die Metropolregion Rhein-Main mit Schwerpunkt Frankfurt. Das Grundwasser ist zu guten Teilen durch vulkanische Festgesteine und damit durch Kluftgrundwasser charakterisiert, wobei diese besonders sensibel auf Niederschlagsrückgang reagieren [16]. Das zeigt sich beispielsweise dann an einer schnellen Abnahme von Quellschüttungen und der Wasserführung von Bachoberläufen. Durch kürzere Winter nimmt der Schneespeicher ab und das früher einsetzende Frühjahr mit erhöhter Verdunstung ermöglicht verlängerte Leerlaufzeiten der Grundwasserleiter und eine dadurch verstärkte Gefährdung von Quellen [6]. Kaltwasser liebende Fische (Kaltstenotherme) [17] wie z. B. Groppe, Äsche, Neunauge und Forelle sind in den Bachläufen durch sinkende Wasserstände und abnehmende Quellwassereinspeisungen oder rückläufige Effluenz aus dem Grundwasserraum sowie mehr Wärme und weniger Sauerstoff besonders gefährdet [15].
Die landschaftsökologischen und hydrogeologischen Wirkprozesse sind eingebettet in den speziellen hydrogeologischen Aufbau der Vogelsbergregion. Dieser ist untergliedert in die Grundwasserzone des Oberwaldes, dann die Zone der schwebenden Grundwasserstockwerke und schließlich gibt es die Region mit einem durchgehend ausgebildeten Grundwasserleiter mit einem weiträumigen, durchgehenden Grundwasserraum (**Bild 7**).

Bedeutung des Stockwerksbaus

Die Grundwasserführung in den oberen Dekametern bis ca. 500 m der Lithossphäre orientiert sich generell an der räumlichen Verteilung der geologischen Schichten und der Verteilung von flächig ausgebildeten Hohlraumsystemen und linearen Trennfugen mit der Möglichkeit, Wasser zu speichern und abzuleiten. In der Hydrogeologie und Hydrologie hat sich zum Verständnis der räumlichen Anordnung und Interaktionen von verschiedenen Grundwasserleitern, Quellaustritten, Wasserabflüssen und aquatischen Feuchtgebieten eine spezifische hydrogeologische Modellvorstellung herausgebildet, die in der sogenannten Stockwerkstheorie, wie sie in den Lehrbüchern (vgl. **Bild 8**) beschrieben wird, mündet. Unter einem System von Grundwasserstockwerken wird dabei eine Abfolge von Grundwasserleitern verstanden, die durch gering oder praktisch nicht durchlässige Schichten, wie Tone, Mergel oder Schluffe hydraulisch und qualitativ getrennt sind. Dabei sind die geologischen Trennschichten in den meisten Regionen nicht vollständig „dicht" gegenüber einem, meist langsamen und quantitativ geringen Wasseraustausch („Leakage") zwischen den Grundwasserstockwerken selbst und den aquatischen Systemen an der Erdoberfläche.
Eine oft getätigte Aussage im Zusammenhang mit dem hydrogeologischen Stockwerksbau besteht darin, dass eine Wasserentnahme aus unteren, gespannten und vollständig gesättigten Grundwasserstockwerken die oberen Grundwasserstockwerke und ihre Grundwasserabflüsse nicht oder nur in sehr geringem Umfang beeinflusse. In Festgesteinsgrundwasserleitern ist im Gegensatz zu Lockergesteinsgrundwasserleitern die Fazies (d. h. die Gesteinsausbildung) der geologischen Schichten dafür verantwortlich, dass die hydraulische Wirkung eines „Stauers" räumlich begrenzt sein kann. Die Stockwerkstrenner werden in Festgesteinsarealen durch die räumliche Verteilung der Trennfugen, der tektonischen Brüche und Verwerfungen und durch die räumlich unterschiedlich verknüpften Klüfte, sowie dem Ausstreichen geringleitender oder grundwasserhemmender geologischer Schichten in ihrer Wirkung „gestört", sodass eine hydraulische Kommunikation zwischen verschiedenen Stockwerken in unterschiedlichen geodätischen Positionen möglich wird. Diese Kommunikation kann bei Druckveränderungen, z. B. bei einer Tiefengrundwasserentnahme, auch an der Erdoberfläche in den Wasserständen von Quellzonen und aquatischen Zonen messbar werden.
Gerade bei größeren Grundwasserentnahmen aus tieferen Grundwasserleitern wird für die Nichtbeeinflussung oberer Grundwasserleiter aufgrund vorhandener „Stockwerkstrenner" argumentiert, auch wenn hierfür oftmals eine valide Datengrundlage bzgl. der Ausbildung und räumlichen Verteilung der Trennhorizonte sowie

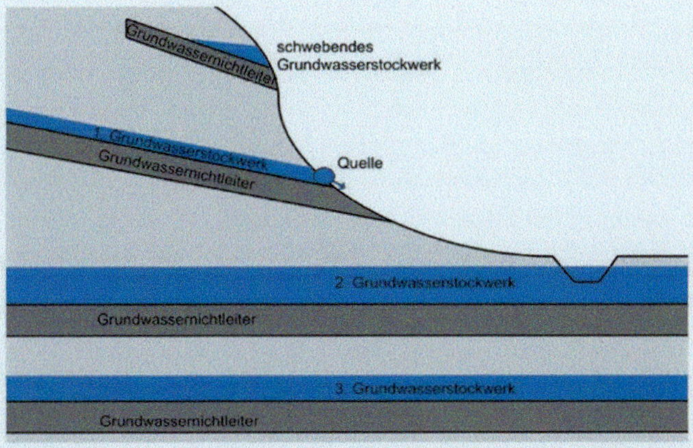

Bild 8: Modellvorstellung zum Aufbau einer Folge von unterschiedlichen Grundwasserstockwerken [19]

deren räumlichen hydraulischen Funktion fehlt. Insbesondere bilden die wenig erforschten und mit Grundwassermessstellen überwachten, schwebenden Grundwasserstockwerke in vielen Festgesteinsarealen, wie auch im Vogelsberggebiet den Ursprung für die (natürlich) schwankenden Grundwasserabflüsse in Bächen und Quellen. Auch das Trockenfallen von oberflächennahen, effluenten Gewässern, wird mit der Verbreitung von oberflächennahen, vom tieferen Grundwasser abgekoppelten Grundwasserleitern in Zusammenhang gebracht.

Rolle von Bächen und Quellschüttungen

Bei Grundwasserentnahmen aus tieferen Grundwasserstockwerken ist der hydraulische Einfluss der Förderung in den benachbarten hydrogeologischen und hydrologischen Kompartimenten zu unterscheiden, der einerseits entnahme- und andererseits niederschlagsbedingt oder beides zusammen sein können. „Die meteorologischen und die hydrogeologischen Regimefaktoren führen bei einem Großteil der Bäche in der Zone der schwebenden Grundwasserstockwerke im ausgehenden hydrologischen Sommerhalbjahr zum Trockenfallen. Je geringer der Abfluss und je kleiner das Einzugsgebiet eines Vorfluters, desto größer die Wahrscheinlichkeit, dass es zum Trockenfallen kommt“ [20, S. 80]. Letztlich wird bei Trockenfallstrecken in Fließgewässern, meist aufgrund fehlender Abflussmengendaten und Grundwasserstandsdaten in Relation zum Oberflächengewässer mit den natürlichen Gegebenheiten des geologischen Aufbaus entlang des Bachlaufes argumentiert, dessen Bett in einer Wechselzone von Grundwasser leitenden und Grundwasser gering leitenden Schichten bestehen kann.

Diese Annahmen werden aus allgemeingültigen, empirischen Zusammenhängen abgeleitet und dienen im Wesentlichen der Verifizierung, Interpretation und Einordnung empirischer Daten. So kann mit dem Stockwerksbau eines geologischen Raumes einerseits ein Wechsel von Infiltration bzw. Influenz des Oberflächenwassers in den Grundwasserkörper und Exfiltration bzw. Effluenz von Grundwasser in den Bachlauf beschrieben werden. Andererseits ist aus allgemein gültigen Überlegungen heraus, meist aufgrund fehlender zeitlicher Messdaten aus den beteiligten Grundwasserstockwerken und Oberflächengewässern nicht bekannt, inwieweit z. B. vermeintlich schwebende Grundwasserleiter mit tieferen Grundwasserleitern hydraulisch (z. B. über das sogenannte „Leakage“) in Verbindung stehen und wie dieses Wechselspiel von Infiltration und Exfiltration in den Oberflächengewässern, z. B. durch Grundwasserentnahmen in tieferen Grundwasserstockwerken, hydraulisch beeinflusst werden kann. Per definitionem ist ein „schwebender“ Grundwasserleiter immer von den geodätisch tiefer anstehenden Grundwassersystemen durch eine zwischengeschaltete geologische Schicht ohne Grundwasserführung entkoppelt, d. h. dass das Druckpotenzial des tieferen Aquifers zwar höher sein kann als das Potenzial des schwebenden Grundwasserleiters, aber in der grundwasserfreien Zwischenschicht gebrochen wird. Damit kann bei einem „echten“ schwebenden Grundwasserleiter kein Grundwasser aus dem tieferen, mit einem höheren Potenzial ausgestatteten Grundwasserleiter in den schwebenden Grundwasserleiter mit niedrigerem Potenzial aufsteigen, da es in der Zwischenschicht abströmen würde. Dieser Nachweis der Entkoppelung muss durch Bohrungen und Messdaten zur Ermittlung der hydraulischen und meteorischen Einflussfaktoren geführt werden [21].

Die allgemeingültige Aussage, dass schwebende Grundwasserstockwerke dauerhaft von tieferen Grundwasserleitern hydraulisch unbeeinflusst sind, ist aufgrund der Heterogenität der geologischen Stockwerke und der oft unbekannten hydraulischen Konnektivitäten nicht immer gegeben. Dazu müssen die genannten zeitlich diskreten Messungen über mindestens einen hydrologischen Jahreszyklus in allen im Einflussumfeld einer Grundwasserentnahme anstehenden Grundwasser- und Oberflächenwassersystemen ausgeführt und anschließend hydrogeologisch bewertet werden. Nur durch einen nachweislichen Ausschluss der hydraulischen Konnektivität ist ein schwebendes, vom Einfluss tieferer Stockwerke abgekoppeltes, Grundwasserstockwerk zu bestätigen [21].

Aus der in Leßmann et al. [20] beschriebenen Trennung und Ausscheidung von einzelnen, voneinander unabhängigen Grundwasserleitern ist daher zunächst nicht direkt abzuleiten, dass keine (direkte oder indirekte) hydraulische Kommunikation zwischen einem Oberflächengewässer (wie z. B. der Bracht, **Bild 9**) und einem darunter anstehenden und z. B. für die Wasserversorgung genutzten Hauptgrundwasserleiter besteht. An einigen Punkten scheint die obere Bracht aus einem Grundwasserleiter stammenden Grundwasser gespeist zu werden, was nur durch ein dauerhaftes und zeitlich hoch aufgelöstes Monitoringsystem z. B. über Datenlogger nachzuweisen wäre [22].

Im Paralleltal zur Bracht fließt der Salzbach in einer vergleichbaren hydrogeologischen Formation. Dieser ist in den Trockenjahren 2018 bis 2020 (vom Quellgebiet Naxburg bis Radmühl) perennierend geflossen und die Bruchwiesen oberhalb Salz blieben feucht; insofern ist die von Leßmann vorgenommene

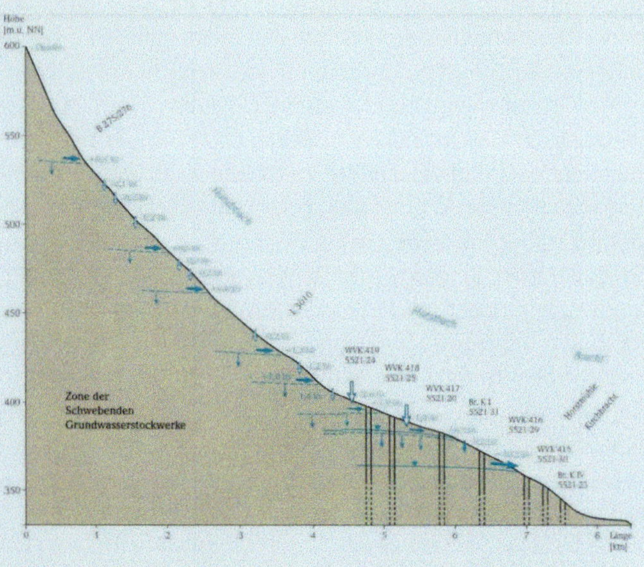

Bild 9: Abflussprofil Hundsbach/Horstbach/Bracht mit geodätisch unterschiedlichen Influenzzonen in den in größerer Tiefen anstehenden wassererfüllten Grundwasserraum [20]

Universalisierung [20, S. 80 ff.] der Trockenfallstrecken (gerade während temporärer Extremwetterlagen) im Bereich der schwebender Grundwasserleiter im Vogelsberg nicht auf alle Gebiete mit vermutlichen oder nachgewiesenen, schwebenden Grundwasserleitern übertragbar [20].

Die Beeinflussung von vermuteten oder nachgewiesenen, schwebenden Grundwasserstockwerken und deren mögliche Entkoppelung von tieferen Grundwasserleitern wird man nicht über die Regionalisierung von Daten und hydrogeologischen Modelvorstellungen beschreiben können, weil dazu der geologische Untergrund viel zu komplex oder an einem diskreten Standort schlichtweg unbekannt ist.

In streitbefangenen Fällen, z. B. bei der Erteilung von Wasserentnahmerechten aus tieferen Grundwasserleitern, dient z. B. im Vogelsberg oft dieser, in einigen Gebieten nicht verifizierte hydrogeologische Stockwerksbau als nicht hinterfragbare Erklärung für das temporäre Trockenfallen der Oberläufe von Bächen oder hoch gelegenen Feuchtgebieten, ohne eine Kausalität zu Grundwasserentnahmen aus tieferen Stockwerken herstellen zu müssen.

Die allgemeingültige Übertragung der unterschiedlichen Wirkung schwebender Grundwasserstockwerke auf die Oberflächengewässer und Quellen einerseits und der potenziellen hydraulischen Auswirkungen einer Tiefengrundwasserentnahme andererseits ist in den Mittelgebirgsregionen wie z. B. im Vogelsberggebiet nicht zielführend bei der Beurteilung der Auswirkung einer Entnahme auf die aquatischen Landökosysteme.

Abhilfe schaffen könnte in diesem Kontext ein Monitoringsystem sowohl entlang der Oberläufe von (Quell-)Bächen als auch in den unterlagernden geologischen Schichten, unabhängig von ihrem Status im örtlich angenommenen Stockwerksbau. Der geologische Aufbau des Untergrundes und die hydraulische Konnektivität der erbohrten Stockwerke mit den Oberflächengewässern müssten mit geeigneten Bohrungen und Grundwassermessstellen aufgeklärt werden, was aber vor allem in den Festgesteinsarealen der Mittelgebirgsregionen aufgrund der hohen Kosten für Bohrungen meist nicht gemacht wird. So bleiben die wesentlichen Fragestellungen im Zusammenhang mit der Beurteilung der hydraulischen Auswirkungen von Tiefengrundwasserentnahmen aus dem geklüfteten oder verkarsteten Festgestein unbeantwortet:

- Was sind die Ursachen für das temporäre Trockenfallen von Bächen oder das zeitweise Versiegen von natürlichen Quellaustritten?
- Wird dieser Prozess durch nahegelegene Tiefengrundwasserentnahmen oder durch den temporären Niederschlagsmangel und den damit verbundenen Rückgang der Grundwasserneubildung mit einem parallel dazu stattfindenden Absinken der oberflächennahen, das Gewässer stützenden Grundwasserpotenzials, verursacht?

In **Bild 10** ist beispielhaft dieser Zustand an einer Quelle, die bei Trockenwetterabfluss im Umfeld und in den Quellbächen keinen Grundwasseranschluss aufgrund gesunkener Wasserstände auf Höhe des Fassungskopfes mehr hat, dargestellt.

In Zeiten, in denen die temporären Schwankungen der Wasserstände und Wasserführung der Gewässer zwischen Dürre und Starkregen zunehmen, kommt es umso mehr darauf an, Feuchtgebiete, Oberläufe von Bächen und natürliche Quellbereiche (Grenzbereich zwischen den natürlichen Grundwasseraustritten und Bachlauf) besser kennenzulernen, um sie damit vor irreversiblen Veränderungen schützen zu können. Dafür braucht es Schutzprogramme, die auf einem standörtlichen Monitoring basieren. Feuchtgebiete haben, wie oben beschrieben, einen doppelten und in Zeiten des Klimawandels positiven Synergieeffekt auf den Landschaftswasserhaushalt, sowohl bei Dürre- als auch Starkregenereignissen.

Notwendigkeit in Zeiten des Klimawandels

Landesweites Messprogramm zum Abflussgeschehen von Quellbächen und oberen Bachläufen

Eine mögliche Messmethode, die niederschlags- oder entnahmebedingte Veränderungen im Abfluss und in der Grundwasser-Oberflächenwasserbeziehung (Effluenz – Influenz) ermöglicht, ist die Installation von im Oberstrom angeordneten Messvorrichtungen im Bachlauf vor und nach dem vermutlichen Einflussbereich einer Grundwasserentnahme [21].

In den Trockenwetterabflusszeiten (meist zwischen September und Oktober) können mit Datenloggern der Basisabfluss (als vornehmlich grundwasserbürtiger Abfluss) [16] im Gewässer und in der Förderzustand der Entnahmebrunnen bzw. geeigneten Messstellen gemessen werden, wobei das Ergebnis umso eindeutiger ist, wenn vor der Einflussnahme die Erstmessung stattfindet [22]. Mit dem Klimawandel werden Messeinrichtun-

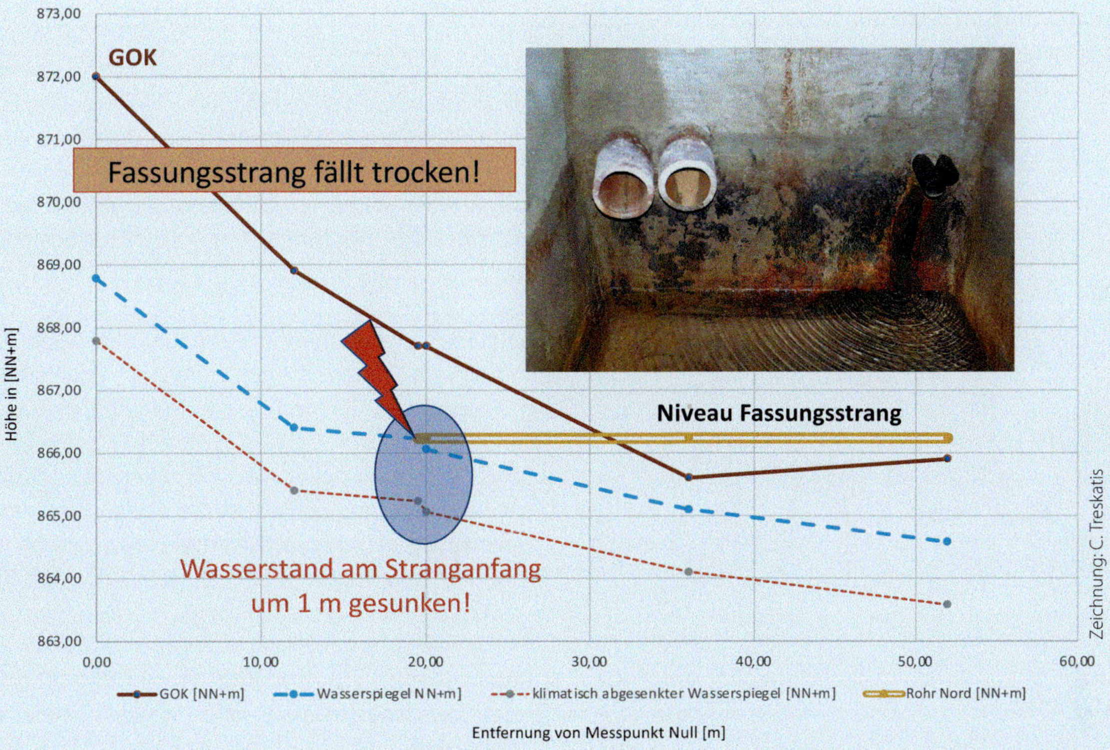

Bild 10: Beispiel einer temporär trockenfallenden Quellfassung aufgrund trockenheitsbedingt gesunkener Grundwasserspiegel im Quellkopfumfeld – eine schematische Übertragung auf den Effekt sinkender Grundwasserstände auf natürliche Quellen und Bachoberläufe ist möglich (vgl. Beitrag 3, S. 26)

gen für kleinere Gewässer zum Schutz der an sie gekoppelten aquatischen Landbiotope (z. B. Quellgebiete oder Feuchtgebiete) immer wichtiger. Leider fehlen dazu an den jeweiligen geologischen und hydrogeologischen Standort angepasste, landesweite Messprogramme.

Damit wären viele Einwendungen und Bedenken, mit denen sich die Wasserwirtschaftsverwaltungen im Rahmen von Genehmigungsverfahren auseinandersetzen müssen, obsolet und das Bürgerinteresse an diesen Zusammenhängen könnte zusätzlich mit entsprechenden Daten und Auswertungen bedient werden.

Wie kann das Verhalten von bewirtschafteten Grundwässern im Festgestein in Mittelgebirgsregionen bestimmt werden?

Bei einer Tiefenentnahme von Grundwasser müssten zunächst die saisonalen, natürlichen Schwankungen sowohl in den oberen als auch im von der Entnahme betroffenen Grundwasserleiter bestimmt werden. Nur so können eventuell auftretende hydraulische Wirkungen aus dem tieferen Grundwasserleiter im oberen Leiter gemessen und bewertet werden. Diese Bewertung der entnahmebedingten, nicht natürlichen Schwankungen und deren Abgrenzung von den natürlichen Variationen des Grundwasserstands zählt zu den Herausforderungen der Nachweisführung vor allem bei der Beurteilung von Tiefengrundwasserentnahmen, welche die Abgrenzung der Förderauswirkungen in den potenziell von der Entnahme betroffenen Grundwasserleitern zur Aufgabe hat.

Eine solche Abgrenzung von natürlichen, saisonalen Schwankungen des Grundwasserstands von entnahmebedingten Wasserstandsvariationen kann nicht mit pauschal und starr festgelegten Grenzgrundwasserständen überwacht werden, zumal geeignete Grundwassermessstellen meist fehlen. Diese Grenzen sind aus den üblicherweise ausgeführten Pumpversuchen mit einer daraus abgeleiteten Quasi-Stationarität nicht ableitbar, da die Pumpversuche nur eine temporäre Momentaufnahme der Förderung darstellen, die in der Regel nicht dem realen Wasserwerksbetrieb entspricht.

Für eine sinnvolle Überwachung einer Grundwasserentnahme wird in der Praxis und nach den Regeln der Technik heute ein Monitoring genutzt, das in der Lage sein sollte, zeitlich hochauflösend die Einflüsse der hydrologischen, der entnahmebedingten und der saisonalen Variationen zu erfassen. Dazu sind in allen potenziell betroffenen Grundwasserleitern geeignete Grundwassermessstellen einzurichten oder aus dem Bestand auszuwählen und mit Datenloggern oder anderen geeigneten Wasserstandsmessungen auszustatten. Die Messungen müssen auf jeden Fall die kurzzeitigen Wechsel der Brunnenschaltungen und der Förderzyklen auflösen können. In der Praxis haben sich hierfür 15-Minuten-Werte bewährt. **Bild 11** und **Bild 12** zeigen dazu Beispiele für ein Quellgebiet in der Rhön bzw. für einen Tiefbrunnen im Westerwald.

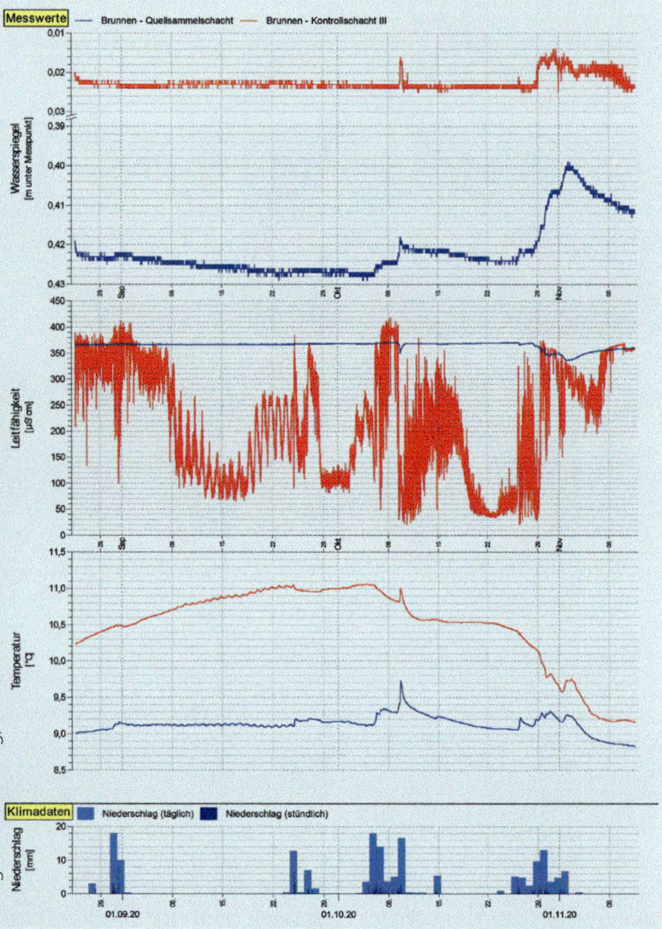

Bild 11: Beispiel einer Datenloggeraufzeichnung im 15-Minuten-Takt, mit der die Reaktionen einer Quelle in der Rhön auf Niederschläge oder Einflüsse Dritter erfasst werden kann

Geht man bei der Planung eines Monitorings zur Erfassung von möglichen hydraulischen Einflussnahmen aus einer Grundwasserentnahme von der Geologie der Vogelsbergregion aus, so ist hier ein differenzierter hydrogeologischer Stockwerksbau mit der Wechsellagerung grundwasserleitender und -geringleitender Schichten gegeben, der je nach Standort verschiedenen hydrologischen und entnahmetechnischen Einflüssen unterliegt. Ein für die Abgrenzung der entnahmebedingten von den natürlichen, witterungs- und klimabedingten Einflüssen unterscheidendes Monitoringsystem müsste in der Lage sein, die gemessenen Wasserstände zeitlich und räumlich entsprechend der Sachlage differenziert aufzulösen und eine Zuordnung zu den Grundwasserstockwerken möglich zu machen. Dazu müssen die jeweiligen Stockwerkszuordnungen der Messpunkte für ein solches Monitoring anhand von geeigneten Bohrungen und früheren Messdaten abgesichert werden.

Nur durch eine stockwerksdifferenzierte Messung ist es möglich, Einflüsse, egal welcher Provenienz, zu unterscheiden und differenziert zu bewerten. Die für die Messungen ausgewählten Grundwassermessstellen müssten so ausgebaut sein, dass sie mit ihrer Filterstrecke nur das betreffende Teilstockwerk erfassen und gegenüber den anderen Teilstockwerken hydraulisch dicht mit einer geeigneten Ringraumabdichtung gesichert sind. An dieser Stelle sei auf die DVGW-AB W 108 und W 121 verwiesen [23].

Nur mit einer solchen zeitlich und räumlich aufgelösten Messung kann die möglicherweise schädliche Beeinflussung der oberflächennahen aquatischen Systeme (Quellaustritte; Feuchtgebiete, obere Bachläufe mit Effluenz- und Influenzzonen) z. B. durch eine Tiefenwasserentnahme beurteilt werden. Es ergäben sich folgende Fragen, die sich nicht nur in den besonders von den Folgen des Klimawandels betroffenen Mittelgebirgsregionen stellen:

- Welche Grundwasserleiter sind durch die natürlichen oder entnahmebedingten Einflüsse so beeinflusst worden, dass sie periodisch stark abgesenkt werden oder saisonal durch witterungs- oder klimatische Effekte „leer" laufen (vgl. **Bild 10**)?
- Welche Grundwasserleiterbereiche reagieren in welcher stockwerksbezogenen Abstufung und Entfernung zur Entnahmeeinrichtung (vgl. **Bild 11** und **Bild 12** aus Messung der „Ausgangssituation" ohne Einflussnahme durch den Menschen)?
- Wie kommunizieren die Stockwerke auf natürlichem Wege miteinander und wie werden sie durch eine hydraulisch wirkende Entnahme beeinflusst?
- Wie verändern sich die abgesenkten und die in Ruhe der Brunnen kurzzeitig auftretenden Wasserstände und wie reagiert das „Absenkungsband" insgesamt gesehen innerhalb der hydrologischen Saison (vgl. **Bild 12**)?
- Wie werden die Variationsbreiten des „Absenkungsbandes" langfristig, z. B. durch die seit Langem spürbaren Neubildungsdefizite, verändert?

An dieser Stelle ergäben sich auch Hinweise zur Bewertung entnahmebedingter- oder witterungsbedingter Wirkungen in allen hydrogeologischen Kompartimenten eines fördertechnisch erzeugten, sich temporär unterschiedlich ausdehnenden Absenkungstrichters.

Diese einfach zu installierenden und zu überwachenden Messeinrichtungen (sowohl Abflussmessungen wie auch Grundwassermessungen) sind nach Stand der Technik und Wissenschaft unabdingbar zur Definition von Mindestabflüssen von Fließgewässern und angelagerten Feuchtgebieten und natürlichen Quellgebieten. In der Regel dominiert bei der Beurteilung von Grundwasserentnahmen zunächst der ressourcenorientierte Blick mit Sicherung der gewinnbaren Dargebotsmengen. Der mögliche Verlust von Feuchtgebieten oder das temporäre Trockenfallen von den oberen Abschnitten der Bachläufe im Mittelgebirge wird dann bei fehlenden Daten durch die Folgen des Klimawandels (i.e. veränderte Niederschlagsmuster) bzw. durch den Einfluss der verschiedenen Grundwasserstockwerke auf die oberflächennahen hydrologischen Systeme erklärt. Durch die heute schon messbaren Folgen des Klimawandels erlangen diese Messungen eine große Bedeutung bei der Beurteilung der Verträglichkeit unterschiedlich ausgerichteter Interessen an Natur und Landschaft.

Die für die Vogelsbergregion entwickelten Verfahren für eine umweltschonende Grundwassergewinnung [24] waren ein erster wichtiger Schritt sich vom reinen Ressourcenstandpunkt zu lösen, wobei ein Monitoringkonzept nur so gut ist wie sein darauf angepasstes Messprogramm. Gerade für das zitierte Beispielsgebiet (Oberlauf der Bracht im südlichen Vogelsberg) fehlt es an einem Mindesteinsatz an Messeinrichtungen, die die hydraulischen Wechselwirkungen zwischen dem Grundwasser- und Oberflächenwassergeschehen in den Quellzonen der Bachläufe aufdecken könnten.

Auch ist das von Naturschützern ins Spiel gebrachte Argument der zeitlichen Messung von Wiederanstiegszeiten (vgl. [25, 26]). in betroffenen Brunnen nur von begrenzter Aussagekraft bzgl. der hydraulischen Wechselwirkungen zwischen den aquatischen Systemen an der Erdoberfläche und dem darunter anstehenden Grundwasser. Diese Messungen sind abhängig von der individuellen Brunnenfahrweise (Dauer und Menge der Förderung) und sagen nur etwas zur hydraulischen Reaktion im bewirtschafteten Grundwasserleiter aus und nichts zu den möglichen Interaktionen mit den darüber anstehenden, oberflächennahen, z. T. schwebenden Grundwasserleitern. Nur diese haben aber meist eine erhebliche Bedeutung für Quellaustritte und Feuchtgebiete.

Wichtig wären daher in den Mittelgebirgen auch ergänzende Messprogramme zu etablieren, die geeignet sind, Informationen und Daten über die mittlere Verweildauer des Grundwassers im Untergrund zu liefern und um damit auch Aussagen zur Grundwasserneubildungsfähigkeit des genutzten Aquifers, z. B. über Trockenwetterabflüsse, zu ermöglichen. Die Bestimmung der mittleren Verweildauer des Grundwassers erfordert eine Analyse seines Alters und aus beidem, Alter und Verweildauer, ließe sich das sogenannte „mobile Wasser" bzw. der „dynamische Wasservorrat" ableiten, das man schadlos, da regenerierfähig, bewirtschaften könnte [10, S. 278 ff.].

Im Falle längerer Trockenphasen muss für die aquatischen Systeme an der Erdoberfläche in den oft mit nur gering speicherfähigen Aquiferen ausgestatteten Mittelgebirgsräume genauer bestimmt werden, was die Natur zum Erhalt des aquatischen Lebens und der Biodiversität benötigt [10, S. 292, 296]. Gleichzeitig ist der systemrelevante Basisabfluss bzw. Trockenwetterabfluss zur Sicherung der Mittelgebirgsbäche im Oberlauf notwendig [16] und daraus abgeleitet das Maß, wieviel Wasser über welchen Zeitraum z. B. während der Trockenphase noch schadlos gewinnbar ist. Auch müssen die Messvorrichtungen Auskunft geben dazu, ab wann einzelne, besonders in Feuchtgebieten hydraulisch „wirksame" Brunnen (temporär) abzuschalten sind und wie dann durch Entnahmen potenziell schadhaft beeinflusste Feuchtbiotope oder Quellbäche durch Zusatzmaßnahmen (z. B. die Steuerung der oberen Zuläufe aus Stauhaltungen oder Rückhaltemulden, etc.) gestützt werden könnten.

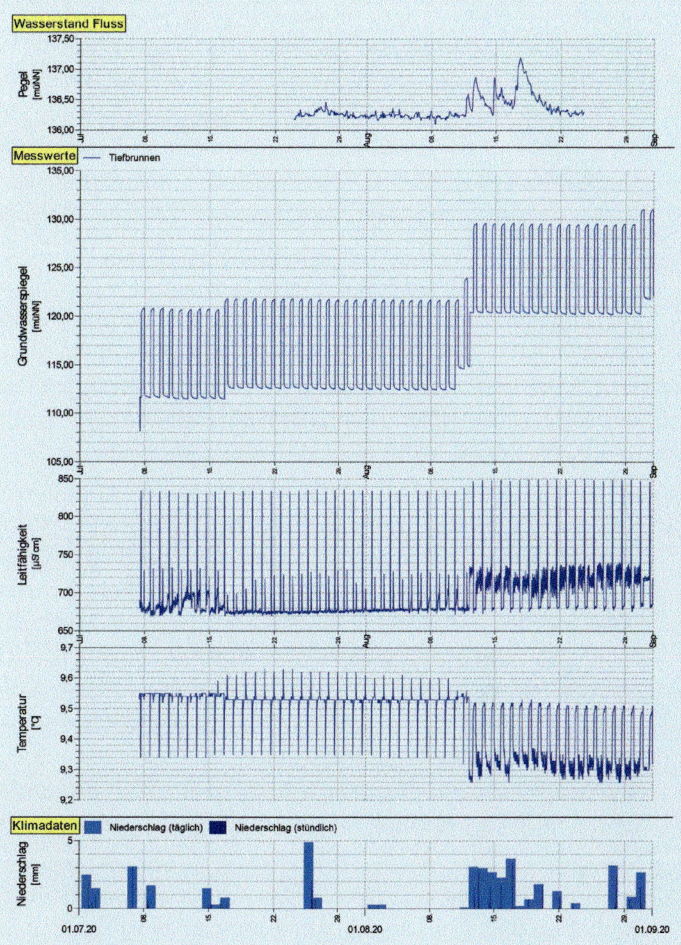

Bild 12: Beispiel einer Datenloggeraufzeichnung aus einem Förderbrunnen im Westerwald, aus dem der Einfluss des Förderrhythmus hervorgeht

Einordnung der Wassersysteme in den Mittelgebirgsregionen:

Teile des natürlichen Wasserkreislaufs oder ein „hydrosoziales" Gebilde?

Grundwasser und seine für den Menschen sicht- und erlebbare Austritte (Quellen und Bachläufe) sind als relationale Gebilde zwischen Gesellschaft und Natur zu sehen. Bei Grundwasserentnahmen für die Trinkwasserversorgung steht die Gesellschaft in der Verantwortung, die Ansprüche zwischen Natur und Gesellschaft zu vermitteln. Da gibt es keinen natürlichen Wasserkreislauf mehr, der alleine den witterungs- oder klimabedingten Schwankungen unterliegt. Das Grundwasser als Teil des Wasserkreislaufs ist dann ein „hydrosoziales" Gebilde, dessen Fluktuation sowohl der Natur als auch der gesellschaftlichen Intervention unterliegen [27, 28, 29].

Oberläufe von Mittelgebirgsbächen sind meist grundwassergekoppelte Systeme. In sensiblen aquatischen Gebieten wie z. B. Feuchtgebieten wird das Trockenfallen von oberen Bachläufen oder Quellaustritten oftmals als Auslöser von Bürgerprotesten und

Einsprüchen von Naturschutzverbänden gesehen. Diese bilden dann eine Nahtstelle, an der oftmals erfahrungsgesättigtes Wissen von sogenannten Laien und das Wissen der (hydrogeologischen) Experten aufeinanderprallen – Wie können eventuell diese unterschiedlichen Wissensformen dort zueinander passen?

Wie am Beispiel der Einflüsse des geologischen und hydrogeologischen Stockwerksbaus in Relation zu den oberflächennahen Grundwasseraustritten aufgezeigt, werden aufgrund fehlender Standortdaten oftmals Idealisierungen (z. B. in Bezug auf die Entkoppelung von verschiedenen Grundwasserleitern) vorgenommen und empirisch vorliegende Daten zur Interpretation der Konnektivitäten der hydrologischen Systeme genutzt. Oft ergibt sich ein differenzierteres Bild von dieser Vorfluter-Grundwasser-Interaktion, wenn eine Kopplung von Grundwasserleitern und der damit verbundenen Bachoberläufe angenommen werden muss.

Um aus solchen Deutungs- und Interpretationsdilemmata herauszukommen, bedarf es der Produktion valider Daten – sowohl bezogen auf Grundwassermessstellen in den verschiedenen Grundwasserstockwerken, wie auch bezogen auf Messstellen zur Detektion des hydraulischen Anschlusses des Grundwassers in oberen Bachläufen. Dazu kann eine öffentlich zugängliche Datenbank Transparenz schaffen, um im Vorfeld von „Auseinandersetzungen" zwischen den Beteiligten bei Wasserrechtsverfahren Vertrauen und Kompetenz aufzubauen.

Nur durch eine solche Transparenzregel kann auf der einen Seite Vertrauen der Bürger in die staatlichen Institutionen und andererseits in das vor Ort agierende Wasserversorgungsunternehmens zurückgeholt und stabilisiert werden. Ganz entscheidend hierbei ist, dass Grundwasserstände in ihrer zeitlichen Entwicklung zu verstehen sind und „stationäre" Zustände in der Natur nicht existieren.

Dies hat zur Voraussetzung, dass ein umfassendes – wie oben beschrieben – Monitoringsystem in allen hydrologischen und hydrogeologischen Systemkompartimenten mit langen Zeitreihen aufgebaut und betrieben wird. Die rein auf kurzzeitige Pumpversuchen basierende Ingenieursansatz zur Beschreibung des Grundwassers (z. B. als „Ausweis" einer irgendwie gearteten Stationarität und zur Definition von Grenzgrundwasserständen) ist in der heutigen Zeit der vielfältigen klimatischen und gesellschaftlichen Einflüsse als alleinige Interpretationsgrundlage zur Abgrenzung der Einflüsse auf aquatische Landbiotope nicht mehr ausreichend.

Ausblick

War bislang die Expansionslogik „mehr Wasser für wachsende Bevölkerung, Industrie und Landwirtschaft" dominant, so sind die Aufgaben für die Wasserwirtschaft in der Komplexität immer weiter gewachsen: Sicherung der öffentlichen Wasserversorgung, Sicherung der unter zunehmenden Druck stehenden, aber noch intakten Ökosysteme, der Feuchtgebiete der oberen Bachläufe in Mittelgebirgsregion und der angepasster Umgang mit Starkregen bedeuten zumindest phasenweise eine Abnahme des früher mit Hilfe von zeitlich begrenzten Pumpversuchen und Brunnentests definierten gewinnbaren Grundwasserdargebotes.

Zur Entlastung des Grundwasserhaushaltes und zur Stützung der Grundwasserstände in längeren Trockenzeiten sind temporäre wasserbauliche Maßnahmen in den Oberläufen von Bächen und Quellzonen und generell in den „Recharge-Gebieten" der Grundwasserleiter erforderlich. Dazu gehören beispielsweise die Überleitung von Starkregenwasser in kleine Speicherbecken als Zulauf für die Oberläufe von Bächen und eine Überleitung von Starkregenwasser zur künstlichen Grundwasseranreicherung in geeigneten Geländemulden oder künstlichen Becken (mit vorheriger Reinigung). Maßnahmen zur rationellen Wasserverwendung (Regenwassersammlung, verpflichtende Wasserwiederverwendung, Brauchwasser) stecken in den Anfängen und sollten weiterentwickelt werden [30].

Literatur

[1] Marx, A., Boeing, F., Samaniego, L. (2022). Ergebnisse des Forschungsprojekts „UFZ-Klimafolgenstudie" für das DVGW Zukunftsprogramm Wasser – Zur Entwicklung des Wasserdargebots im Kontext des Klimawandels. energie | wasser-praxis 8/2022, 16-21.

[2] Arbeitskreis Wasserversorgung Rhein-Main (WRM) (2021). Auswirkungen des Klimawandels auf den Grundwasserhaushalt.

[3] Kreienkamp, F., Lorenz, P., Geiger, T. (2020). Statistically Downscaled CMIP6 Projections Show Stronger Warming for Germany. Atmosphere 11: 1245.

[4] DWD (2023). [Online]. Available: https://www.dwd.de/DE/leistungen/kvhs_de/2_expert_de/year_de/yearly_node.html. [Zugriff am 19 03 2024].

[5] Hergesell, M. (2023). Grundwasser im Klimawandel. 9. Wiesbadener Grundwassertag - Hessisches Landesamt für Naturschutz, Umwelt und Geologie. Wiesbaden.

[6] Neumann, J. (2022). Grundwasser – Auswirkungen des Klimawandels in Süddeutschland. ZU WENIG | ZU VIEL – Wasserwirtschaft zwischen Trockenheit und Starkregen. 7. KLIWA-Symposium am 14. und 15. September in Ingelheim.

[7] HLNUG (2023). Grundwasserbeschaffenheitsbericht 2022. Wiesbaden.

[8] KLIWA (2024): [Online]. Available: https://www.kliwa.de/grundwasser-wasserhaushalt-zukunft.htm. [Zuletzt geprüft am 20.03.2024].

[9] ewp (2022): „In den meisten Regionen Deutschlands erwarten wir stabile Verhältnisse bei der Grundwasserneubildung". Die Redaktion im Gespräch mit Dr. Andreas Marx und Dr. Wolf Merkel. energie | wasser-praxis 8/2022. 22-29.

[10] Riedel, T., Nolte, C., aus der Beek, T., Liedtke, J., Sures, B., Grabner, D. (2021). Niedrigwasser, Dürre und Grundwasserneubildung – Bestandsaufnahme zur gegenwärtigen Situation in Deutschland, den Klimaprojektionen und den existierenden Maßnahmen und Strategien. Abschlussbericht. Umweltbundesamt.

[11] o. A. (2024): Ohne Wasser kein Wald. FAZ Nr. 44 (Rhein-Main) vom 21.02.2024.

[12] Ingenieurgesellschaft Prof. Dr. Sieker mbH (2024). [Online]. Available: https://www.sieker.de/fachinformationen/article/mulden-rigolen-system-mrs-9.html. [Zuletzt geprüft am 20.03.2024].

[13] Hoffmann, P., Lehmann, J., Fallah, B., Hattermann, F. F. (2021). Atmosphere similarity patterns in boreal summer show an increase of persistent weather conditions connected to hydro-climatic risks. Scientific Reports 11: 22893.

[14] Balian, E. V., Segers, H., Lévèque, C., Martens, K. (2008). The Freshwater Animal Diversity Assessment: an overview of the results. Hydrobiologica 595: 627-637.

[15] Oexle, S. (2022). Aquatische Ökosysteme im Klimastress – Folgen und Schutzmöglichkeiten. ZU WENIG | ZU VIEL – Wasserwirtschaft zwischen Trockenheit und Starkregen. 7. KLIWA-Symposium am 14. und 15. September in Ingelheim.

[16] Wohlrab, B. (1992). Landschaftswasserhaushalt, Wasserkreislauf und Gewässer im ländlichen Raum. Veränderung durch Bodennutzung, Wasserbau und Kulturtechnik. Hamburg: Parey.

[17] Das Fließgewässer der Bracht ist im Durchschnitt zu warm, was Sauerstoffmangel erzeugt. Land Hessen (2020). Steckbrief Oberflächengewässerkörper. Wasserkörper DEHE_24784.1 (Bracht). Stand 08.12.2020. Online: https://wrrl.hessen.de/wrrl/php/ergebnis_massnahmenprogramm_ow.php?MS_CD_RW=DEHE_24784.1 [zuletzt geprüft am 29.03.2023].

[18] HLNUG (2024). Hydrogeologie des Vogelsberges. Online: https://www.hlnug.de/fileadmin/dokumente/das_hlnug/veranstaltungsarchiv/vogelsberg/t1_lessmann_A4.pdf [Zuletzt geprüft am 20.03.2024].

[19] Reiss, M., Harnischmacher, S. (2016). Grundwasser. In: Fohrer, N. (Hrsg.): Hydrologie. Bern: Haupt. 91-108.

[20] Leßmann, B., Wiegand, K., Scharpff, H.-J. (2001). Die Hydrogeologie des vulkanischen Vogelsberges. Geologische Abhandlungen Hessen, 108. Wiesbaden: HLNUG.

[21] Entsprechende Messvorgänge fehlen, bspw. in den Grundwasserentnahmebereichen Kirchbracht-Illnhausen (südlicher Vogelsberg).

[22] Ein solch doppeltes Monitoringsystem für den Bachlauf (oberhalb- und unterhalb des Entnahmegebietes) und für unterschiedliche Grundwasserstockwerke fehlt für das Entnahmegebiet Kirchbracht-Illnhausen, wiewohl die Wasserbehörde und der entsprechende Wasserversorgungsverband viel Wert auf eine umweltverträgliche Grundwasserentnahme legen.

[23] DVGW (2021). Technische Regel - Arbeitsblatt. DVGW W 108 (A). Messnetze für das Grundwassermonitoring in Wassergewinnungsgebieten. Bonn.

[24] Denneborg, M., Raskin, R. (1995). Verfahren für eine umweltschonende Grundwassergewinnung im Vogelsberg. Wasserwirtschaft 85 (6): 296-290.

[25] SGV e.V. (2019). Behörde erlaubt Grundwasserraubbau im Gettenbachtal. Gelnhausen will in Trockenzeiten mehr abpumpen – Politik muss dringend einschreiten . Pressemitteilung vom 07.04.2019 Online: https://www.sgv-ev.de/wp-content/uploads/2019/04/PM-Gettenbach-Erg%C3%A4nzungsbescheid_04.2019.pdf [zuletzt geprüft 29.03.2024].

[26] Regierungspräsidium Darmstadt (2022): Zwei Online-Konsultationen im Bereich Wasserrecht. Regierungspräsidium Darmstadt informiert über Verfahren in Brachttal und Birstein im Main-Kinzig-Kreis. Pressemitteilung vom 25.04.2022. Online: https://rp-darmstadt.hessen.de/presse/zwei-online-konsultationen-im-bereich-wasserrecht [zuletzt geprüft 29.03.2024].

[27] Linton, J., Budds, J. (2014). The hydrosocial cycle. Defining and mobilizing a relational-dialectical approach to water. Geoforum 57: 170-180.

[28] Swyngedouw, E. (2009). The Political Economy and Political Ecology of the Hydro-Social. Journal of Contemporary Water Research & Education 142: 56-60.

[29] Liao, Y.-K., Schmidt, J. J. (2023). Hydrosocial geographies: Cycles, spaces and spheres of concern. Progress in Environmental Geography 2 (4): 240-265.

[30] Kluge, T. (2023). Klimakrise und Wasser: Wie die Klimakrise ein Umdenken erfordert. gwf-Wasser/Abwasser 164 (3): 77-82.

Überflutungen und Starkregen als Auslöser von mikrobiologischen Befunden in Brunnen und Quellen

Christoph Treskatis

Klimawandel, Überflutung, Starkregen, pathogene Keimeinträge, Brunnen, Quellen, Risikoanalyse

Viele Trinkwassergewinnungsanlagen in Deutschland nutzen oberflächennahe Grundwasserleiter. Dort sind der Grundwasserumsatz, die Neubildungsraten aber auch die Gefährdungen durch mikrobiologische und chemische Belastungen am höchsten. Diese Grundwasserleiter unterliegen einer erhöhten Vulnerabilität gegenüber dem Witterungsgeschehen, da für eine Verlagerung von Keimen und Nährstoffen aus dem Oberboden in die gesättigte Zone nur kurze Abbaustrecken zur Verfügung stehen. Neben diesen standörtlichen Bodeneigenschaften beeinflusst der Klimawandel mit Extremwetterereignissen, die sich in unserer humiden Klimazone neben längeren Hitzeperioden vor allem in Form von lokalen Starkregen und Überflutungen darstellen können, die Grundwasserbeschaffenheit. Es kann gezeigt werden, dass geogen und anthropogen bedingte Heterogenitäten und Bodenstörungen im Nahbereich von Brunnen und Quellfassungen (Wasserschutzzone I) besonders sensible Eintragsstellen für größere Sickerwasservolumina sind, die kurzfristige mikrobiologische Belastungen zur Folge haben können. Überflutungen und Starkregen erzeugen für diese Art der anthropogenen Grundwasserbelastung ausreichende Transportmengen in kurzer Zeit. So erklärt sich vielfach die kurze Zeitspanne von wenigen Stunden bis Tagen zwischen einem extremen hydrologischen Ereignis und mikrobiologischen Positivbefunden. Für die Wasserversorgungen mit flutsensiblen Gewinnungsanlagen werden Handlungsempfehlungen gegeben, um für diese zukünftig vermehrt zu erwartenden Extremereignisse gerüstet zu sein.

1. Einleitung

Viele Grundwasserressourcen sind durch den Klimawandel, die rapide Zunahme der Bevölkerung und die Intensivierung der Bewässerungslandwirtschaft gefährdet. Neben Hitzewellen und Dürren rücken Starkregen und Überschwemmung bei der Analyse von Klimafolgen in den Vordergrund [1, 2]. Ergebnisse von Klimaprojektionen, wie z. B. die Vorhersage von sommerlichen Starkregenereignissen oder der Höhe der neubildungsrelevanten winterlichen Niederschlagssummen, ist jedoch weiterhin mit sehr großen Unsicherheiten verknüpft [1].

Quellen, die Jahrhunderte lang die Bevölkerung mit Trinkwasser und zur Bewässerung der Ackerflächen dienten, fallen dauerhaft trocken, werden aufgrund von Kriegen und sozio-ökonomischen Umwälzungen nicht mehr instandgehalten und zerstört. Diese Faktoren erzeugen vor allem in den Ländern der semiariden und ariden Klimazonen erhebliche Versorgungsengpässe. Die leichte Verfügbarkeit von Bohrgeräten und Pumpen führt dort in Kombination mit dem steigenden Wasserbedarf zu einer Überbewirtschaftung der Grundwasserressourcen. Die integrierte Wirkung von Klimawandel, Bevölkerungszunahme, mangelnder Wertschätzung und Zerstörung von Fassungsanlagen und die Zunahme der Pumpbrunnen wurden beispielsweise für Karstquellen im Beşparmak-Gebirge Nordzyperns von Treskatis [3], für Quellen im Nubischen Sandstein Ägyptens von Powell und Fensham [4] sowie für Qanat-Systeme Afghanistans von Goes et al. [5] beschrieben und quantifiziert. Diese ausgewählten Beispiele zeigen, dass nach dem Trockenfallen der oberflächennahen, durch Quellfassung genutzten Grundwasserleiter die tieferen, durch Bohrbrunnen erschlossenen Aquifere ebenfalls sukzessive entleert werden (**Bild 1**). Die klimatisch bedingte Grundwassererneuerung kann in diesen Klimazonen die übermäßigen Entnahmen aus dem statischen Grundwasservorrat nicht mehr ausgleichen.

Neben Hitze und Dürre in den Passatwindzonen haben in unserer humiden Klimaregion extreme Witterungsereignisse, wie z. B. die Hochwässer an Oder, Elbe und Donau und ihren Nebenflüssen gezeigt, dass lebensnotwendige „kritische Infrastrukturen", wie die Strom- und Wasserversorgung bei Extremwetterereignissen in ihrer Funktionstüchtigkeit beeinträchtigt werden können oder sogar gänzlich ausfallen könnten [6]. Hochwässer und Überschwemmungen gehen bei ungünstigen Bedingungen mit einer Ausbreitung von Infektionskrankheiten einher, wenn die Fassungen und der Fassungsbereich technisch nicht gegen drückendes Wasser abgedichtet sind [7].

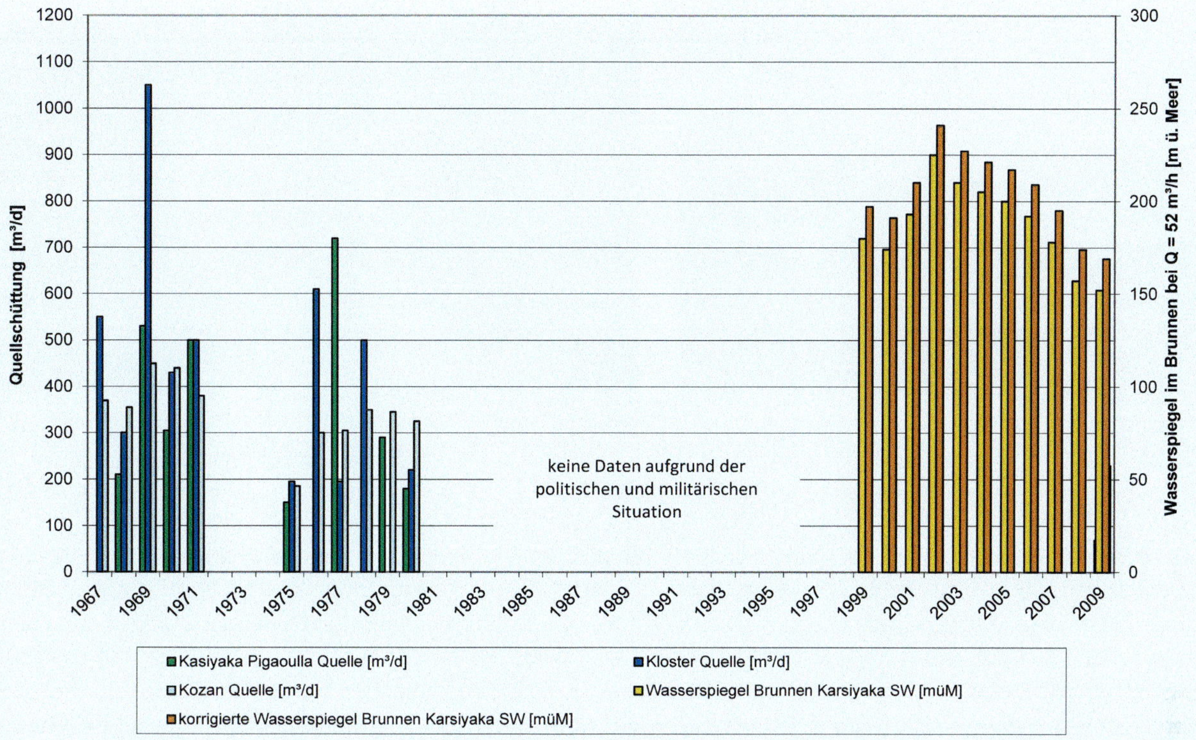

Bild 1: Entwicklung der Quellschüttungen (witterungs- und entnahmebedingt seit Inbetriebnahme der Brunnen trockengefallener, oberflächennaher Grundwasserleiter) und Wasserstände in den Brunnen in einem übernutzen tieferen Karstgrundwasserleitersystem im Norden Zyperns. Aus Treskatis (2014) [3]

Krankheiten, wie z. B. Typhus, Salmonellosen, Ruhr, Hepatitis A, virusbedingte Durchfallerkrankungen und Hirnhautentzündung durch Enteroviren werden bevorzugt über fäkal kontaminiertes (Grund-)Wasser übertragen [8]. Die krankheitsauslösenden Erreger gelangen mit dem Überflutungswasser sowie mit dem Schlamm u. U. bis in die Fassungsbereiche der Wasserversorgungen und können dort relativ schnell in den Grundwasserraum eindringen [7, 9, 10]. Eine der Hauptursachen für den Anstieg der Konzentration an Mikroorganismen in Oberflächengewässern hängt u. a. mit der Hochwasserentlastung aus dem Siedlungsraum in die Fließgewässer und damit auch in Trinkwassereinzugsgebiete zusammen [11]. Sie gelangen aus der überfluteten Kanalisation, überlaufenden Sickergruben, Regenüberlaufbecken oder aus angeschwemmten Tierkadavern in die Umwelt und damit auch in das (Grund-)Wasser. Dort überdauern sie je nach Wassergehalt oder Nährstoffangebot (organische Substanzen) unterschiedlich lange und werden mit dem Flutwasser und Schlamm flächenhaft verteilt.

Intestinale parasitäre Protozoen zeichnen sich unabhängig von ihrer taxonomischen Zugehörigkeit durch die Bildung resistenter Dauerstadien aus, deren Übertragung und Verbreitung auch über den Wasserpfad erfolgt. Von humanpathogener Bedeutung sind hierbei beispielsweise Vertreter der Gattungen *Entamoeba, Acanthamoeba, Giardia, Balantidium, Isospora, Sarcocystis, Cryptosporidium, Cyclospora, Toxoplasma* und *Microsporidium*. Eine wesentliche Bedeutung als Verursacher von trinkwasserbedingten Masseninfektionen kommt zwei von ihnen zu, nämlich *Giardia lamblia* und *Cryptosporidium parvum*. Parasiten überstehen auch zwischenzeitliche, vollständige Austrocknung [8]. Bei Überflutungen und Sickerwasserbildungen können diese Krankheitserreger in den Grundwasserraum verlagert und in die Trinkwassergewinnungsanlagen transportiert werden.

2. Einflussfaktoren des Klimas auf die Grundwassernutzung in Deutschland

In Deutschland befinden sich zahlreiche oberflächennah ausgebaute Wassergewinnungsanlagen im Uferbereich der großen Flüsse, in überflutungsgefährdeten Tälern der Mittelgebirge oder im regenreichen Alpenvorland. Insbesondere im Sommerhalbjahr treten seit einiger Zeit im Zusammenhang mit Gewittern vermehrt starke Niederschlagsereignisse auf, deren Folgen in besonders exponierten Wasserfassungen spürbar werden (**Bilder 2 und 3**). Hinzu kommen lokale Starkregenereignisse mit Überflutungen in den Wintermonaten, z. B. in Verbindung mit der Schneeschmelze (**Bild 4**). Bedingt durch die höheren sommerlichen Temperaturen nimmt die Bodenfeuchte ab und es können sich oberflächennah Risse und Klüftungen ausbilden (**Bild 5**), was die Anfälligkeit der oberflächennahen Trinkwasserressourcen gegenüber Starkregenereignissen erhöht.

Die Häufigkeit der Starkniederschläge der Dauerstufe „24 Stunden" sowie der Niederschlagsintensitäten hat in Deutschland in den vergangenen 65 Jahren im Winter um 25 % zugenommen [12, 13]. Nach den Projektionen der regionalen Klimamodelle geht der Deutsche Wetterdienst davon aus, dass sich dieser Anstieg bis zum Jahr 2100 in gleicher Größenordnung fortsetzen wird. Für die

Bild 2: Überflutung einer Brunnenanlage

Bild 3: Hochwasserschäden an einem Brunnenabschlussbauwerk

Sommermonate ist bei den Niederschlägen noch kein einheitlicher Trend zu beobachten, obwohl die Temperaturen bzgl. der täglichen Maxima und Minima deutlich angestiegen sind. Der Temperaturanstieg in den Wintermonaten ist signifikant höher als in den Sommermonaten [14]. Dieser Temperaturtrend weist aber auch darauf hin, dass die Extremereignisse – trotz bestehender Prognoseunsicherheiten – insgesamt zunehmen werden [1].

In einem global wärmeren Klima steigt somit die Variabilität der Extrema: Trockene und heiße Zeiträume im Sommer gehen ohne ausgeprägte Übergänge in kalte und niederschlagseiche Winterperioden über [1, 15]. Vor dem Hintergrund dieser Aussage besteht trotz der noch nicht vollständig abgesicherten Erkenntnisse der meteorologischen Forschung zum Extremwetter und der ausgeprägten Regionalität von Witterungsereignissen eine abstrakte Gefährdungslage und Vulnerabilität der Trinkwasserfassungen gegenüber Flut- und Regenereignissen, vor allem in deren Nahbereich.

Der Nahbereich einer Wassergewinnungsanlage ist nach den Ergebnissen von Untersuchungen von Treskatis und Zimmer [16] und Treskatis [7, 10] vor allem durch die oft unzureichend abgedichteten unterirdischen Bauwerksteile, die Rohrgräben der Anschlussrohrleitungen und die Umfeldnutzungen gegenüber Schadstoffeinträgen besonders gefährdet. In diesem unmittelbaren Umfeld von Brunnen und Quellfassungen können pathogene Keime, Parasiten oder chemische Substanzen das Grundwasser aufgrund fehlender hydraulischer Sperren und physiko-chemischer Abbaumöglichkeiten sehr schnell belasten und Betriebsstörungen sowie Unterbrechungen bei der Wassergewinnung erzeugen.

Für den hygienisch sicheren Betrieb von oberflächennahen Wassergewinnungsanlagen (Brunnen, Quellfassungen) sind die Folgen von „Extremwetter", vor allem von Starkniederschlägen und Überflutungen in den Talauen, von besonderer Bedeutung [17]. Bei dieser Art der Trinkwassergewinnung sind regelmäßige Kontrollen der Abdichtungen und die Sicherung des Fassungsbereichs gegenüber Fremdwässern eine wesentliche Aufgabe des Risikomanagements. Tiefere Grundwasserleiter sind in der Regel von solchen zeitlich begrenzten Ereignissen nicht betroffen, sofern die Tiefbrunnen und deren zugeordnete Grundwassermessstellen mit einer ausreichenden, hydraulisch wirksamen Abdichtung gegenüber Fremdwässern ausgestattet sind [7, 10].

Bild 4: Blänkenbildung nach der Schneeschmelze um eine Brunnenanlage im Alpenvorland

Bild 5: Rissbildung in einem feinsandig-schluffigen Boden über pliozänen marinen Muschelsanden in den Colline Pisane (Italien) nach mehrwöchiger Trockenheit im Frühsommer 2017

Wesentliche Konsequenzen für die Betreiber sind bei beiden Arten der Grundwassergewinnung, im Fall von wiederkehrenden, im Sinne der Trinkwasserverordnung positiven Keimbefunden im Rohwasser (> 1 keimbildende Einheit KBE in 100 ml), erhöhte Aufwendungen für die Wasseraufbereitung und für die Instandsetzung „undichter" Fassungsanlagen [7].

Die standörtliche, fassungsnahe Gefährdungslage um eine Wasserfassungsanlage wurde bisher nur unzureichend untersucht und ist daher im Sinne des DVGW-Hinweises W 1001 [18] hinsichtlich der Eintragsmöglichkeiten von unerwünschten Stoffen und Partikeln, der Eintragsquellen und der Risiken für die Wassergewinnung zu analysieren und zu bewerten [19].

3. Einfluss von Starkregen und Überschwemmung auf Trinkwassergewinnungsanlagen

Alle flächigen Schutzkonzepte, wie z. B. das Multibarrieren-Prinzip und das Schutzzonenkonzept nach DVGW-Arbeitsblatt W 101 [20], gehen, unabhängig von den hydraulischen und geochemischen Eigenschaften der Grundwasserüberdeckung, von einer flächig vorhandenen, intakten, ungestörten und geogen gebildeten Schichtenfolge über der Grundwasseroberfläche aus. Jedoch finden sich um Brunnenanlagen und Quellfassungen vielfach durch die Herstellung des Brunnens bedingte, anthropogen gestörte Bodenverhältnisse wieder, deren struktureller Aufbau und petrographische Eigenschaften z. B. bei der Bemessung und dem Schutzkonzept für den Fassungsbereich (Zone I) bisher keine ausreichende Berücksichtigung erlangt hat.

Bei einer Überschwemmung wird eine normalerweise trockenliegende Fläche vollständig von Wasser bedeckt und bei behindertem Abfluss oder Versickerung eingestaut. Überschwemmungen werden beispielsweise hervorgerufen durch:

- Über die Ufer tretende Gewässer
- Zu langsam abfließendes Wasser
- Zunehmende Versiegelung abfluss- und versickerungswirksamer Flächen (z. B. durch die zunehmende Ausweitung von Bau- und Gewerbegebieten sowie den Straßenbau)
- Verklausung (teilweiser oder vollständiger Verschluss eines Fließgewässerquerschnittes durch angeschwemmtes Treibgut oder Totholz)
- Bodenverdichtung, z. B. durch Beschneiungsanlagen und die Zunahme der Beschneiungszeiten in den Alpen
- Wasserrohrbrüche
- Bruch von Dämmen oder Talsperren
- Absichtliches Unterwassersetzen/Fluten von Polderflächen

Wesentliche Folgen einer Überflutung/Starkregen sind:

- Erhöhung des Sickerwasseranfalls gegenüber der Normalsituation
- Versteilung des Gradienten und Steigerung des Porenwasserdrucks, sodass sich Grundwasserlinsen bilden können und eine zeitlich begrenzte gravitative Entwässerung der ungesättigten Zone in den Grundwasserraum möglich wird.

Dieser Effekt ist unter bestimmten hydrogeologischen Randbedingungen nahe der Trinkwasserfassungen unmittelbar qualitätswirksam, da die bisherigen Schutzkonzepte für den Fassungsbereich lediglich eine geometrische und keine hydrogeologisch begründete Abgrenzung und Einfriedung nach Kataster- und Grundstücksgrenzen vorsehen (DVGW-AB W 101).

Bei Routinekontrollen des Rohwassers werden, beispielsweise nach Starkniederschlägen und damit verbundenen Überflutungen des Fassungsgeländes, meist unerwartet hohe Keimeinbrüche im Rohwasser analysiert [7, 9] (**Bild 6**). Diese Art der unmittelbar und nur wenig verzögert nach einem hydrologischen Extremereignis messbaren mikrobiologischen Befundmuster (z. B. mithilfe von Schnelltests: der IDEXX Colilert®-Test wird beispielsweise weltweit zum Nachweis von Coliformen und *E. coli* verwendet) ist nicht mit den langfristig sich entwickelnden Eintragsmustern von chemischen Substanzen aus dem fassungsferneren unterirdischen Einzugsgebiet vergleichbar [10]. An dieser Stelle wären z. B. der Nitratgehalt oder der Nachweis von Pflanzenschutzmitteln zu nennen, die als gelöste oder suspendierte Stoffe im Grundwasser meist aus dem weiteren Einzugsgebiet stammen und saisonalen Variationen unterliegen. Gleichzeitig sind fassungsnahe Überflutungen und die Bildung von Blänken nach Starkregen- oder Schmelzwasserereignissen im Gelände kaum vermeidbar, da Setzungen nach Bodenkonsolidierungen und durch Erosion erzeugte Risse und Rinnen diesen Prozess im Umfeld der Fassungsbauwerke unterstützen [9].

Der Hauptwasserumsatz erfolgt in den Grundwasserleitern, die in Deutschland zur Trinkwassergewinnung genutzt werden, in den oberen 10 bis 20 m unter Gelände. In dieser Zone beeinflussen Witterungseffekte, der geologische Untergrund und Fördereffekte die Verlagerung von Wasservolumina, Partikeln und (Nähr-)Stoffen in die Trinkwasserfassung [19]. Liegt beispielsweise das Abschlussbauwerk eines Brunnens oder einer Quellfassung in einem geringdurchlässigen, bindigen oder felsigen Untergrund, kann die ehemalige Baugrube bei starken Niederschlägen soweit mit Wasser volllaufen, dass es in das Bauwerk, die Fassungsrohre der Quelle oder in die Brunnenbohrung eintritt. Gleiches gilt bei flurnahem Grundwasser, das nach Starkregen oft unerwartet schnell ansteigen kann. Bei gut durchlässigem Untergrund kann Niederschlagswasser rasch versickern und ebenfalls in die Fassung gelangen [21].

Mikroorganismen, wie pathogene Keime, Bakterien, Viren und Parasiten sind nicht oder nur gering eigenbeweglich und bedürfen eines Transportmediums [22]. Im Grundwasserraum herrschen außerhalb der Fassungsbereiche Bedingungen, in denen eine Massenentwicklung von Mikroorganismen unter „normalen" Umständen kaum möglich ist. Das Grundwasser fließt ausgesprochen langsam (je nach Durchlässigkeitsbei-

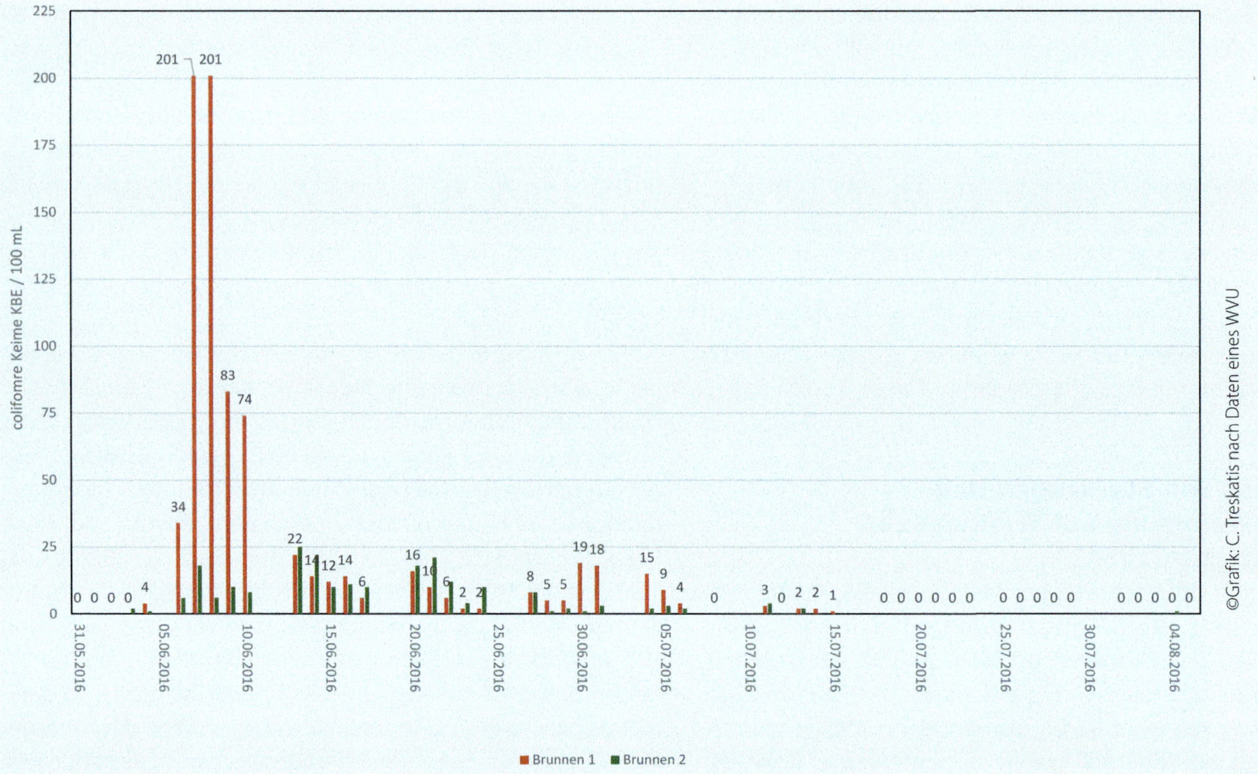

Bild 6: Mikrobiologische Befundlage in zwei Brunnen nach Überflutung des Brunnengeländes

wert wenige Zentimeter bis Meter pro Jahr [23], das Nährstoffangebot und auch der Sauerstoffgehalt sind gering). Die Sauerstoffgehalte liegen im anthropogen unbeeinflussten Grundwasser meist zwischen 2 und 8 mg/l; der DOC-Wert als Summenwert der im Wasser gelösten natürlichen und synthetischen organischen Kohlenstoffverbindungen, beträgt weniger als 2,5 mg/l [24]. Nahe von Brunnen und Quellfassungen wird der Grundwasserfluss durch die o. g. Gradientenzunahme beschleunigt. Dies geschieht einerseits durch das Pumpen in Brunnen (Anströmungsgeschwindigkeit von Pumpen bis zu 2 m/s) und andererseits durch den Wegfall des Fließwiderstands des Hohlraumsystems bei Quellaustritten, was zu einer Mobilisierung von Partikeln (Trübung, pathogene Keime) und zu einer spezifischen Erhöhung des Nährstoffangebotes und des Sauerstoffgehaltes führt [9]. Verstärkt wird dieser Effekt durch den Absenkungstrichter, vor allem in oberflächennah ausgebauten Brunnen in ungespannten Grundwasserleitern [7]. Dieser füllt sich bei Stillstand des Brunnens mit lateral zufließendem Grundwasser auf, entleert sich mit zur Fassung zunehmendem Gefälle in Funktion der Untergrunddurchlässigkeit, der Förderzeit und des Fördervolumenstroms. Der Fördereffekt sorgt für eine fassungsnahe vertikale Verlagerung von partikulären und chemischen Substanzen aus der ungesättigten Sickerwasserzone in den gesättigten Grundwasserraum. Dieser rasch wirksame Verlagerungseffekt wird durch die langsame Sickerwasserneubildungsrate überlagert [7]. Überflutungen und Starkregen mit einem hohen Dargebot erhöhen die Sickerwasserneubildungsrate, sodass unter bestimmten hydrogeologischen Randbedingungen eine beschleunigte Verlagerung von potenziell belastetem Sickerwasser in den Grundwasserraum stattfinden kann [16, 21]. Nimmo et al. [25] wiesen nach, dass die Grundwasserneubildung und der Stofftransport von der ungesättigten Zone in den darunter anstehenden Grundwasserraum bei starken Durchlässigkeitskontrasten zwischen den geologischen Schichten fast ausschließlich durch die räumliche Verteilung der gut wasserwegsamen, präferentiellen Fließwege und den Grad der Wassersättigung dieser Hohlräume gesteuert werden.

Als wesentlicher Transportfaktor für das Sickerwasser verändern sich die hydraulischen Eigenschaften, die Vernetzung der wasserwegsamen Poren- und Klufthohlräume und deren räumliche Verteilung von der Erdoberfläche in Funktion der Tiefe. Vor allem in Festgesteinsgrundwasserleitern besteht mit der Teufe eine direkte Abhängigkeit zwischen der hydraulischen Durchlässigkeit und der Kluftvernetzung. Sanford [26] konnte zeigen, dass die vertikale Wasserdurchlässigkeit in einem Festgesteinsareal in den ersten 100 Metern um mehr als fünf Zehnerpotenzen mit der Teufe abnehmen kann. Die Topografie der Schichten unter Geländeoberkante (GOK) ist vor allem in der Verwitterungs- und Auflockerungszone bzgl. Lagerung und Mächtigkeit heterogen und bezüglich der Durchlässigkeit meist stark anisotrop. Sedimentäre oder tektonisch-fazielle Mulden und Schluckhorizonte sammeln und leiten das Sickerwasser über ein Netzwerk von Hohlräumen in den fassungsnahen

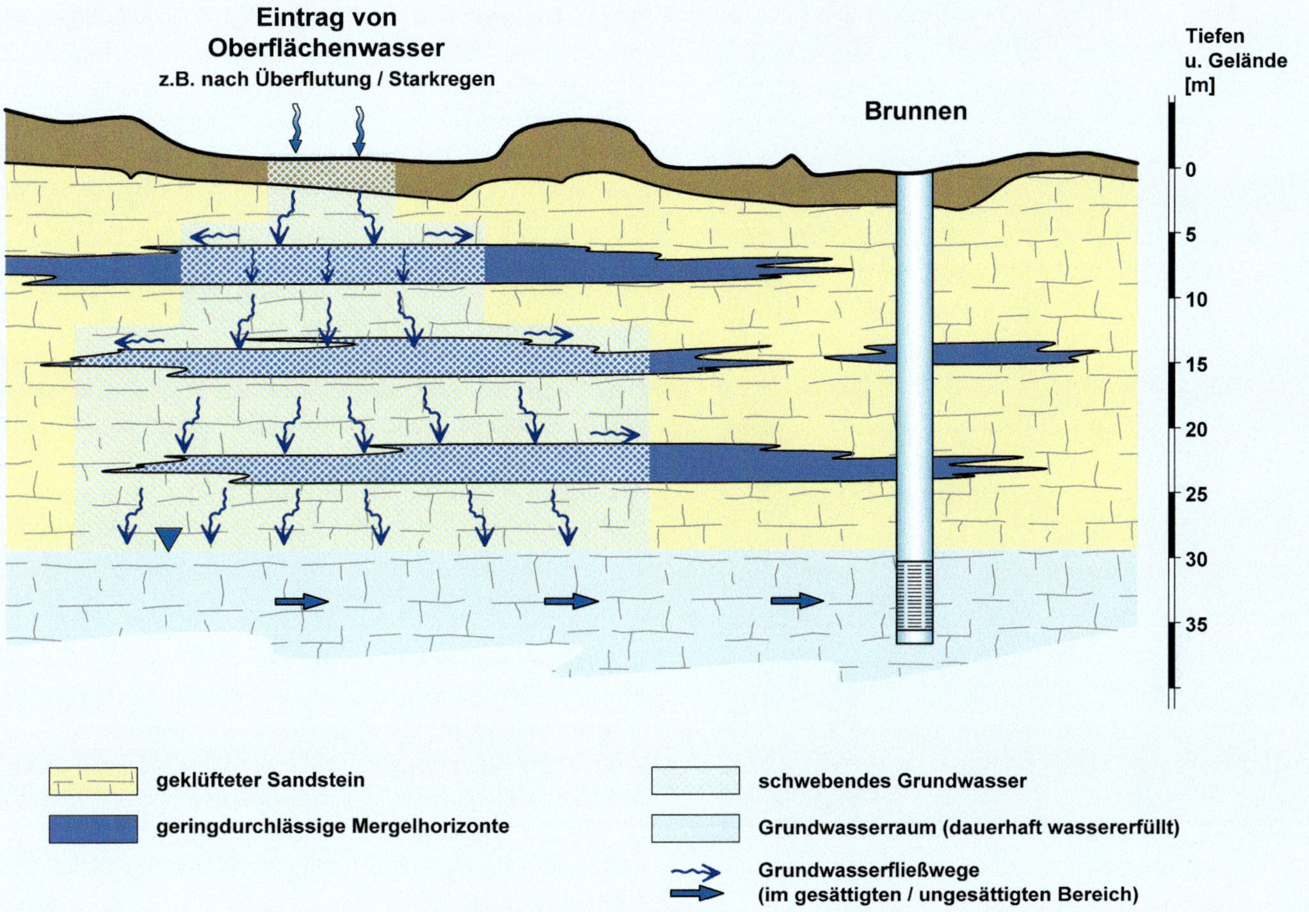

Bild 7: Konzeptionelles Fließbild in einem geschichteten vulkanoklastischen Aquifer mit mächtiger Sickerwasserzone und der Ausbildung von schwebenden Grundwasserlinsen nach Starkregen und Überflutung. Nach *Nimmo* et al. [25]

Grundwasserraum (z. B. periodische Bildung von Grundwasserlinsen und schwebendem Grundwasser, **Bild 7**). Der Wasseraustausch zwischen der ungesättigten und gesättigten Zone ist somit direkt abhängig von dem Vorhandensein von vertikal von der Geländeoberfläche bis zum Grundwasserraum durchgängigen Transportwegsamkeiten (Beispiel siehe **Bild 8**) und einem ausreichenden (Sicker-)Wasservolumenstrom, der diese Wegsamkeit durchströmen kann. Dieser Wasservolumenstrom kann durch Überflutungen und Starkregen, also durch „Extremwetter", generiert werden [21].

4. Untersuchungen zu den Transportzeiten

4.1 Versuchsgegenstand

Die fassungsnahen Vulnerabilität des Grundwassers bei Starkregen und Überflutungen kann mit Tracergastests (Formiergas) und Versickerungsversuchen (gelöste Salze oder fluoreszierende Lebensmittelfarbstoffe) punktuell im Gelände bestimmt werden [7, 9, 16]. Die von Treskatis und Zimmer [16] entwickelte Methodenkombination stammt aus der Zusammenführung der zerstörungsfreien Leckortungstechnik und aus der Durchführung hydrogeologischer Markierungsversuche. Sie führt zu standörtlich spezifischen Erkenntnissen über die hydraulische Dichtigkeit von oberflächennahen Geländezonen und Ausbauten in Brunnen, Quellfassungen und Bohrungen und klärt oberflächennahe Eintragswege für das Sickerwasser im direkten Absenkungsbereich eines Brunnens oder im Zustrom einer Quellfassung auf. Eine Verifizierung von Tracergasaustrittsstellen erfolgt durch konventionelle Salz- oder Farbtracerversuche, um Daten zu Reaktionszeiten und dem Durchbruchverhalten von Stoffen und Partikeln von der Erdoberfläche zum Fassungsorgan zu erhalten [27]. Diese Methodenkombination unterstützt die bauliche Sanierung von Eintragsstellen im Gelände, von Brunnen- und Quellausbauten und das Ergreifen von flächigen Schutzmaßnahmen, wie z. B. die Neuabgrenzung der Zone I.

Untersuchungsgegenstand für diese technisch-hydrogeologische Methodenkombination waren zwei von unregelmäßigen mikrobiologischen Belastungen betroffene Vertikalfilterbrunnen, die oberflächennah (bis etwa 9 m unter GOK) in sehr gut wasserdurchlässigen Terrassenschottern (Spannweite des Durchlässigkeitsbeiwertes aus Pumpversuchen: 0,005 bis 0,01 m/s) verfiltert

Bild 8: Visualisierung von transportwirksamen vertikalen Hohlraumsystemen in einem verkarstungsfähigen Kalksandstein (Straßenaufschluss)

sind. Die Brunnen liegen auf der orographisch linken Seite des Lechs innerhalb der holozänen Lechaue in einer Entfernung von mehreren Hundert Meter zueinander und beeinflussen sich hydraulisch nicht. Das Gelände ist flach, mit einem jungen Auenwald und Wiesenflächen bewachsen und wird von muldenartigen Abflussrinnen des Ur-Lechs durchzogen. Der Flurabstand variiert im Umfeld der Brunnen zwischen 2,0 und 2,5 m. Die Brunnenbetriebsleistung liegt bei 100 m^3/h bei rund 0,25 bis 0,30 m Absenkung. Ein Sperrrohr oder eine hydraulische Ringraumsperre sind in beiden Brunnen nicht vorhanden.

Bei Routinekontrollen des Betreibers (z. B. im wöchentlichen Untersuchungsturnus oder nach Starkregen oder Schneeschmelze) wurden im Brunnenrohwasser unregelmäßig Belastungen mit coliformen Keimen, vereinzelt bis 10 KBE; nachgewiesen. Eine Korrelation mit Starkregen und längeren Feuchteperioden wurde als wahrscheinlich eingestuft.

Mithilfe der Tracergasmethode konnten die räumliche Verbreitung der potenziell mikrobiologisch vulnerablen Zonen an der Geländeoberfläche im näheren Umfeld der Brunnen kartiert (bis etwa 25 m von der Brunnenachse entfernt) und mögliche Wegsamkeiten von Sickerwässern, Flutwässern oder Starkregenabläufen von der Geländeoberfläche über die ungesättigte Zone in die mit Filterrohren und Filterkies ausgebauten Brunnenbohrungen bestimmt werden. Grundlagen zur Zielstellung und Anwendung der Tracergasmethode wurden u. a. bei Treskatis und Zimmer [16] publiziert.

Zur Verifizierung der Tracergasaustritte, der daraus postulierten potenziellen Eintragsstellen von Sickerwässern und zur Erkundung der vertikalen Transportzeiten von der ungesättigten Zone innerhalb des Fassungsbereichs (Zone I) in die Brunnen (= Reaktionszeiten für den Betreiber) wurden an zwei ausgewählten Stellen (Versuch 1 und Versuch 2) mit signifikanten Tracergasaustritten je Brunnen je ein Salzmarkierungsversuch durchgeführt. Es wurden an jedem Brunnen zwei Versuche an unterschiedlichen Tagen an zwei unterschiedlichen Stellen durchgeführt, wobei die hydrologischen und hydrogeologischen Randbedingungen als Konstanten vorgegeben sind. Damit sollten die räumlich unterschiedlichen Befundmuster der Tracergasuntersuchungen abgeglichen und Grundlagen für einen Maßnahmenplan zur Vermeidung von mikrobiologischen Belastungen im Brunnenwasser abgeleitet werden.

4.2 Versuchsdurchführung

Als Markierungsmittel wurde aufgrund der Nähe zu den Brunnen Lebensmittelsalz (Kochsalz) aus dem Lebensmittelhandel verwendet. Die Salzmarkierung basiert auf der Modellvorstellung, dass mit der Eingabe einer mit Natriumsalz (Kochsalz) beladenen Lösung der Sickerwasserweg an einer definierten Stelle, z. B. nach einem Starkregen mit Sättigung der Bodenzone, nachvollzogen werden kann.

Die Auswahl der Brunnen für diese Versuchsdurchführung erfolgte vom Betreiber aufgrund wiederkehrender mikrobiologischer Positivbefunde im Rahmen des Brunnenmanagements, das die beiden Brunnen als „unsicher" einstufte. Im Zuge von ersten ad-hoc-Maßnahmen wurden vom Betreiber die oberirdischen Brunnenabschlussbauwerke und deren Umfeld mit einem gering durchlässigen Bodenmaterial abgedichtet und nahe stehende Bäume und Sträucher entfernt. Dennoch wiesen die Brunnen danach immer noch Belastungen mit coliformen Keimen auf. Die Herkunft der mikrobiologischen Belastungen wird auf die bodenbedingte, sehr schnelle Einschwemmung von Fäkalien (z. B. vom Wild, Hunde) und typischen pathogenen Umweltkeimen aus dem Oberboden bei Starkregen zurückgeführt. Die Eintragsstellen sind aber unbekannt und sollten daher erkundet werden. Die ausgewählten Brunnen sind typische Fassungen, die in einem oberflächennahen, hydrogeologisch hoch permeablen und vulnerablen Grundwasserleiter ausgebaut sind.

Für die Versuche wurden die Brunnen für die an zwei unterschiedlichen Tagen durchgeführten Markierungsversuche mit jeweils rund 100 m^3/h im Dauerbetrieb beaufschlagt. Vor der Eingabe der Salzlösung wurden in beiden Brunnen Mehrparameter-Messgeräte installiert, die neben der Fördermenge auch die elektrische Leitfähigkeit und die Wassertemperatur im Fördervolumenstrom registrierten und im Minutentakt abspeicherten. Die Eingabe des Markierungsmittels erfolgte an jedem

© C. Treskatis

Bild 9: Versuchsanordnung für die oberflächennahe Salztracerversuche im Fassungsbereich

Brunnen an zwei unterschiedlichen Stellen an zwei verschiedenen Tagen innerhalb des Fassungsbereichs über ein etwa 1,0 m langes Edelstahlrohr DN 800, das ca. 0,3 bis 0,5 m tief in den Untergrund eingebunden wurde. Die Bewuchsschicht wurde zuvor entfernt, um hydraulische Kurzschlüsse durch Wurzelumläufigkeiten auszuschließen (**Bild 9**). Mit der Versuchsanordnung wurde eine Überflutung des Geländes mit Einstau des Niederschlagswassers (rund 27 bis 50 cm über GOK) z. B. nach einem Starkregen simuliert. Umläufigkeiten wurden durch eine Minimierung des Aufstaus im Rohr reduziert. Aufgrund der guten Untergrunddurchlässigkeit wurden die geringfügigen Umläufigkeiten der Rohrmantelfläche als nicht versuchsrelevant eingestuft. **Tabelle 1** fasst die Versuchsrandbedingungen zusammen.

5. Ergebnisse und deren Einordnung

Im Verlauf der Versuche reagierten die beiden Brunnen erwartungsgemäß nach kurzer Zeit mit deutlichen Anstiegen der Leitfähigkeiten über das zuvor gemessene Ausgangsniveau hinaus. Der erste Anstieg der Leitfähigkeit im Brunnenwasser markiert das Eintreffen des versickerten Salzwassers und damit auch das Eintreffen von Sickerwasser nach einer Geländeüberflutung oder nach Starkregen. In den **Tabellen 2 und 3** wurden die Versuchsergebnisse zusammengefasst.

Die maximalen Versickerungsraten zwischen der Geländeoberfläche (=Eingabestelle) und dem Brunnen variieren zwischen > 100 und > 500 m/d und sind im Vergleich zu der Untergrunddurchlässigkeit von Schottern und Kiesen als sehr hoch einzustufen (Vergleichswerte hierzu siehe bei Käss [27]und Hölting und Coldewey [23]). Es handelt sich um die Geschwindigkeit eines Wasservolumens, das beispielsweise nach einem Einstau der Fläche durch Starkregen oder Überflutung entsteht und über Risse und Bodenstörungen im Fassungsbereich in den Brunnen verlagert wird.

An beiden Standorten stehen unmittelbar unter der geringmächtigen Humusschicht, die im Versuchsaufbau aufgrund ihrer hydraulischen Heterogenität (Wurzeln, bindige Anteile etc.) nicht berücksichtigt wurde, Fein- bis Grobkiese mit unterschiedlichen sandigen und bindigen Anteilen an. Die bindigen und organogenen Anteile waren im Lechschotter am Standort des Brunnens B höher als am Brunnen A. Die Werte spiegeln die typischen standörtlichen Unterschiede der insgesamt sehr grobkörnigen Schotter in der Flussaue wider. Die Abstandsgeschwindigkeiten liegen zwischen 2 und 23 m/h (**Bild 10**). Dies bedeutet, dass ein versickerungswirksames Regenereignis am Standort des Brunnens A nach etwa zwei Tagen im Brunnen qualitativ wirksam werden kann. Für den Brunnen B ist dieser Zeitraum nur halb so lang, sodass bereits

Tabelle 1: Stammdaten der Salzmarkierungsversuche an den Versuchsbrunnen

Brunnen und Versuch	Geologischer Untergrund	Wasserspiegel [cm über Sohle]	Eingabemenge	Wasserspiegel Brunnen [m u. MP]	Startleitfähigkeit (bei 25 °C; +/- 1 µS/cm) und Temperatur (+/- 0,1 °C) im Brunnenwasser (Mittelwert aus Mehrfachbestimmung Handmessung mittels Mehrparameter-Messgerät)
A Versuch 1 (21.10.15)	fG-gG, sandig, grau	35	1 m^3 Salzlösung (10 kg/1000 l) plus 5 kg/m^3 Nachspülmenge	2,16m bei 100 m^3/h	513 µS/cm bei 11,4 °C
B Versuch 1 (21.10.15)	fG-gG, sandig, schluffig, braun	27	1 m^3 Salzlösung (10 kg/1000 l)	2,63m bei 98,5 m^3/h	455 µS/cm bei 13,9 °C
A Versuch 2 (05.11.15)	fG-gG, stark sandig, grau	50	1 m^3 Salzlösung (10 kg/1000 l)	2,17m bei 100 m^3/h	575 µS/cm bei 11,2 °C
B Versuch 2 (05.11.15)	fG-gG, stark schluffig, schwach sandig, grau	50	1 m^3 Salzlösung (10 kg/1000 l)	2,67m bei 99,9 m^3/h	416 µS/cm bei 12,2 °C

Tabelle 2: Erster Einsatz des Tracerdurchgangs bei den Salzmarkierungsversuchen als worst-case-Szenario für mikrobiologische Einträge und Belastungen nach einem Starkregen- oder Überflutungsereignis

Brunnen und Versuch	Beginn Eingabe Sole	Leitfähigkeit im Brunnenwasser bei Eingabeende (online-Wert im Brunnenwasser) [µS/cm]	„Erster Einsatz" mit einer Erhöhung der Leitfähigkeit	Horizontale Entfernung der Eingabe zum Brunnen	Berechnete maximale Geschwindigkeit
A Versuch 1	10:45 h	510 µS/cm	12:11 h mit 517 µS/cm	8,0	8 m in 86 min. = 134 m/d
B Versuch 1	13:00 h	450 µS/cm	14:42 h mit 458 µS/cm	8,5	8,5 m in 102 min. = 120 m/d
A Versuch 2	09:10 h	575 µS/cm	12:14 h mit 578 µS/cm	15,5	15,5 m in 184 min. = 121 m/d
B Versuch 2	12:08 h	408 µS/cm	12:33 h mit 418 µS/cm	9,5	9,5 m in 25 min. = 547 m/d

Tabelle 3: Berechnungen der maximalen Fließgeschwindigkeit und der Geschwindigkeit im Maximum des Durchgangs für das Sickerwasser von der Geländeoberfläche bis zum Brunnen

Brunnen und Versuch	Maximale Geschwindigkeit [m/d]	Maximale Geschwindigkeit erreicht nach … [min.] nach Eingabe [m/d]	Geschwindigkeit im Konzentrationsmaximum [m/d]
A Versuch 1	134	122	94
B Versuch 1	120	260	47
A Versuch 2	121	203	110
B Versuch 2	547	82	167

nach einem Tag ein Signal eines Starkregens oder einer Überflutung bei Sättigung der Bodenzone auftreten kann. Die hohe Vulnerabilität des Brunnennahbereiches gegenüber erhöhten Sickerwasserzutritten bei Starkregen und Überflutung, die sich bereits anhand der Tracergasbefunde nachweisen ließ, konnte an den ausgewählten Punkten des Fassungsbereiches (Zone I) bestätigt werden.

Die Sohlfläche des Eingaberohres hatte einen Flächeninhalt von erwa 0,49 m^2. Je Zentimeter Wasserspiegel versickerten 4,9 l in den Untergrund. Umgerechnet auf 1 m^2 ergibt sich eine Flächenspende von rund 10 l/m^2 je Zentimeter Wassersäule. Daraus ließen sich die spezifischen Sickerraten an den beiden ausgewählten Versuchsstandorten innerhalb der Zone I der beiden Brunnen ermitteln, die in **Tabelle 4** zusammengefasst wurden (**Bild 11**). Die numerischen Unterschiede der Sickerraten sind standortbedingt und typisch für Schottergrundwasserleiter [23, 27].

Die geringe Bodenüberdeckung der Schotter und die geringen Flurabstände begünstigen in diesem Versuchsfeld die Durchgängigkeit von niederschlagsbürtigen Wasservolumina bis zum Brunnen. Die Sickergeschwindigkeit bis zum Brunnen ist bei geringen Niederschlagsmengen in der Realität zeitlich deutlich länger, da die Transportwege erst gesättigt werden müssen, bevor ein Sickerwasserabfluss zustande kommt [21]. Die Salztracerversuche an beiden Standorten zeigen aber, dass die spezifischen Sickerraten im Fassungsumfeld je nach den standörtlichen Bodenverhältnissen sehr hoch sein können (bis 1 l/s/m^2) und bei Starkregen ausreichend Wasser zur Verfügung steht, um mikrobiologische Störstoffe innerhalb weniger Tage in eine ausgebaute Brunnenbohrung oder Quellfassung verfrachten zu können.

Die für das obere Grundwasserstockwerk in dieser Region aus einem hydrologischen Zyklus berechnete Grundwasserneubildungsrate beträgt nach Unterlangen des Landesamtes für Bayern bis zu 12 l/s/km^2. Diese für große Einzugsgebiete geltende und berechnete Flächenspende liegt um den Faktor 0,000012 unter den standörtlichen Sickerwasserspenden, die aufgrund von Bodenstörung und geologischen Heterogenitäten punktuell und lokal mikrobiologisch im Brunnenwasser wirksam werden können.

Die nach diesen Versuchen punktuell in einem Brunnenumfeld möglichen hohen Transportgeschwindigkeiten an Geländepunkten, die mittels Tracergastests ausgewählt wurden, sowie die geringen Flurabstände in Brunnennähe fördern in diesem Fallbeispiel die rasche Verlagerung von mikrobiologischen Belastungen mit dem Sickerwasser in den Grundwasserraum. Die vom Betreiber festgestellte Heterogenität der mikrobiologischen Befunde der beiden untersuchten Brunnen wird bestätigt und kann zumindest für die untersuchten Standorte als Folge von unterschiedlichen Niederschlagshöhen beim Probenahmezeitpunkt bis hin zu Starkregen mit anschließender Blänkenbildung und Einstau von morphologischen Senken und Geländemulden eingestuft werden.

Bisher wurden in der Literatur keine Ergebnisse von kombinierten Tracergastests und Markierungsversuchen und die daraus berechneten vertikalen Fließgeschwindigkeiten von der Geländeoberfläche über die ungesättigte Zone bis in den Grundwasserraum im Umfeld von Brunnenanlagen veröffentlicht. Damit waren bisher auch keine Reaktionszeiten und ein darauf abgestimmter nachhalti-

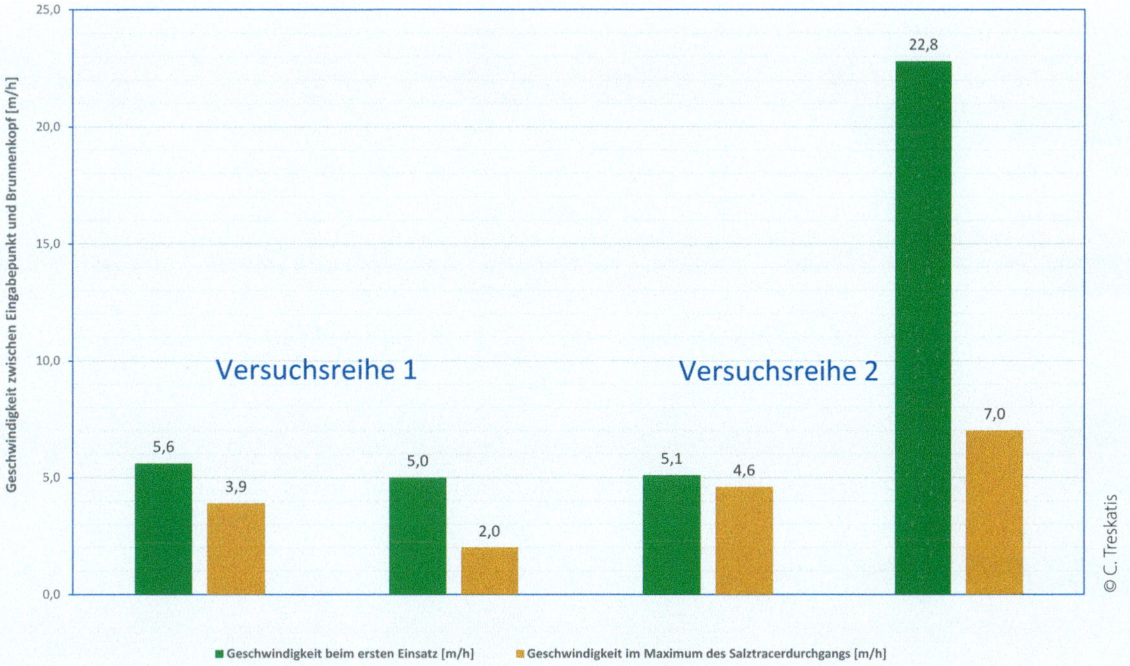

Bild 10: Ergebnisse der Salztracerversuche (vgl. **Tabelle 2**)

ger Handlungsrahmen für den Betreiber für den Umgang mit Starkregen und Überflutungen im unmittelbaren Umfeld von Trinkwasserfassungen ableitbar, außer einer vorsorglichen Außerbetriebnahme der betroffenen Fassung. Da es sich bei dieser Art der Fließgeschwindigkeitsbestimmung immer um standörtlich typische und nicht auf regionale Maßstäbe übertragbare Felddaten handelt, soll an dieser Stelle ein beispielhafter Vergleich mit einer veröffentlichten Modellstudie die Einordnung der oben beschriebenen Versuche erleichtern.

Tabelle 5 zeigt als Einordnung die Versuchsergebnisse aus dem untern Lechtal die Ergebnisse numerischer Modellierungen zur Bestimmung der kumulativen vertikalen Fließgeschwindigkeit in einem heterogen geschichteten vulkanoklastischen Kluftgrundwasserleiter. Dieses publizierte Grundwasserleitersystem hat einen ausgeprägten vertikalen Durchlässigkeitskontrast (orangefarbene Spalten und Zeilen in **Tabelle 5** nach *Nimmo* et al. [25], der die vertikalen Transportzeiten von Sickerwässern beeinflusst. Die kumulativen Fließzeiten in diesem Beispiel sind Ergebnisse von beispielhaften Modellberechnungen auf der Basis von hydrogeologischen Kenngrößen der geologischen Schichten in der ungesättigten und gesättigten Zone. Diesen Daten aus einem Kluftgrundwasserleiter, in dem aus geologischen Gründen solche vertikalen Wegsamkeiten über das Kluftnetz erwartet werden können [23] wurden in **Tabelle 5** die Fließzeitberechnungen aus den oben beschriebenen Markierungsversuche in dem hoch wasserdurchlässigen Schottergrundwasserleiter (blaue Spalten und Zeilen in **Tabelle 5**) gegenübergestellt. Der Vergleich zeigt, dass die kumulative Fließzeit sowohl von der Mächtigkeit als auch vom Aufbau der Schichten abhängig ist und die nicht übertragbare Anisotropie und Heterogenität geologischer Standorte widerspiegelt. Daher sind spezifische, versuchstechnisch abgesicherte Einzelfallbetrachtungen bei der Analyse von solchen Gefährdungspotenzialen im Nahbereich von Brunnen und Quellfassung unabdingbar.

6. Fazit und Handlungsempfehlungen

Aus den Versuchsergebnissen ergibt sich an den beiden Brunnenstandorten vor allem im brunnennahen Umfeld ein Handlungsbedarf zur Minderung der Wirkung von oberflächennahen Sickerwasserzutritten in das Brunnenumfeld.

Tabelle 4: Berechnete spezifische Sickerraten aus den Salzmarkierungsversuchen an den beiden Versuchsstandorten in der Zone I von zwei Trinkwasserbrunnen im unteren Lechtal

Versuchsphase	Brunnen A	Brunnen B
Sickerrate ohne Sättigung Versuchsort 1	ca. 1 $l/s/m^2$	ca. 0,36 $l/s/m^2$
Sickerrate ohne Sättigung Versuchsort 2	ca. 0,30 $l/s/m^2$	ca. 0,36 $l/s/m^2$
Sickerrate mit Sättigung Versuchsort 1	ca. 0,45 $l/s/m^2$	ca. 0,20 $l/s/m^2$
Sickerrate mit Sättigung Versuchsort 2	ca. 0,18 $l/s/m^2$	ca. 0,44 $l/s/m^2$

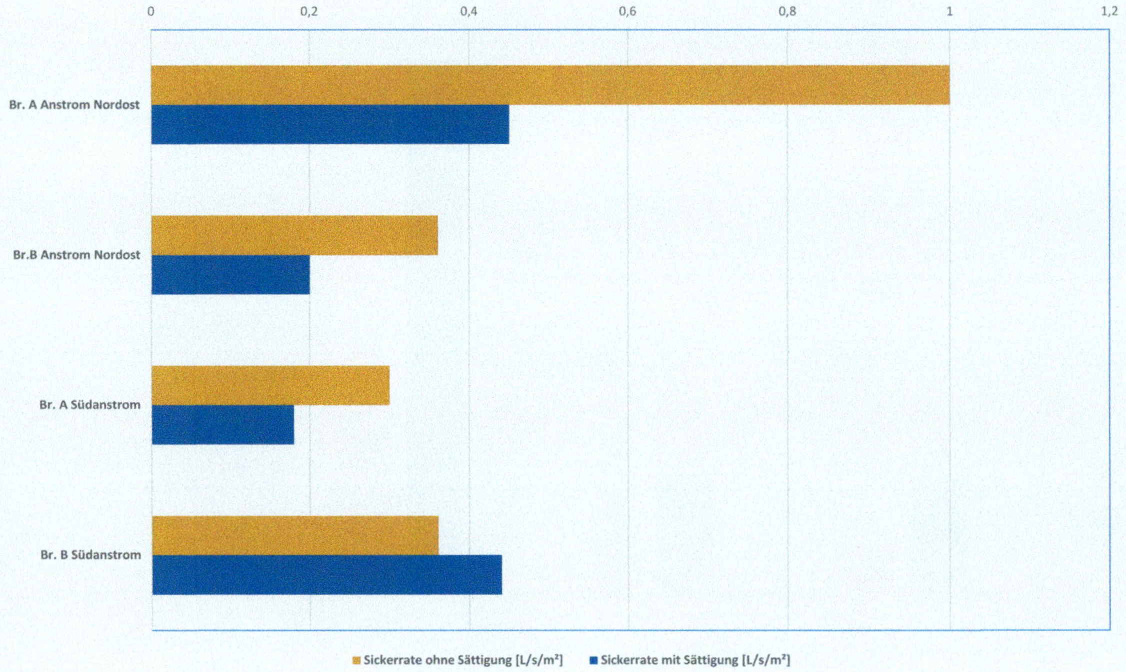

Bild 11: Sickerwasserraten des Salztracerversuchs [l/s/m²]

Die vorgestellte Methodenkombination von Tracergastests und hydrogeologischen (Salz-)Markierungsversuchen ermöglicht die Bestimmung von Transportwegen für Sickerwässer von der Geländeoberfläche zur Trinkwasserfassung. Lagediskrete, potenzielle Eintragsstellen an der Erdoberfläche, über die bei Extremwetter Auswaschungen von Mikroorganismen aus dem Oberboden in den fassungsnahen Grundwasserraum weitergeleitet werden können, können untersucht und für bauliche Maßnahmen abgegrenzt werden. Besonders in Senken, Gräben oder in der Nähe von Fließgewässern kommt es nach Starkregen mit hohen Intensitäten zu Überflutungen. Im Nahbereich von Trinkwasserfassungen, wie im Fall der untersuchten Brunnen im unteren Lechtal, sind solche hydrologischen Extremereignisse oft Auslöser von mikrobiologischen Positivbefunden.

Untersuchungen bestätigen, dass neben dem Verwitterungsgrad und dem zur Verfügung stehenden wasserdurchlässigen Hohlraumsystem das lokale Wasserdargebot den vertikalen Wassertransport von der ungesättigten in die gesättigte Zone steuert. Überflutungen oder ein erhöhter Wasseranfall nach der Schneeschmelze oder bei Starkregenereignissen (z.B. simuliert durch den o. g. Markierungsversuch) können größere Wasservolumina mit entsprechenden Nährstoffen und Keimen aus der belebten Bodenzone rasch über die geologisch oder anthropogen erzeugten präferenziellen Fließwege in die gesättigte Zone einspeisen. Es entstehen kurzzeitig, nach Verdrängung der Bodenluft, stationäre Strömungsverhältnisse in den Hohlräumen der ungesättigten Zone, deren Dauer und qualitative Auswirkungen am Brunnen oder an einer Quellfassung vom Nachschub an Sickerwasser abhängig sind [9].

Tracergasversuche können diese Wegsamkeiten mit Verbindung zur Fassung nachweisen, da die Gasausbreitung im porösen und klüftigen Medium dem vertikalen Wassertransport vergleichbaren, zeitlich begrenzten stationären Randbedingungen unterliegt. Aus diesem Kontext heraus wird das für die meisten mikrobiologischen Befundlagen im Rohwasser erforderliche Zusammentreffen hoher Quellstärken und Wasservolumina mit einer raschen Verlagerungsgeschwindigkeit von der Erdoberfläche in die gesättigte Zone bzw. in die Fassungsanlage erklärbar. Ver-

Tabelle 5: Ergebnisse von Fließzeitberechnungen für den Übergang von der ungesättigten in die gesättigte Zone eines geschichteten Kluftgrundwasserleiters (orange) [25] im Vergleich zu den Markierungsversuchen aus **Tabelle 2 und 3** (blau)

Schicht im Kluftaquifer	Mächtigkeit [m]	Kumulative vertikale Fließzeit [d]	Schicht im Schotter-GWL	Mächtigkeit [m]	Kumulative vertikale Fließzeit [d]
Oberboden und Schwemmsand	3,7	2	Oberboden	0,2	0,096 bis 0,125
Verwitterter Basalt	36,3	5	Sandig-lehmiger Mischkies	0,5	
Sandige Zwischenschicht	6,1	25	Grob- bis Feinkies, in einer sandig-lehmigen Matrix	6,0	
Feinkörniger Basalt	6,1	66			

Tabelle 6: Handlungsrahmen und -empfehlungen zur Risikoabschätzung und Sicherung der Trinkwasserfassungen gegenüber Extremwetter

Risikophase	Aktionen	Methodik
Vorbereitungs- und Prüfungsphase	▪ Kartierung und Abgrenzung möglicher Überflutungs- und Einstauzonen innerhalb der Zone I und am Rand zur Zone II ▪ Auswertung von bisherigen mikrobiologischen Befunden (Indikatorkeime der Trinkwasserverordnung) in Relation zu den historischen klimatischen Daten ▪ Ermittlung der möglichen Impaktstärke bisheriger hydrologischer Ereignisse ▪ Abschätzung des Risikos (Eintrittswahrscheinlichkeit und Schadensausmaß) und Information der zuständigen Behörden ▪ Prüfung von Abschirmmöglichkeiten gegenüber Überflutung und Blänkenbildung	▪ Herstellung eines hoch auflösenden digitalen Geländemodells ▪ Tracergasmethode ▪ Sondierbohrungen ▪ Oberflächengeophysik ▪ Installation einer online-Trübungsmessung zur Abschätzung der Inputempfindlichkeit ▪ Erstellung einer Zeitreihenanalyse zur Erfassung der Reaktionszeiträume bei einem Impakt (sofern Datenlage dies zulässt)
Warnphase im Vorfeld von Extremwetterereignissen	▪ Vorbeugende Maßnahmen (z. B. Sanierung der Fassungen und Schaffung funktionsfähiger Abdichtungen bei besonders gefährdeten Anlagen) ▪ Bereitstellung von Abschirmmöglichkeiten (Sandsäcke, Pumpen) ▪ Abstimmung der aktuellen Gefährdungslage mit dem Gesundheitsamt, der Feuerwehr bzw. Katastrophenschutz für den Fall eines Impakts ▪ Klärung der Notversorgung	▪ Verfolgung der Wetterprognosen (Regenmengen, Regenintensitäten etc.) ▪ Auswertung der bisherigen der online-Trübungsmessungen und deren Abhängigkeiten von den aktuellen hydrologischen Ereignissen ▪ Intensivierung der mikrobiologischen Beprobungen (Referenzproben vor dem Ereignis) ▪ Betrachtung möglicher Transportmechanismen im Übergang von der Geländeoberfläche, den möglichen Überflutungsbereichen bis in den Grundwasserraum
Impaktphase während und nach Extremwetter	▪ Aktivierung der Abschirmmaßnahmen ▪ Information der Behörden ▪ Aktivierung der Notversorgung	▪ Intensivierung der ereignisbezogenen mikrobiologischen Beprobungen ▪ Verfolgung der Wetterprognosen ▪ Erhebung und Aufzeichnen der lokalen der Wetterdaten ▪ Intensive Beobachtung und Auswertung der laufenden online-Trübungsmessungen ▪ Nachbeprobungen nach Durchgang des Extremereignisses ▪ Erstellung einer Zeitreihenanalyse zur Erfassung der Reaktionszeiträume bei zukünftigen Impakts

suchstechnisch abgesicherte Einzelfallbetrachtungen bei der Analyse von solchen Gefährdungspotenzialen im Nahbereich von Brunnen und Quellfassung sind daher unabdingbar.

In **Tabelle 6** werden in Ergänzung und als Konkretisierung des DVGW-Hinweises W 1001 [18] Handlungsempfehlungen zur Risikoabschätzung und Sicherung von Trinkwasserfassungen gegenüber Extremwetter zusammengefasst.

Jeder Wasserversorger muss aus Gründen der technischen und mikrobiologischen Versorgungssicherheit seine Wassergewinnungsanlagen dahingehend prüfen, inwiefern seine Anlagen von Extremwetter in Form von Starkregen mit rascher Versickerung, Überflutung oder Einstau mit Oberflächenwasser betroffen sind. Witterungsbedingte, fassungsnahe Einträge sind mit vertretbarem wirtschaftlichen Mitteleinsatz vermeidbar und tragen mit geeigneten Vorkehrungen zur Sicherung der Wassergewinnung bei den in Zukunft vermehrt zu erwartenden Extremwetterereignissen bei.

Ein Maßnahmenplan zur Sicherung der Fassungsanlage gegenüber mikrobiologischen und chemischen Belastungen in Folge von Extremwetter, wie z. B. Starkregen und Überflutungen, ist für jede Anlage fassungsspezifisch aufzustellen. Hilfsmittel dazu sind:

- Hier vorgestellte Methodenkombination eines Tracergastestes mit Markierungsversuchen
- Geophysikalische Vermessungen der ausbauten im Untergrund
- Datenanalysen aus dem bisherigen Betrieb der Fassung
- Bauwerksanalysen
- Sondierungsbohrungen zur Aufklärung der geologischen und hydrogeologischen Heterogenitäten im Fassungsumfeld

Der Maßnahmenplan muss neben den technischen Angaben zur baulichen Gestaltung der Fassung auch definierte Angaben zu den zuvor bestimmten Schwachstellen des Bauwerks (z. B. mit Angaben zur Dichtigkeit, Flurabstände, Filteroberkante, Ausbau des Ringraums) und des Fassungsbereichs (Versickerungsstellen, Reaktionszeiten und Fließgeschwindigkeiten des Sickerwassers bei Starkregen und Einstau nach Überflutung etc.) enthalten.

Literatur

[1] IPCC (2013): Summary for Policymakers. – in: Climate Change 2013: The Physical Science Basis. Contribution of Working Group I to the 5th Assessment Report of the Intergovernmental Panel on Climate change, 27 S.; Cambridge.

[2] *Alfieri, L., Burek, P., Feyen, L.* and *Forzieri, G.*: Global warming increases the frequency of river floods in Europe. In: Hydrol. Earth Syst. Sci. 19 (2015), p. 2.247–2.260.

[3] *Treskatis, C.* (2014): Der Niedergang historischer Quellwasserversorgungen – Dokumentationsversuch am Beispiel des Sinai Klosters in Karşıyaka (Vasilia) bei Girne (Kyrenia) in Nordzypern (TRNC). In: gwf Wasser|Abwasser Juni 2014, S. 736 – 746.

[4] *Powell, O.* und *Fensham, R.* (2016): The history and fate of the Nubian Sandstone Aquifer Springs in the oasis depressions of Western Desert, Egypt. In: Hydrogeol. J. (2016): 24, p. 395 – 406.

[5] *Goes, B. J. M., Parajuli, U. N., Haq, M.* und *Wardlaw, R. B.* (2017): Karez (qanat) irrigation in the Helmand River Basin, Afganistan: a vanishing indigeneous legacy. In: Hydrogeol. J. (2017): 25, p. 269 – 286.

[6] Bundesamt für Bevölkerungsschutz und Katastrophenhilfe (BBK): Schutz kritischer Infrastrukturen – Studie zur Versorgungssicherheit mit Lebensmitteln. Wissenschaftsforum, Band 9 (2012), 218 S.

[7] *Treskatis, C.* (2017a): Bohrbrunnen – 9. Auflage, 1.042 S.; München (DIV).

[8] *Auckenthaler, A.* und *Huggenberger, P.* (Hrsg.): Pathogene Mikroorganismen im Grund- und Trinkwasser: Transport – Nachweismethoden – Wassermanagement, 184 S.

[9] *Treskatis, C.* und *Tauchmann, H.* (2013): Quellfassungsanlagen zur Trinkwassergewinnung, 673 S.

[10] *Treskatis, C.* (2017b): Hygienische Gefährdungspotenziale von Brunnen und Quellen in der Schutzzone I. In: bbr 02/2017, S. 56 - 62; Bonn.

[11] *Worreschk, S., Schmitt, G., Hansen, J., Hobus, I.* und *Kolisch, G.* (2013): Simulationsstudie – Bakteriologische Belastung von Fließgewässern durch Mischwassereinleitungen. In: Aqua & Gas 10, S. 52 -55.

[12] *Madsen, H., Lawrence, D., Lang, M., Martinkova, M.* und *Kjeldsen, T.* (2014): Review of trend analysis and climate change projections of extreme precipitation and floods in Europe. In: Journal of Hydrology 519 (D), p. 3.634 – 3.650.

[13] *Becker, P., Becker, A., Dalelane, C., Deutschländer, T., Junghänel, T.* und *Walter, A.* (2016): Die Entwicklung von Starkniederschlägen in Deutschland – Ein Plädoyer für eine differenzierte Betrachtung. Bericht des Geschäftsbereichs Klima und Umwelt vom 19.07.2016. In: https://www.dwd.de/DE/leistungen/besondereereignisse/niederschlag/20160719_entwicklung_starkniederschlag_deutschland.html; download am 22.03.2017.

[14] *Hundecha, Y.* und *Bárdossy, A.* (2005): Trends in daily precipitation and temperature extremes across Western Germany in the second half of the 20th century. In: International Journal of Climatology 25, S. 1.189 – 1.202.

[15] *Van den Linden, P., Dempsey, P., Dunn, R., Caesar, J.* und *Kurnik, B.* (2015): Extreme weather and climate in Europe. – ETC/CCA Technical Paper Nr. 2/2015, 121 S.

[16] *Treskatis, C.* und *Zimmer, G.* (2013): Tracergasdetektionsmethode der Ville de Luxembourg zur Auffindung von Undichtigkeiten im Umfeld von Quellfassungsanlagen der Trinkwasserversorgung. In: energie|wasser|praxis 04/2013, S. 36 – 43.

[17] *Exner, M.* und *Nissing, W.* (2016): Bedeutung des Gesundheitsschutzes für die Trinkwasserversorgung – Gegenwart und Zukunft. In energie|wasser-praxis 12/2016, S. 82 – 89; Bonn.

[18] DVGW: Hinweis W 1001 „Sicherheit in der Trinkwasserversorgung – Risikomanagement im Normalbetrieb". Bonn, 2009.

[19] *Treskatis, C.* (2017c): Keime im Brunnen- oder Quellwasser: Mögliche Eintragswege und Monitoringstrategien. In: ewp 05/2017, S. 29 - 35 Bonn.

[20] DVGW: Arbeitsblatt W 101 „Richtlinien für Trinkwasserschutzgebiete – Teil 1: „Schutzgebiete für Grundwasser". Bonn, 2006.

[21] *Baumgartner A. und Liebscher H. J.*: Lehrbuch der Hydrologie Band 1: Allgemeine Hydrologie, Quantitative Hydrologie (1990), 673 S.

[22] *Pedley, S., Yates, M. Schijven, F.J., West, J., Howard, G.* und *Barrett, M.* (2006): Pathogens: Health relevance, transport and attenuation. In: Schmoll, O. et al. (Ed.): Protecting Groundwater for Health – Managing the Quality of Drinking-water Sources, p. 50 – 80.

[23] *Hölting, B.* und *Coldewey, W.* (2013): Hydrogeologie – Einführung in die Allgemeine und Angewandte Hydrogeologie, 438 S.

[24] *Kunkel, R., Hannappel, S., Voigt, H.-J.* und *Wendland, F.* (2002): Die natürliche Grundwasserbeschaffenheit ausgewählter hydrostratigraphischer Einheiten in Deutschland, 93 S.

[25] *Nimmo, J. R., Creasey, K. M., Perkins, K. S.* und *Mirus, B.B.* (2017): Preferential flow, diffuse flow, and perching in an interbedded fractured-rock unsaturated zone. In: Hydrogeol. Journ. (2017) 25, p. 421 – 444.

[26] *Sanford, W.E.* (2017): Estimating regional scale permeability-depth relations in a fractured-rock terrain using groundwater-flow model calibration. In: Hydrogeol. Journ. (2017) 25, p. 405 – 421.

[27] *Käss, W.* (2004): Geohydrologische Markierungstechnik - 2. überarbeitete Aufl., 557 S.

Internetquellen:

http://www.br.de/themen/wissen/wetter-extremwetter-klimawandel-100.html

http://www.grundwasserdatenbank.de/viren.htm

https://www.lfu.bayern.de/wasser/grundwasserneubildung/index.htm

Aufspüren und Vermeiden von klima- und bauwerksbedingten „Wasserverlusten" in Quellwasserfassungen

Christoph Treskatis

Wasserverluste, Grundwasser, Brunnen, Quellfassungen, leitungsgebundene Verluste, Klimawandel

Über drei Viertel des in Deutschland gewonnenen Trinkwassers stammen aus dem Grundwasser, das über Brunnen gefördert wird. Etwa 8 % des Trinkwassers stammt aus Quellfassungen, vorrangig in Mittelgebirgen und im Alpenraum. Wenn von Wasserverlusten die Rede ist, spielen neben den leitungsgebundenen Verlusten auch die an Quellfassungen entstehenden Verluste eine Rolle. Diese Verluste können durch klimabedingte Veränderungen oder bautechnisch bedingt sein. Fortschrittliches Monitoring kann einen wesentlichen Beitrag zur Vermeidung von Wasserverlusten an Quellfassung beziehungsweise zur Sanierung sein.

Die Wasserversorgung in Deutschland ist durch eine bauliche Vielfalt von Gewinnungsanlagen in unterschiedlichen hydrogeologischen Naturräumen geprägt. Über drei Viertel des Trinkwassers stammen aus dem Grundwasser, das über Brunnen gefördert wird. Bundesweit werden ca. 8 % des Trinkwassers auch aus Quellen gewonnen, deren Wasser energetisch gesehen günstig, meist ohne Pumpeneinsatz, in Behälter oder Aufbereitungsanlagen geleitet werden kann. Die Trinkwassergewinnung aus Quellen spielt vor allem in den deutschen Mittelgebirgen und im Alpenraum ein große Rolle. Aufgrund der geologischen Verhältnisse und einer vergleichsweise hohen Niederschlagsabhängigkeit, wirken sich Trockenperioden und Starkregen relativ schnell auf die Quellschüttungsmengen und Rohwasserbeschaffenheit aus. In Trockenperioden und bei damit zeitgleich einhergehenden hohen Wasserbedarfen verstärken sowohl die in letzter Zeit vermehrt auftretenden sommerlichen Starkregen als auch die verbreitet marode Bauwerkssubstanz der Quellfassungen die qualitativen und quantitativen Einschränkungen bei der Verfügbarkeit von Quellwasserressourcen.

Unter dem Begriff „Wasserverlust" werden in der Wasserversorgungswirtschaft vor allem Leckagen in Wasserversorgungsnetzen verstanden [1]. Kennzahlen geben den Wasserversorgungsunternehmen die Gelegenheit, dass sie ihre Verluste beurteilen und weiter reduzieren können (s. z. B. [2, 3]).

Es gibt zwei Arten von Verlusten: Leckagen geben die Höhe der technisch bedingten Verluste für gewonnenes und aufbereitetes an, aber nicht beim Endkunden verbrauchtes Wasser. Wirtschaftliche Verluste werden durch Wässer verursacht, die bereitgestellt, aber nicht mit dem Kunden abgerechnet werden können, vor allem aufgrund von Zählerfehlern oder aber auch ungezählten, oft illegalen Entnahmen aus dem Netz.

Diese leitungsbezogenen Wasserverluste werden durch eine Vielzahl von Faktoren und Wechselwirkungen verursacht. Dazu gehören unter anderem der technische Zustand des Netzes und der Rohrmaterialien, Druckveränderungen und die Bodenverhältnisse ebenso wie die Verlegetiefe und Verkehrsbelastungen auf die Leitungen. Im Vergleich mit anderen Ländern sind die netzbürtigen Wasserverluste in Deutschland gering bis mäßig. Nach einer Erhebung des Statistischen Bundesamtes sanken die Wasserverluste in den Leitungsnetzen von ca. 9 % im Jahr 1991 auf 4,9 % in 2020 (in Prozent vom Bruttowasseraufkommen in Deutschland) [4].

Neben den netzbezogenen Wasserverlusten treten im Sinne dieser Definition noch weitere Verluste in der Wasserversorgungskette zwischen der Gewinnung des Trinkwassers aus einer natürlichen Ressource und dem Verteilnetz auf, die sich in Zeiten des Klimawandels auf die Versorgungssicherheit und Ressourcenverfügbarkeit, vor allem in den wärmeren Sommermonaten, auswirken:

Durch Hitzewellen und Dürren verliert Deutschland so viel Wasser wie kaum ein anderes Land. Das geht aus dem Klima-Monitoringbericht der Bundesregierung hervor [5]. Der Bericht fordert Anpassungsstrategien, vor allem, da sich die Lufttemperatur im Durchschnitt um 1,7 °C im Vergleich zum vorindustriellen Zeit erhöht hat. Dieser Wert liegt um 0,6 °C höher als der globale Temperaturanstieg im selben Zeitraum, was unter anderem zu insgesamt erhöhten Verdunstungswerten und mehr lokalen Starkniederschlägen mit z. T. katastrophal wirkendem Oberflächenabfluss und Hitzeperioden mit längeren Niedrigwasserständen führt. Daher gehört Deutschland weltweit zu den Regionen mit dem höchsten flächenbezogenen Wasserverlust: Seit 2000 verliert das Land laut Bericht 2,5 km^3 Wasser pro Jahr und somit rechnerisch die Menge des Bodensees [4].

Bild 1: Drückendes Grundwasser neben (linkes Bild) und im Anstrom einer Quellfassung (rechtes Bild) als Folge einer „verstopften" Sammelleitung bzw. unzureichender Drainagen

Wasserverluste bei der Quellwassergewinnung

Die Gewinnung von Quellwasser für die Trinkwasserversorgung erfordert neben einer guten Kenntnis des Quellsystems eine stete Überwachung der Variationen in der Schüttungsmenge und Beschaffenheit in Funktion der Zeit. Vor allem bei besonderen meteorischen und hydrologischen Ereignissen sind engmaschige Messungen und Beprobung anzuraten, um „Wasserverlusten" vorzubeugen. Jeder Liter „verlorenes Wasser" bedeutet vor allem einen Verlust an Energie und Grundwassermenge, die für die Aufbereitung und den Transport des Wassers aufgewendet werden muss. Quellfassungen sind im Vergleich zu Brunnen bei sinkenden Grundwasserständen und saisonal hohem Wasserbedarf nicht in ihrer Schüttung beliebig, z. B. durch den Einsatz von Pumpen, steigerbar, sodass ein verlustfreier Betrieb der Quellfassung und der nachfolgenden technischen Systeme eine grundlegende Randbedingung für eine schonende und nachhaltige Ressourcennutzung darstellt.

Aufgrund der aktuellen Entwicklung im Witterungsgeschehen werden durch den Klimawandel zunehmende und oft schnell auftretende, temporäre oder längerfristige Nutzungseinschränkungen und damit „Wasserverluste" bei der Quellwasserversorgung festgestellt [6]. Es können folgende bautechnische und qualitative Ursachen für „Wasserverluste" an Quellfassungen auftreten:

- Umläufigkeiten der Quellstränge: Bei hohem Wasserandrang kann das anströmende Quellwasser nicht mehr vollständig vom Quellkopf zum Quellsammelschacht geleitet werden; der ursprünglich als Freispiegelleitung konzipierte Strang funktioniert bei Vollfüllung nicht mehr im vorgesehenen Umfang (z. B. durch Lufteinschläge, Setzungen, erhöhter Reibung, Wurzeleinwüchsen und Ablagerungen von Sand). Das Quellwasser drückt nach Starkregen neben dem Quellstrang bis zur Geländeoberfläche und fließt ungenutzt oberirdisch ab (**Bild 1**).
- Die Becken im Quellsammelschacht sind zu klein bemessen, sodass bei hoher Schüttung der überwiegende Teil des Quellwassers in den Grundablass abgeschlagen wird. Bei geringen, meteorisch bedingten Schüttungen reduzieren Undichtigkeiten am Grundablass, an den Strümpfeln und in den Wanddurchführungen der zu- und ableitenden Rohre die nutzbare Quellwassermenge.
- Die Fassungsleitung ist an der Einbindung zum Quellsammelschacht z. B. durch Setzungen oder Materialkorrosion undicht geworden. Das Quellwasser fließt entweder am Schacht vorbei oder Fremdwasser dringt über die Wanddurchführungen bzw. defekten Rohre in den Sammelschacht ein (**Bild 2**).

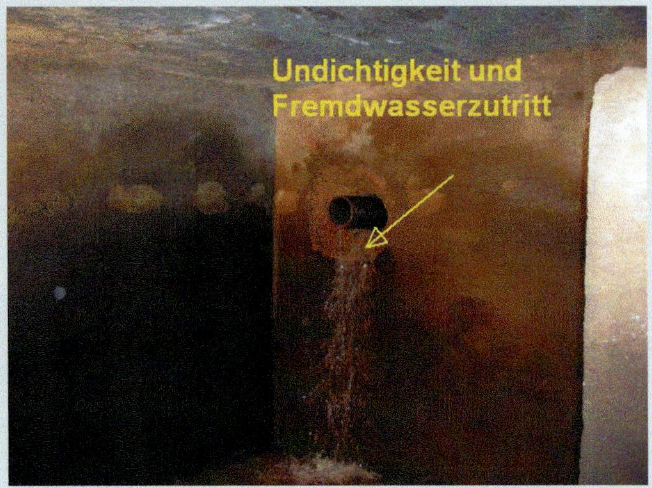

Bild 2: Undichte Einbindung der Quellleitung in den (hier entleerten) Quellsammelschacht mit Fremdwasserzuflüssen aus dem Oberflächenwasser (vgl. Beitrag 2, S. 22)

Bild 3: Undichter Sammelstrang einer Quelle im Buntsandstein mit Nebenaustritt im oberstromigen Trassenverlauf des Strangs

- Gebrochene oder undichte Sammelleitungen führen zu unerwünschten Nebenaustritten, die der Trinkwasserversorgung nicht mehr zur Verfügung stehen (**Bild 3**).
- Bei witterungsbedingt sinkenden Grundwasserständen fallen der Quellfassungsstränge oder die wassserführenden Klüfte am Quellkopf allmählich trocken und das Quellwasser fließt unterhalb des Strangs bzw. der Kluftsohle zur Vorflut ab (Niveau des Fassungsstrangs bzw. die Fassung der Zuflusskluftzone, s. **Bild 4**, nicht korrekt auf Niedriggrundwasserstände angepasst, s. [7]).

Bei höheren Schüttungsmengen nimmt die Fließgeschwindigkeit im Kluft- oder Porenraum zu und es werden Sand und Trübstoffe in die Quellleitung verlagert. Das führt dann zu einer temporären Außerbetriebnahme, insbesondere wenn eine trübungssensitive UV-Anlage im Übergang zum Trinkwassernetz betrieben wird.
Gelangen bei Starkregen Fremdwässer in die Quellsammelleitung oder in den Quellkopf, führen bakteriologische Belastung zur temporären Außerbetriebnahmen – bis zum Nachweis der Keimfreiheit. Qualitative Belastungen können aber auch zur kompletten Aufgabe einer Quellfassung führen, was die Wasserverfügbarkeit an dieser Stelle stark einschränken und den „Wasserverlust" vergrößern kann, sofern es keine Ersatzmöglichkeiten gibt.

Fallbeispiel

Die Schüttungsmengen von vielen Quellfassungen in den Mittelgebirgen Süddeutschlands sind aufgrund der Auswirkungen des Klimawandels seit einigen Jahren tendenziell rückläufig. Die hier betrachtete Beispielquellfassung wird aus dem Kluftgrundwasser des Buntsandsteins in einer Mittelgebirgsregion gespeist. Im November 2020 wurde in der Beispielfassung eine bis dahin nie gemessene Minimalschüttung von ca. 18,3 l/s bestimmt. Die maximalen Schüttungen betrugen im Mittel bisher ca. 30 bis ca. 45 l/s.

Die Quellschüttungskoeffizienten der Abflusskurven weisen auf eine Kluftquelle mit geringer bis mittlerer Speicherfähigkeit hin.
Die tendenzielle Rückläufigkeit der Quellschüttung wird in dieser Beispielfassung durch die veraltete bauliche Struktur der Quellfassungen verstärkt. In **Bild 5** sind die Situation der Zu- und Abflüsse in das Sammelgebäude und die Bereich der „Wasserverluste" schematisch dargestellt worden.
Der Zufluss des Quellwassers folgt der Hauptkluftrichtung (NNW-SSE), die quer zum Streichen der varizischen Grundgebirgsstrukturen für ein dichtes, bis über 80 m tief unter Gelände reichende Hohlraumsystem und die Bildung eines ergiebigen Kluftgrundwasserleiters verantwortlich sind. Diese Klüfte fallen steil mit ca. 85° bis fast 90° nach SW ein. Die steil nach SE einfallenden SW-NE-Klüfte sind mit diesem Hauptkluftnetz verknüpft. Die Quellen treten oberflächennah über lokalen Stauern am Hang über den quellwassergespeisten Vorflutern aus. Die Stauer werden von in die gebankten Sandsteinfolgen eingelagerten Ton-Siltsteinen und von ungeklüfteten Zwischenschichten gebildet.
In der Beispielfassung erfolgt der Wasserzufluss über zwei Zulauföffnungen, die das Quellwasser über ein gefliestes Couloir in das Sammelbecken führen. Die Abstromsicherung wird aus dem Fundament des gemauerten Quellgebäudes und der lateralen Betonmauern gebildet (s. **Bild 5**). Jedoch wurde die seitliche

Bild 4: Trockengefallende Zuflusskluftzone bei einer Quelle im Buntsandstein als Folge anhaltender Trockenheit im Sommer (= Wasserverlust aufgrund eines unter die Kluftsohle gesunkenen Grundwasserspiegels)

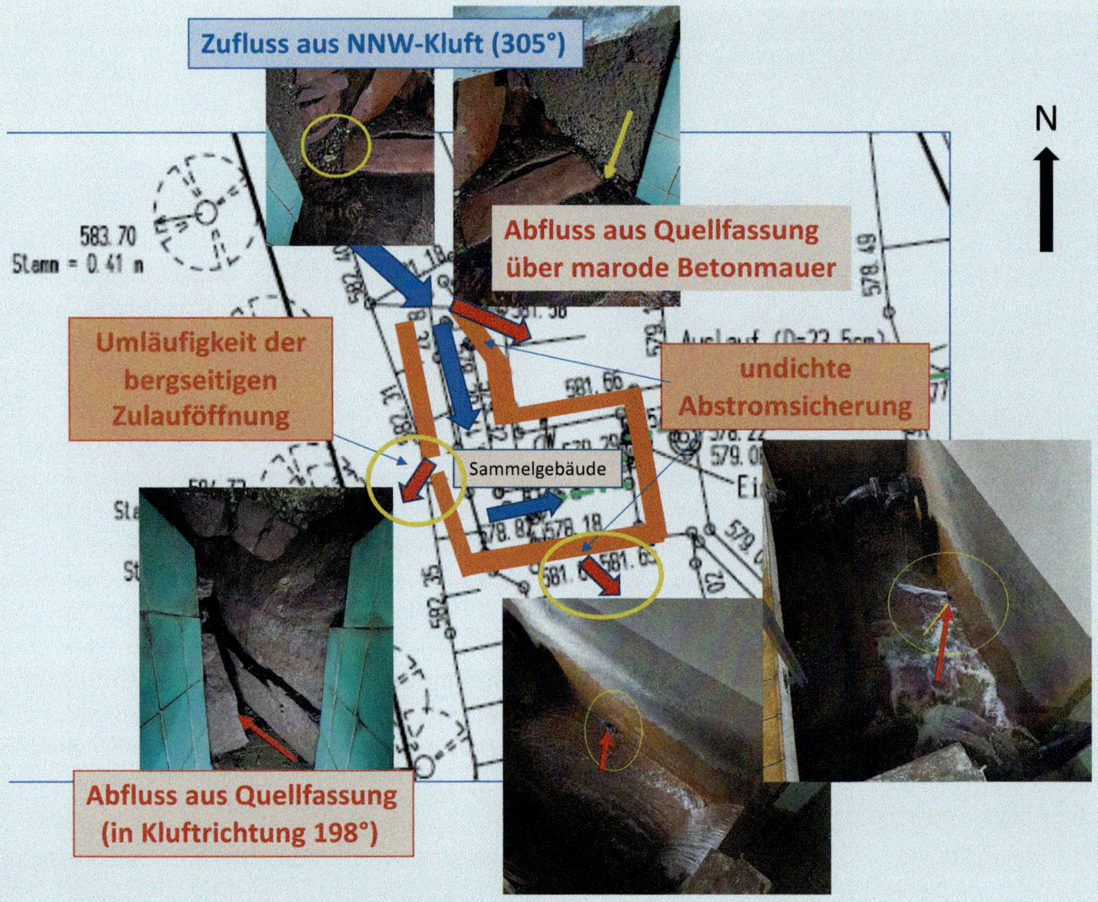

Bild 5: Schematische Darstellung der „Wasserverlust"-Situation an der Beispielquelle im Buntsandstein Süddeutschlands

Abstromsicherung im Laufe der Jahre, vor allem an der NNW-lichen Eintrittsstelle des Quellwassers in das Sammelcouloir, durch das niedrig mineralisierte, betonaggressive Quellwasser allmählich „aufgelöst", wie die Fotos in **Bild 5** zeigen.

Der Verschluss des Grundablasses bei der Inbetriebnahme der Quelle, z. B. nach Reinigungsarbeiten, und der damit verbundene Aufstau des Quellwassers bis in das NNW-liche Hauptzulauffenster lösen einen „Wasserverlust" über die unterstromige Öffnung in der bergseitigen Wand des Quellfassungsgebäudes aus. Dort sind die varizisch streichenden Klüfte (SW-NE) offen aufgeschlossen (**Bild 5**), deren Grundwasser jedoch nicht das gleiche hydraulische Potenzial wie das Hauptkluftsystem aus NNW aufweist.

An dieser Stelle ist durch den baulichen Zusammenschluss der beiden Kluftsysteme über das zum Sammelbecken führende Couloir ein hydraulischer Kurzschluss entstanden, der heute eine „Verlustzone" darstellt, die bei trockenheitsbedingt geringen Schüttungsmengen die Gesamtergiebigkeit der Fassung erheblich reduziert.

Diese Art von bautechnisch induzierten „Kurzschlüssen" und „Verlustzonen" sind aus Brunnenbohrungen in Kluftgrundwasserleitern bekannt und werden dort durch bohrlochgeophysikalische Messungen entdeckt.

Neben diesem hydraulischen Kurzschluss entlang des Couloirs sorgt die marode Bausubstanz für „Wasserverluste" beim Einstau der Quelle nach Schließen des Grundablasses.

Bis zur Sanierung des Sammelgebäudes in der Beispielquelle wurde das Zulauffenster, über das die varizisch streichenden SW-NE-Klüfte aufgeschlossen und frei zugänglich sind, mit einer PE-Platte geschlossen (**Bild 6**, links). Dadurch kann das Quellwasser wie bisher zur Ableitung zum Wasserwerk „angestaut" werden (s. **Bild 6**, rechts).

Mittels Datenloggermessungen im Zulauf und hinter der PE-Platte konnte nachgewiesen werden, dass der „Wasserverlust" aufgrund der dichtenden Wirkung des Provisoriums nur noch sehr gering ausfällt. Die Funktion des damals eingebauten Zulauffensters ist daher in Frage zu stellen und muss im aktuell erarbeiteten Sanierungskonzept neu betrachtet werden.

In **Bild 7** ist ein weiteres Beispiel einer umläufigen Abstromsicherung einer Quelle im Sauerland dargestellt worden. Bei dieser Quelle flossen vor deren Sanierung mehr als 50 % des natürlichen Quellwasserzuflusses bei NQ unter der maroden Fassungsmauer unbemerkt in die Vorflut ab.

Das Betonfundament der Fassungsmauer war undicht und immer weiter unterspült worden. Die damalige Gründung er-

Bild 6: Einbau einer provisorischen Abstromsicherung an der vermeintlichen „Zulauföffnung“, die in der Quelle (s. Bild 5) für einen erheblichen bauwerksbedingten „Wasserverlust“ sorgte (rechtes Bild nach Schließung Grundablass und Anstau des Quellwasserspiegels).

wies sich nach ca. 30 Jahren Betriebszeit als nicht nachhaltig, um „Wasserverluste“, die in den aufgrund des Klimawandels immer länger werdenden Trockenperioden stärker zu Buche schlagen als in niederschlagsreichen Perioden, zu vermeiden. Durch die Sanierung konnte die Niedrigwasserschüttung wieder verlustfrei in das unterstrom gelegene Sammelbecken abgeleitet werden.

Maßnahmen zur Resilienzsteigerung und Reduzierung der Wasserverluste an Quellfassungen

Die exogenen Einflüsse aus dem Witterungsgeschehen und durch den Klimawandel sind durch den Betreiber von Quellfassungen nicht vorhersehbar oder steuerbar. Quellen sind, wie alle anderen Wasserfassungstypen, räumlich nicht „verlagerbar“, sodass die örtlichen hydrogeologischen Verhältnisse, die den Quellaustritt bedingen, bekannt sein müssen. Eine möglichst genaue Kenntnis der Bauwerksstruktur und des baulichen Zustandes der Quellfassung sind eine weitere grundlegende Voraussetzung, um die Folgen des Klimawandels und damit baulich bedingte „Wasserverluste“ an der Fassung zu mindern. Meist führen Fremdwasserzuflüsse aus Starkregenperioden zu qualitativen Veränderungen des Rohwassers, die sowohl eine Bauwerkssanierung als auch eine neu zu installierende Wasseraufbereitung erforderlich machen, um einen kompletten „Wasserverlust“ an diesem Quellaustritt zu vermeiden.

Die genaue Ortung und Definition des Quellkopfes, des Verlaufs der Sammelleitung zum Sammelschacht und eine korrekt um den Quellkopf abgegrenzte Schutzzone I sind die ersten Grundlagen zur Ermittlung der Resilienz einer Quellfassung gegenüber Fremdeinflüssen. Aufgrund fehlender Bestandsunterlagen und erschwerter Zugänglichkeit von längeren Sammelsträngen ist diese Grundlagenermittlung nicht immer einfach.

Weiterhin sollten Bauwerksuntersuchungen wie z. B. regelmäßige Kamerabefahrungen der zugänglichen Stränge (liegen darin Ablagerungen oder Wurzeleinwüchse vor oder bestehen Undichtigkeiten an den Rohrstößen?) und eine Dichtheitsprüfung der Fassung mittels Tracergastests oder Salztracerversuchen zum Instandhaltungsprogramm gehören. Damit kann unter anderem die Wirksamkeit der Lehmschläge zerstörungsfrei überprüft werden [7].

Die Erfassung der zeitlichen hydrologischen und qualitativen Einflüsse auf die Quelle ist in Zeiten des Klimawandels eine

Bild 7: Umläufige Abstromsicherung einer Quelle im Sauerland mit Messung der „Verlustmengen" (rechtes Bild)

wichtige Grundlage für die Entscheidung, ob und in welchem Umfang bauliche Maßnahmen helfen, witterungsbedingte „Wasserverluste" an Quellfassungen zu vermeiden.

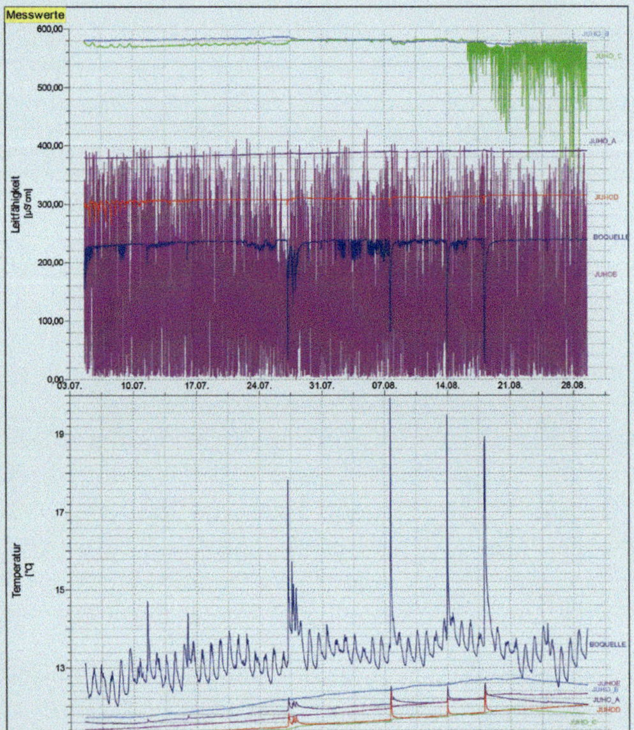

Bild 8: Datenloggerganglinien einer Quellfassung im Odenwald-Granit

So können zeitlich engmaschige Datenloggermessungen (**Bild 8**; mit Messung von Wasserstand bzw. Schüttung, Trübung, Leitfähigkeit, Wassertemperatur) punktgenaue Daten liefern, die Aufschluss über die zeitliche Verzögerung zwischen hydrologischen Extremereignissen, wie z. B. Starkregen oder längere Trockenphasen, und der Quellschüttung bzw. Rohwasserbeschaffenheit geben [8].

In **Bild 8** ist ein Beispiel von Datenloggerganglinien in einer Quelle im Festgestein dargestellt worden, deren Quellstränge sehr unterschiedlich auf die Niederschläge und die Trockenphasen reagieren. Schnelle und hoch volatile Leitfähigkeits- und Temperaturveränderung weisen immer auf eine geringe Verweilzeit des Niederschlagswassers und einen kurzen Weg zum Quellkopf hin ([9, 10]). Stabile Werte mit nur einzelnen „Ausschlägen" geben Hinweise auf hydrologische Einzelereignisse, die auf die Quellwasserbeschaffenheit und Schüttung wirken. So steigt mit der Leitfähigkeit in einigen der gemessenen Quellstränge in **Bild 8** auch die Trübung in Folge signifikanter Schüttungsanstiege.

Unterschiedliche Leitfähigkeitsniveaus in den Quellfassungszonen eines Quellgebietes werden unter anderem durch geologische Gesteinsunterschiede (mehr oder weniger lösliche Mineralien im Kluft- oder Porenraum), die Verweilzeit des Grundwasser im Untergrund (je länger desto mehr „reaktive" Kontaktzeit des Grundwassers mit dem Gestein) oder durch die Hohlraumart (Klüfte haben eine geringere offene Kontaktfläche zum fließenden Grundwasser als eng vernetzte Porenräume) hervorgerufen.

Anhand der Daten aus zeitlich diskreten Loggermessungen kann die Reaktionszeit für den Beginn und das Ende eines temporären Abschlags des Quellwassers in den Grundablass abgeschätzt werden. Beim Betrieb von UV- oder UF-Anlagen müssen die Hinweise der Anlagenhersteller zur maximal zulässigen Feststoffbelastung des Rohwassers beachtet werden.

Zusammenfassung

Die häufigsten und auch direkt messbaren „Wasserverluste" treten in der Wasserversorgung im Rohrnetz auf. Daher wird das Rohrnetz regelmäßig überprüft und dessen Dichtheit gemessen. Weitere Wasserverluste treten inzwischen gehäuft an Wasserfassungen, insbesondere an Quellfassungsanlagen auf. Die Infrastruktur vieler Quellwasserversorgungen ist oft mehr als 100 Jahre alt, wurde kaum baulich verändert oder regelmäßig auf Dichtheit überprüft. Solange das Quellwasser ausreichend und in beherrschbarer Beschaffenheit zufloss, wurde kein Handlungsbedarf für vorausschauendes Monitoring oder für bauliche Sanierungsmaßnahmen gesehen.

In Zeiten des Klimawandels muss sich diese Haltung jedoch grundlegend ändern. Trockenheit und Starkregen führen bei Quellwasserversorgungen einerseits vermehrt zu signifikanten und nachhaltigen Schüttungsrückgängen andererseits zu längerfristigen Außerbetriebnahmen aufgrund von meteorisch ausgelösten Trübungs- oder Bakteriologieeinbrüchen.

Eine Quellsanierung ist daher heute oft der einzige Weg, diese bauwerksbedingten „Wasserverluste" zu kompensieren. Da die wirtschaftlichen Folgen solcher Verluste und das Ausmaß einer Sanierungsbaumaßnahme häufig immens sind, sollten die Ursachen der „Wasserverluste" an Quellen, insbesondere der hydrologisch bedingten Nutzungseinschränkungen, aufgeklärt werden. Die heute möglichen Monitoringmethoden sind daher eine bedeutende Grundlage für eine individuelle und wirtschaftlich attraktive Planung von Sanierungsmaßnahmen an Quellfassungen.

Literatur

[1] Bayerisches Landesamt für Umwelt (2018): Wasserverluste in der öffentlichen Wasserversorgung. – Merkblatt Nr. 1.8/2 Stand 09/2018.

[2] DVGW-Arbeitsblatt DVGW W 392 (2017): Wasserverlust in Rohrnetzen; Ermittlung, Wasserbilanz, Kennzahlen, Überwachung.

[3] DVGW-Arbeitsblatt W 400-3-B1 (2017): Technische Regeln Wasserverteilungsanlagen (TRWV); Teil 3: Betrieb und Instandhaltung; Beiblatt 1: Inspektion und Wartung von Ortsnetzen.

[4] de.statista.com/statistik/daten/studie/155684/umfrage/wasserverluste-in-der-oeffentlichen-wasserversorgung-seit-1991

[5] Umweltbundesamt (2023): Monitoringbericht 2023 zur Deutschen Anpassungsstrategie an den Klimawandel Bericht der Interministeriellen Arbeitsgruppe Anpassungsstrategie der Bundesregierung. – 368 S.; Berlin.

[6] Treskatis, C. (2020): Heute schon spürbare Einflüsse des Klimawandels auf die technische Resilienz von Wasserfassungen. – in: gwf Wasser | Abwasser 04/2020: 57 – 63; Essen

[7] Treskatis, C. (2021a): Schüttungsrückgang und Trockenfallen von Quellfassungen – mögliche Maßnahmen und Strategien zur Minderung witterungs- und klimabedingter Einflüsse. – in: ewp energie | wasser-praxis 01/2021: 22 – 29; Bonn.

[8] Treskatis, C. (2021b): Anpassung von Quellfassungen an die Folgen des Klimawandels. – in: bbr Leitungsbau-Brunnenbau-Geothermie 01/2021: 54 - 61; Bonn (ISSN 1611-1478).

[9] Treskatis, C. (2022): Schüttungsrückgang und Trockenfallen von Quellfassungen – mögliche Maßnahmen und Strategien zur Minderung witterungs- und klimabedingter Einflüsse. – in: ewp energie | wasser-praxis 01/2022: 22 – 29; Bonn.

[10] Treskatis, C. (2021c): Nutzung von Datenloggern zur Erfassung von Fremdeinflüssen auf Brunnen und Quellfassungen. – in: DER WASSERMEISTER 01/2021: 15 – 17; Essen.

[11] Treskatis, C. (2021d): Prüfung der Sanierungsfähigkeit von Brunnen und Quellen mit Unterstützung von Datenloggerdaten. – in: ewp energie | wasser-praxis 08/2021: 26 – 31; Bonn.

Erklärungsmodell für Dichtigkeitsuntersuchungen an Brunnen und Quellfassungen mit Hilfe der Tracergasmethode

Christoph Treskatis

Dichtigkeit, Tracergas, Brunnen, Quellfassungen, Messdaten

Tracergasmessungen liefern wichtige hydrogeologische und technische Erkenntnisse für Planung, Sanierung und Betrieb von Quellfassungsanlagen zur Trinkwassergewinnung. Mit ihrer Hilfe lässt sich die Herkunft unerwünschter Sickerwässer, die Schadstoffe mit sich führen, in das Quellwasser aufklären. Der Beitrag fasst Praxiserfahrungen aus zahlreichen Tracergasmessungen zusammen und gibt Hinweise zu verbesserten Interpretationsmöglichkeiten der Messdaten für die Planung von Sanierungsarbeiten.

Vor mehr als zehn Jahren, im Jahr 2013, wurde erstmals in Quellfassungen der Ville de Luxemburg, Service des Eaux, mit Hilfe der sogenannten Tracergasmethode nachvollzogen, dass fassungsnahe Wegsamkeiten in der ungesättigten Bodenzone und in der Baugrubenverfüllung der Abschluss- und Leitungsbauwerke den Eintrag von unerwünschten Sickerwässern in das Quellwasser fördern können. Inzwischen wurden durch den Autor und sein Messteam mehr als 300 Brunnen und Quellfassungsbauwerke untersucht, in deren Rohwässern regelmäßig oder sporadisch mikrobiologische Auffälligkeiten auftraten. Die Grundlagen der Methodik, deren Anwendung an Brunnenabschlussbauwerken und Quellfassungen und die Interpretationsmöglichkeiten der Messergebisse finden sich in [1] bis [8].

Die Tracergasmessungen zeigten im Gelände um die untersuchten Fassungsbauwerke einerseits wiederkehrende, typische Gemeinsamkeiten bzgl. der Ausbreitungscharakteristik, andererseits standörtliche Variationen in der Ausbreitungsgeschwindigkeit der Tracergasfront und der Wasserstoffgaskonzentrationen an den detektierten Austrittpunkten. Die im Gelände erhobenen Messdaten spielen daher bei der Ableitung von konkreten baulichen Sanierungsmaßnahmen an den Fassungen eine bedeutende Rolle, da sie die räumliche Heterogenität und lokale Inhomogenitäten des Untergrundes bzgl. der Sickerwasserwegsamkeiten aufklären können.

Der vorliegende Fachbeitrag soll die bisherigen Praxiserfahrungen des Autors aus der vergangenen Dekade zusammenfassen und Hinweise zu verbesserten Interpretationsmöglichkeiten der Messdaten geben. Damit kann die Aussagekraft für die Planung nachhaltig wirksamer Sanierungsarbeiten erhöht werden.

Veranlassung für Tracergastests

Brunnenroh- und Quellwässer sind genetisch gesehen „Grundwässer" und diese entstehen aus Niederschlägen, die an der Geländeoberfläche, also auch unmittelbar an einem Quellkopf oder (undichten) Sammelschacht, versickern können (**Bild 1**). Die Ursachen für eine Verlagerung von Mikroorganismen von der Erdoberfläche in eine Quellfassung sind vielfältig, da alle Bereiche des hydrologischen Wasserkreislaufs viral kontaminiert werden können.

Die Verweilzeit des Niederschlagswassers in der Untergrundpassage zum Grundwasserraum ist außerordentlich bedeutend für die Eliminierung und Adsorption von pathogenen Keimen und Trübungen. Keime können im Untergrund lange überdauern und werden entweder diffusiv (bei kleinen Porenräumen) oder konvektiv mit dem Wasserstrom transportiert. Die Adsorption der pathogenen Keime erfolgt bei natürlich gebildeten oder abgelagerten Böden und Sedimenten bereits in den ersten Zentimetern bis Dezimeter unter der Geländeoberfläche. Die Adsorption tötet die pathogenen Keime nicht ab, sie werden lediglich retardiert und inaktiviert.

Der Eintrag von Mikroorganismen in den fassungsnahen Grundwasserraum erfolgt nach den Ergebnissen zahlreicher Untersuchungen [1–4] durch temporäre bzw. mehr oder weniger regelmäßige Zutritte von Sickerwasser aus der ungesättigten Bodenzone, z. B. nach Starkregen, infolge der Schneeschmelze oder nach temporären Überflutungen. Dabei werden die zuvor in der Bodenmatrix inaktivierten Keime und Viren mitgerissen und zusammen mit den mobilisierbaren Feststoffen in die Quellfassung verlagert.

Qualitativ versickerungswirksame Schwachstellen an Brunnen und Quellfassungen sind sowohl baulicher als auch geologischer Art. Das Gelände um das Abschlussbauwerk (i.e. Zone I = Fassungsbereich) ist meist der Ausgangspunkt für viele der im Rohwasser detektierbaren Trübungseinbrüche und positiven Keimbefunde. Als weitere Eintragsursachen kommen dauerhaft oder temporär zusitzende Fremdwässer aus oberflächennahen, schwebenden Grundwasserleitern über dem eigentlichen Fassungshorizont in Frage, die aufgrund defekter oder fehlender Dichtungen im Bohrloch oder bevorzugt wasserwegsamer Arbeitsraumverfüllung der Leitungs- und Abschlussbauwerke die Rohwasserbeschaffenheit negativ beeinflussen können. Durch Erosion zerstörte oder anthropogen veränderte Bodendeckschichten sind weitere Eintragszonen für unerwünschte Fremdwässer in den Fassungsbereich.

Im Umfeld von Trinkwasserfassungen sind die natürlichen Böden und grundwasserüberdeckenden geologischen Schichten durch Baumaßnahmen, wie z. B. den Bau der Schachtgrube oder des Fassungsgrabens oder Leitungsgräben, in ihrer natürlichen Struktur und Textur gestört. Neben den baulichen und geologischen Schwachstellen sind die für Quellen und Brunnen in Waldgebieten oder auf mit Gehölzen bestockten Fassungsgrundstücken typische Durchwurzelung der Hangzone (**Bild 2**) sowie die sandig-steinigen Auflockerungsbereiche in den Hangschutt- und Felszersatzzonen der Festgesteine für Sickerwasserwegsamkeiten verantwortlich (**Bild 3**). Die baulich und standörtlich „generierten" Fremdwasserzutrittszonen sind meist Hauptauslöser von mikrobiologischen Positivbefunden im Rohwasser.

Bild 1: Regenwasserblänken um einen Brunnenschacht und Nachweispunkte für Tracergasaustritte aus der undichten Arbeitsraumverfüllung

Bild 2: Quellfassung in einem Waldgebiet mit starker Durchwurzelung der Felszersatzzone. Das Flatterband markiert den Verlauf des Fassungsstranges

Bild 3: Felszersatzzone und Hangschutt über einer Quellfassung im Triassandstein

Bisheriger Interpretationsrahmen

Dichtheit ist bei Fassungsbauwerken und bei Rohrleitungen ein relativer Begriff. Es gibt keine absolute Dichtheit von Material bzw. Materialverbünden. Sie ist eine Eigenschaft von Materialstrukturen gegenüber einem Stoff, wie z. B. Wasser oder Gas. Eine Dichtheitsdefinition ist immer verbunden mit einer gegebenen Rahmenbedingung: Z. B. ist eine Rohrleitung dann dicht gegenüber unkontrollierten Wasseraustritten, wenn bei einem zulässigen Innendruck die Leckrate ein zuvor festgelegtes Maß nicht überschreitet. Der Dichtheitsbegriff wird bei Trinkwasserfassungen immer auf die Gesamtkonstruktion („System") und die Qualitätseigenschaften des konstruktiven und materiellen Aufbaus bezogen. Die Dichtigkeitsprüfung umfasst sowohl den Nachweis des Materials in situ, der Materialstruktur sowie deren Verbindungen zum abzudichtenden Gesamtsystem.

Das unmittelbare Umfeld einer Quellfassung (Schutzzone I als Fassungsbereich und angrenzende mikrobiologische Schutzzone II) wird als potenzielle Zone von Undichtigkeiten und daher als Schwachstelle für zahlreiche, rasch wirksame Einträge angenommen, die unmittelbar von der Geländeoberfläche stammen. Als Undichtigkeit wirken z. B.

- defekte Hinterfüllungen oder Dichtungen von Sammelschächten und Fassungssträngen von Quellen, Brunnenköpfen und Sperrrohren,
- Korrosions- und Lochfraßstellen am Sperrrohr oberhalb des Wasserspiegels,

Bild 4: Hasenbauten am Brunnen: Hohlräume mit sickerwasserwegsamen Anbindungspotenzial an den Bohrkanal

- Wurzelkanäle fassungsnaher Bäume und Gehölze mit Anbindung an die gestörten, vermutlich sandigen Verfüllungen der ehemaligen Baugruben,
- Tierbauten mit hoher oberflächennaher Hohlraumvernetzung (z. B. Hasenbauten (**Bild 4**), Mäusegänge, Maulwurfsbauten etc.),
- Grenzflächen zwischen dem „gewachsenen" geologischen Untergrund und (ehemaliger) Gräben und Baugruben im Fassungsbereich,
- Grabenverfüllungen in den von der Fassung abgehende Leitungstrassen.

Sanierungsfähig sind, neben den baulichen Defekten, nur die im unmittelbaren Fassungsumfeld entdeckten Undichtigkeiten, wie z. B. defekte Flächenabdichtungen der Zone I über den Quellfassungssträngen bzw. an den Abschlussbauwerken von Brunnen oder fehlende Abdichtungen von Leitungs- und (Quell-)Fassungsleitungsgräben. In der angrenzenden Zone II sind bauliche Maßnahmen meist nicht nachhaltig wirksam, sodass hier der Grundwasserschutz standortbezogene und vor allem vorbeugend wirkende Nutzungskonzepte für die dortigen Flächen umfassen muss.
Ausbreitungs- und Konzentrationsmuster um ein mit Tracergas untersuchtes Fassungsbauwerk sind häufig sehr heterogen ausgebildet, folgen aber einem allgemeingültigen Verlauf (**Bild 5**). Zunächst nimmt die räumliche Entfernung der Tracergasnachweispunkte rasch zu und zeigt die Propagation der Tracergasfront entlang einer an die Fassung angeschlossenen, gaswegsamen Hohlraumstruktur an. Je steiler der Anfangskurvenast desto besser ist die Wegsamkeit im Untergrund an die Eingabestelle „angeschlossen".
Je weiträumiger die Hohlräume im Untergrund vernetzt sind, desto weiter dehnt sich die Front der Tracergasnachweise im Gelände um die Fassung aus. Die Ausbreitung erfolgt dabei selten radialsymmetrisch, sondern folgt präferenziellen Wegen,

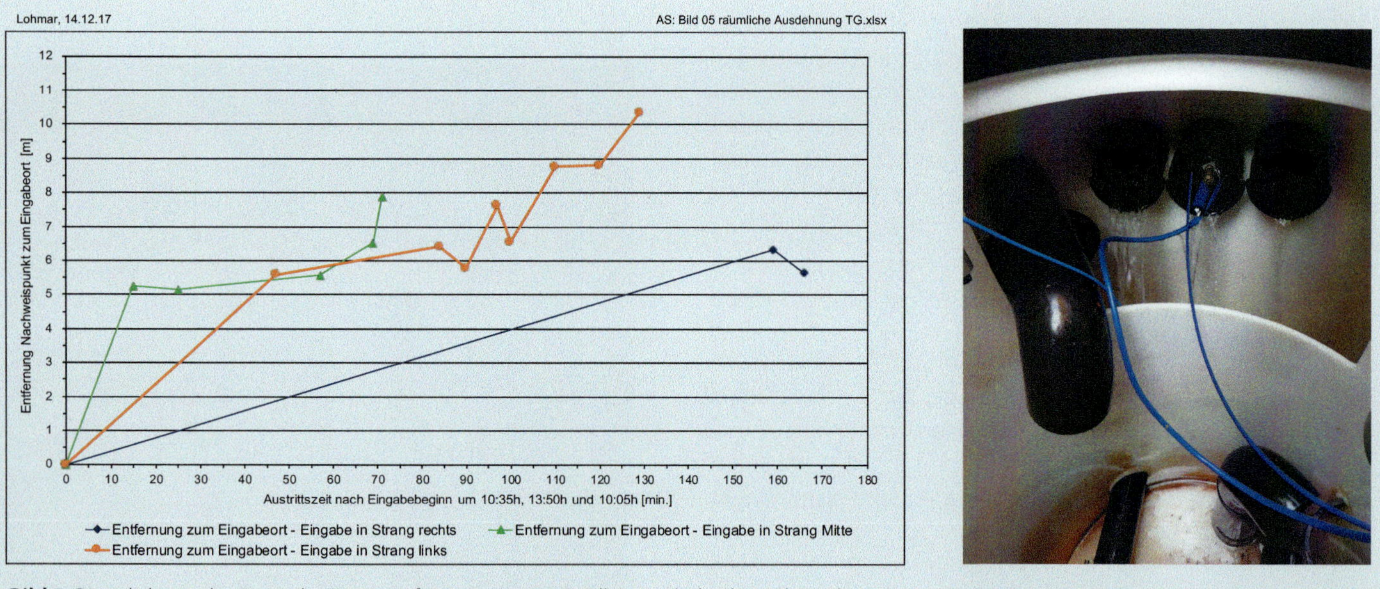

Bild 5: Räumliche Ausbreitung der Tracergasfront aus einem Quellsammelschacht entlang der Trasse von drei Fassungssträngen. Das Bild rechts zeigt beispielhaft die Tracergaseingabe in den mittleren Fassungsstrang.

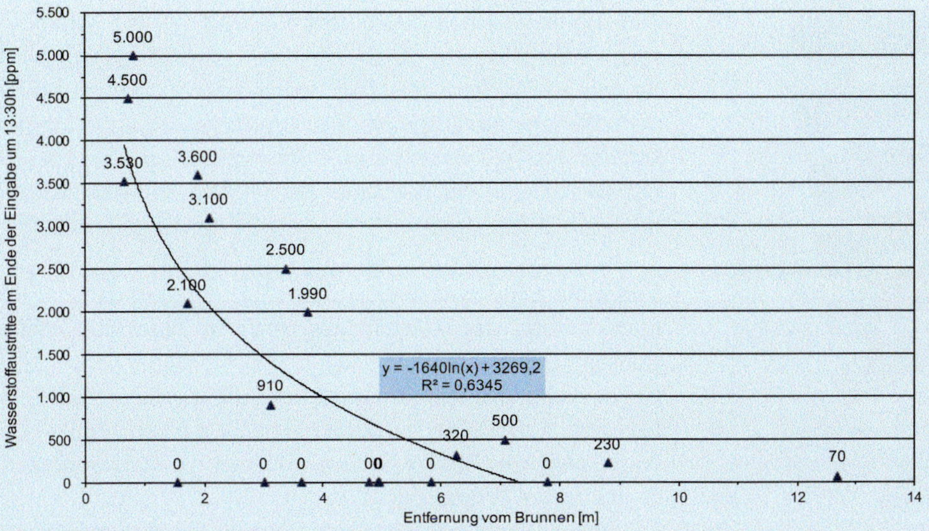

Bild 6: Räumliche Verteilung der Wasserstoffkonzentrationen an den Austrittspunkten im Gelände unmittelbar nach Ende der Eingabe. Das Bild rechts zeigt die ersten fünf Nachweispunkte am Schachthals eines Heberbrunnens mit sehr hohen Austrittskonzentrationen bis zum Ende der Eingabe

wie z. B. Leitungs- oder Wurzeltrassen oder Schichtgrenzen in den Grundwasserdeckschichten, die mit der Arbeitsraumverfüllung um Schächte oder Leitungstrassen hydraulisch verbunden sind. Nach Erreichen einer Plateauphase der Ausbreitungskurve (s. **Bild 5**) werden positive Tracergasnachweise nur noch innerhalb der maximalen Ausdehnungszone gemessen. Bei Quellfassungen können die Austritte auch erst nach mehreren Dekametern an der Geländeoberfläche austreten, sofern die Leitung dicht ist (s. **Bild 5**, blaue Kurve für Strang rechts).

Die Austrittskonzentrationen des Wasserstoffanteils im Tracergas werden sowohl bei der Erstdetektion als auch am Ende Eingabe gemessen. Häufig zeigt sich das Muster gemäß **Bild 6**, bei dem die höchsten Austrittskonzentrationen sich um den Schacht, seine Arbeitsraumverfüllung und den Fassungsbereich bis 10 m um die Brunnenachse darstellen. Hohe Anfangs- und Endkonzentrationen sind dabei oft um eine Zone gruppiert, die bei der Beurteilung der Messergebnisse augenscheinlich als Hauptschwachstelle für die qualitätswirksamen Fremdwasserzutritte definiert wird.

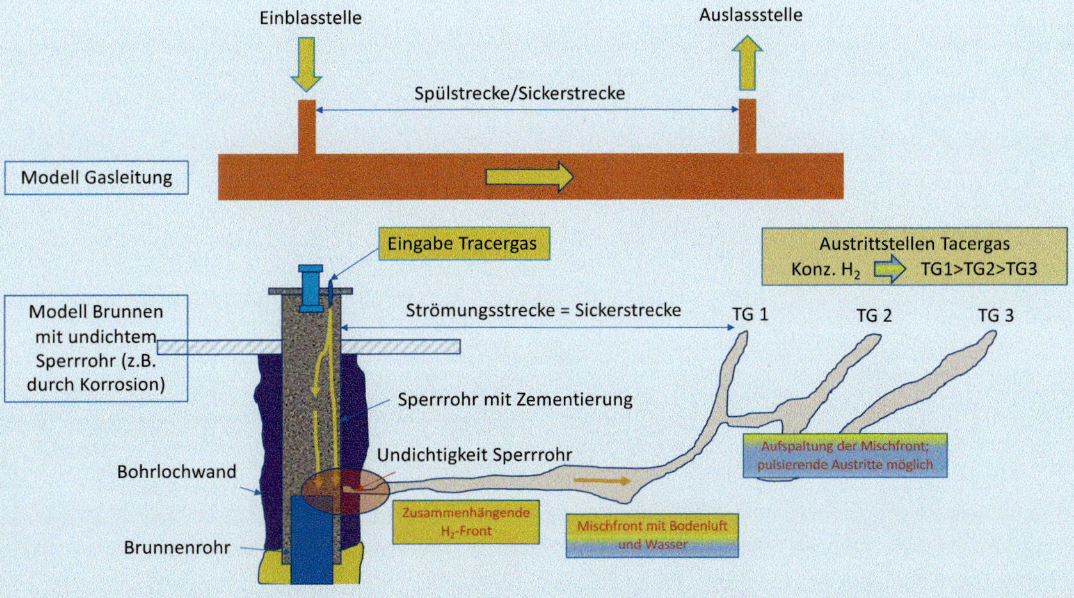

Bild 7: Vergleich der Modellvorstellungen zu den Geometrien bei der Spülung von Gasleitungen (oberes Bild in Anlehnung an [9]) und bei der Tracergasuntersuchung an einem Brunnen mit Sperrrohrausbau

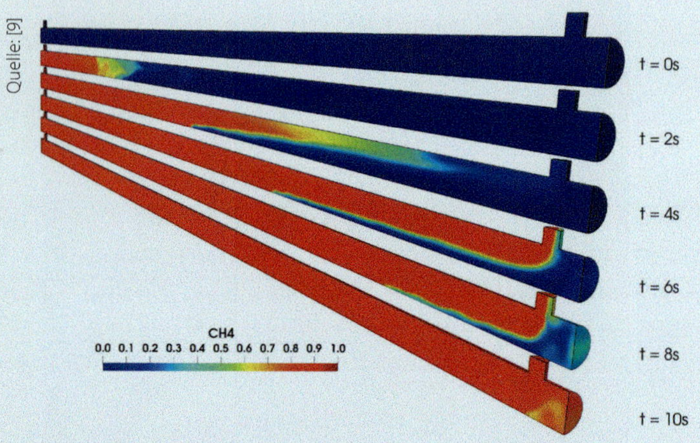

Bild 8: Darstellung der Konzentrationen des Spülgases in einer Gasleitung mit Ausbildung einer Mischfront in Funktion der Zeit [9]

Modellvorstellung zur Tracergasausbreitung

Ergebnisse von Strömungssimulationen für die Beschreibung von Spülvorgängen in Gasrohrleitungen wurden von [9] beschrieben. Diese Erkenntnisse für geschlossene, dichte Leitungen mit definierten Einblas- und Auslassstellen und das Verhalten des Spülmediums können als Interpretationshilfe für die Beurteilung und Einordnung von Messergebnissen aus Tracergastests an Brunnen und Quellen genutzt werden.

Die Ausbreitung des Tracergases aus der Fassung ist analog zu einem Spülvorgang in einer Gasleitung ein zeit- und weglängenabhängiger Prozess, der unter anderem von den Randbedingungen am Eingabepunkt beeinflusst wird. Dadurch sind sowohl in einer vergleichsweise homogenen Gasleitung als auch entlang der mit hoher Inhomogenität ausgestatteten natürlichen Poren- und Hohlraumkanäle keine durchgehend perfekt symmetrischen Strömungen zu erwarten [9]. Bei Spülvorgängen in Gasleitungen wird dieser Einfluss als gering erachtet; jedoch sind in den offenen natürlichen Hohlraumsystemen im ungesättigten Untergrund die Geometrie des Strömungskanals genauso ergebnisbeeinflussend wie die Dauer der Eingabe und der Eingabedruck am Einblasstutzen. Die Länge zwischen Eingabestelle und Austrittspunkt sowie der Grad der Feuchte und Wasser im Boden sind weitere Einflussfaktoren auf den Strömungsvorgang im Untergrund und das Messergebnis an einem Tracergasaustrittspunkt im Gelände (**Bild 7**).

Generell gilt: Je länger die Wegstrecke, die das Gas von der Einblasstelle zurücklegen muss, und je höher die Feuchte und der Wassergehalt im Boden, desto geringer ist die Ausgasungskonzentration am Geländepunkt.

Bei hohen Eingabedrücken werden bei Tracergastests relativ schnell positive Wasserstoffnachweise an den Stellen im Gelände gemessen, die besonders gut an die Eingabestelle „angeschlossen" sind. Reduziert man den Eingabedruck, so füllen sich die Hohlräume aufgrund der geringen Dichte des Formiergases erst allmählich auf und der Wasserstoffnachweis an der Geländeoberfläche erfolgt in Relation zur Eingabezeit zeitlich verzögert und in geringerer Austrittskonzentration. Bei Tests an Brunnen und Quellfassungen werden zur Vermeidung von weiteren, unnatürlichen Fracks im Boden bzw. am Fassungsgebäude in der Regel zwischen 0,5 und 1 bar Eingabedruck gewählt. Je länger die Strömungskanäle zwischen der Eingabestelle und dem potenziellen Austritt an der Geländeoberfläche sind, desto später erfolgen die Nachweise an der Geländeoberfläche. Die Wasserstoffgehalte am Austritt folgen numerisch der Form einer ansteigenden Exponentialfunktion,

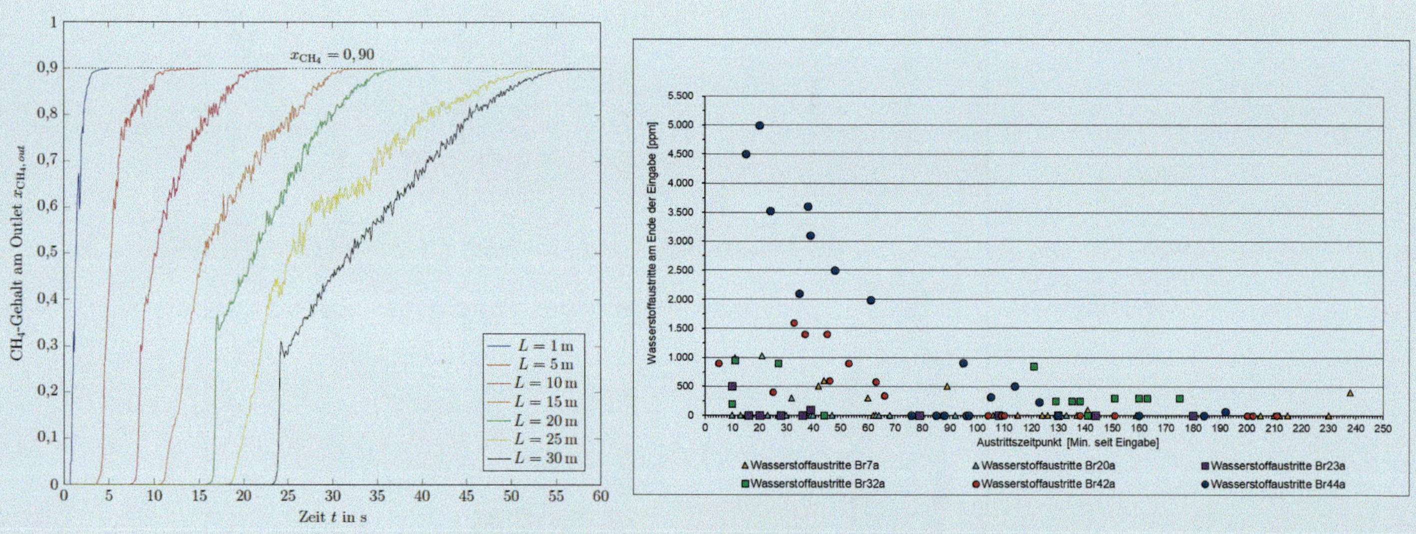

Bild 9: Links: Zeitliche Entwicklung des Spülgaskonzentration in einer geschlossenen Gasleitung bis zu einem definierten Austrittspunkt in Abhängigkeit der Leitungslänge (Abbildung aus [9]); rechts: abnehmende Wasserstoffkonzentrationen an Austrittstellen im Gelände um mehrere Brunnenfassungen einer Galerie mit zunehmender Austrittszeit seit Eingabe

da von der Eingabeseite her erst die Bodenluft und Bodenfeuchte aus den Hohlräumen verdrängt werden muss. Mit zunehmender Länge des Strömungskanals wächst die Länge der Misch- und Verdrängungsfront und die Wasserstoffkonzentration steigt an der Auslassstelle nur langsam an (**Bild 8**).

Die „Spülzeit" für Gasleitungen ist nach [9] annähernd linear abhängig von der Leitungslänge; beim Tracergastest spiegelt sich in der Zeit bis zur Ankunft an einem Austrittspunkt der Untergrundaufbau mit all seinen Inhomogenitäten wieder. Während sich beim Spülen von homogenen Leitungen die Zeit bis zum Auftreten der maximalen Austrittskonzentration des Spülmediums nach der Weglänge zwischen Einblas- und Auslassstelle richtet (**Bild 9**, links), nimmt bei Tracergastests mit zunehmender Entfernung vom Eingabepunkt die final messbare Wasserstoffkonzentration in Funktion der Weglänge und Verweilzeit im Untergrund ab (**Bild 9**, rechts). Ursache dafür sind unter anderem Verluste von Tracergas auf dem Weg zu weiter entfernten Austrittpunkten über intermediär angeordnete Austrittstellen (**Bild 7**).

Bei Tracergastests in gering durchlässigen Deckschichten oder gering wegsamen Bauwerksteilen führen lange bzw. schmale Strömungskanäle oder Hohlräume mit schwacher Vernetzung und mit hoher Bodenfeuchte zu niedrigeren Erstdetektionen und auch nur zu mäßig erhöhten Enddetektionen am Ende der Eingabe (s. **Bild 9**, rechts). Je höher die H_2-Erstdetektion an einem Auslasspunkt an der Geländeoberfläche, desto schneller wandert die Tracergasfront ohne Widerstand dort hin, sodass hier in der Regel eine bedeutende Untergrundwegsamkeit mit potenzieller Fremdwassereintragsgefahr identifiziert werden kann. Erfolgt die Ausgasung großer Tracergasmengen in der Nähe der Eingabestelle, z. B. am Schachtbauwerk, dann kann in der Regel aufgrund des Kamineffektes dieser Hauptauslassstellen keine größere laterale Propagation der Tracergasfront mehr stattfinden.

Daher sind Tracergastests bzgl. ihrer Aussagekraft immer auf den unmittelbaren Fassungsbereich bis ca. 10 bis 20 m um den Eingabepunkt begrenzt. Weiter entfernt liegende Austrittspunkte sind vielfach durch Schleichgas entlang der oberflächennahen Wurzelzonen oder Bodenstrukturen bedingt und haben meist keinen Einfluss auf die Sickerwasserwegsamkeiten am Fassungsbauwerk. Ausnahme können weiterreichende Tracergasnachweise entlang von gut wegsamen Grabenverfüllungen von Rohrleitungen oder Fassungssträngen bei Quellen sein.

Schlussfolgerungen

Für die Bewertung und Definition eines Sanierungsbedürfnisses eines Brunnens oder einer Quellfassung wurde auf Grundlage der Modellvorstellungen zur Tracergasausbreitung ein empirisches Schema entwickelt, das für die Entscheidungsfindung und planerische Definition von konkreten baulichen Sanierungsmaßnahmen genutzt werden kann. Die Abgrenzung der Wasserstoffkonzentrationswertebereiche basiert auf der empirischen Einschätzung von inzwischen mehr als 300 Tracergasmessungen, deren Befunde im Umkehrschluss die unterschiedlichen Möglichkeiten der Sickerwasserwegsamkeiten entlang der Gasausbreitungswege um eine Fassung beschreiben sollen:

- Austrittskonzentrationen ≤100 ppm H_2 werden in der Regel in gering sickerwasserdurchlässigen oder weit von der Eingabe entfernten Hohlraumsystemen angetroffen. Sie werden oft durch Schleichgas verursacht. Ein Sanierungsbedürfnis dieser Austrittsbereiche im Sinne des DVGW AB W 127 bzw. W 135 ist im Zuge eines standörtlichen und bauwerksbezogenen Gesamtkonzeptes zu überprüfen und meist nicht erforderlich.
- Austrittskonzentrationen ≥100 und <1.000 ppm H_2 werden am Ende mäßig sickerwasserdurchlässiger Wegsamkeiten gemessen und werden oft durch kleinskalige, mäßig vernetzte Hohlraumdurchgängigkeiten mit hoher Tortuosität (Grad der Gewundenheit der Transportwege z. B. in den Poren poröser Materialien) in Entfernungen > 5 bis 8 m von der Eingabestelle verursacht. Ein Sanierungsbedürfnis dieser detektierten Oberflächenbereiche ist im Sinne des DVGW AB W 127 bzw. W 135 in den meisten Fällen erforderlich (z. B. wegen Durchwurzelungen oder sickerwasserwegsamen Inhomogenitäten im Bodenaufbau etc.).
- Austrittskonzentrationen ≥1.000 und <5.000 ppm H_2 werden in der Regel an Austrittspunkten nahe der Eingabestelle mit erheblich sickerwasserdurchlässigen Wegsamkeiten verursacht. Sie treten am Ende von großskaligen, sehr gut vernetzten Hohlraumdurchgängigkeiten auf und zeigen gut durchgängige und vernetzte vertikale Wegsamkeiten mit geringer Tortuosität an, die unmittelbar an das Fassungsbauwerk angeschlossen sind. Ein Sanierungsbedürfnis von erheblichen mechanischen Schäden am Brunnen- oder Quellbauwerk ist im Sinne des DVGW AB W 127 bzw. W 135 grundsätzlich gegeben (z. B. wegen starker und hoch sickerwasser-durchlässiger Durchwurzelungen und Inhomogenitäten im Bodenaufbau etc.).
- Austrittskonzentrationen ≥ 5.000 ppm H_2 weisen in der Regel auf fassungsnahe, sehr hoch sickerwasserdurchlässige und sehr weiträumig reichende sowie in hoher Dichte an die Fassung angeschlossene Hohlraumgefüge in der ungesättigten Grundwasserüberdeckung hin. Oft liegt ein massiver mechanischer Schaden an Gebäuden, Abdichtungen und Ausbauten der Fassung vor (z. B. auch durch weitverzweigte Tierbauten und Wurzelkanäle sowie alte Bauwerksteile im Untergrund). Ein Sanierungsbedürfnis der oberflächennahen Ausbauten (z. B. Schachtbauwerk, Abdichtung der Schachtüberdeckung und von abgehenden Leitungsgräben und alten Baugruben um die Bauwerke etc.) ist im Sinne des DVGW AB W 127 bzw. W 135 in solchen Fällen immer gegeben.

Bei der Anwendung dieses empirischen Auswerteschemas müssen die örtlichen geologischen und morphologischen Gegebenheiten berücksichtigt werden. Hanglagen oberhalb der Fassung, eng vermaschte Wurzelzonen in Waldgebieten und Gasrückflüsse aus dem Schachtbauwerk in die Atmosphäre der Messumgebung können das Bild der Austrittsmuster und -konzentrationen verfälschen. Ein hohes Maß an Aufmerksamkeit ist daher bei der Messwerterhebung und der Festlegung des Messrasters anzuraten.

Nicht zuletzt stellt sich für die der Tracergasmessung folgende Planung von Sanierungsmaßnahmen die Frage, welche der räumlich differenziert im Gelände auftretenden Schwachstellen und (Gas-) Wegsamkeiten, die nur aufgrund eines geländebezogenen Nachweises eines positiven Tracergasnachweises eine Undichtigkeit der Fassung indizieren, umgekehrt nun auch für den Eintrag von potenziell mikrobiologisch belastetem Sickerwasser oder Fremdwasser verantwortlich sein können. Damit verbunden ist auch die nicht unwesentliche Frage, ob eine Sanierung dieser Eintragspfade z. B. durch eine Überbohrung des Brunnens oder Neufassung der Quelle, erfolgreich ist, um den Stör- bzw. Fremdwasserzutritt auch wirklich nachhaltig zu stoppen.

In allen Fällen muss zur Vermeidung von fehlgeleiteten Erwartungen aus dieser Methode, eine gesamtheitliche Bewertung aller baulichen, hydrogeologischen und hydrochemisch-mikrobiologischen Befunde erfolgen.

Zusammenfassung

Tracergasmessungen an Brunnen und Quellen können einen wertvollen Beitrag zur zerstörungsfreien Erkundung von oberflächennahen Undichtigkeiten leisten. Die Methode kann genehmigungsfrei und ohne größere Montagen, wie Pumpenziehen oder Demontage des Brunnenkopfes, in fast allen Fassungstypen mit absteigenden Potenzialdrücken angewendet werden. Artesisch gespannte Grundwässer in Brunnen und aufsteigende Quellwassersysteme unterliegen eigenen Gesetzmäßigkeiten, die diese Methode nicht kompensieren kann.

Mit Hilfe von numerischen Simulationen für Spülvorgänge in Gasleitungen können die Strömungsvorgänge bei der Migration des Tracergases von der Eingabestelle bis zu einem im Gelände mit einem Wasserstoffspürgerät nachgewiesen Austrittspunkt nachvollzogen werden. Die Austrittszeit und die Austrittskonzentrationen hängen dabei sowohl in Gasleitungen als auch im geologischen Untergrund vor allem von der Durchgängigkeit und der Länge der durchströmten Strecke ab. Je länger die Wegstrecke desto länger dauert es bis zum Austritt, da die Front des Tracergases zunächst die Bodenluft und die Bodenfeuchte verdrängen muss.

Es bildet sich eine Mischfront aus, sodass die Gasaustrittskonzentrationen an der Austrittstelle bis zu einem Maximum allmählich ansteigen. Erwartungsgemäß verringert sich bei höheren Eingabedrücken die Verweilzeit des Tracergases auf dem Weg zur Austrittstelle. Es besteht ein nicht-linearer Zusammenhang zwischen der Migrationszeit und der Ausbreitungsgeschwindigkeit des Tracergases im Untergrund. Mit zunehmender Entfernung von der Eingabestelle nimmt der Austrittszeitpunkt zu und die Wasserstoffkonzentration ab. Hier unterschiedet sich das natürliche System von den Spülrandbedingungen in geschlossenen Gasleitungen mit einem definierten Austrittspunkt.

Für die Entscheidungsfindung und Sanierungsplanung wurde ein empirisches Schema entwickelt, mit dessen Hilfe anhand der Austrittskonzentrationen am Ende der Eingabe eine Einordnung des Ausmaßes der Undichtigkeiten und Sickerwasserwegsamkeiten erfolgen kann. Die Aussagekraft der Messergebnisse nimmt mit zunehmender Entfernung der Austrittspunkte von der Einblasstelle immer weiter ab. Entfernungen von positiv getesteten Austrittspunkten > 20 m zeigen oft inkonsistente Messerergebnisse und bei Wiederholungsmessungen nach kurzer Zeit keine nennenswerten Austrittskonzentrationen mehr. Sie werden oft durch Schleichgas gespeist, dessen Auftreten nicht mit Undichtigkeiten am Fassungsbauwerk in Zusammenhang gebracht werden kann.

Danksagung

Der Autor dankt Herrn Moritz Laak von der Gasnetz Hamburg GmbH für die freundliche Fachdiskussion und die Zurverfügungstellung von Abbildungen für diesen Fachbeitrag.

Literatur

[1] Treskatis, C., Zimmer, G. (2013): Tracergasdetektionsmethode der Ville de Luxembourg zur Aufklärung von Undichtigkeiten im Umfeld von Quellfassungsanlagen der Trinkwasserversorgung. – in: ewp energie | wasser-praxis 4-2013: 36 – 43; Bonn (wvgw).

[2] Treskatis, C., Zimmer, G. (2013): Hydrogen tracer gas method developed by the Ville de Luxembourg for leak detection in the geological environment of drinking water sources and water wells. – in: bluefacts (Wasser Berlin International 2013): 28 – 35; Bonn (wvgw).

[3] Treskatis, C. (2015): Praktische Durchführung von Tracergastests zur Erkundung von Undichtigkeiten an Brunnen. – in: bbr 01-2015: 82 – 88; Bonn (wvgw).

[4] Treskatis, C. (2015): Grundlagen und Anwendung von Tracergastests zur Ortung von Eintragswegen für Sickerwässer in Trinkwasserfassungen. – in: gwf Wasser | Abwasser 05/2015: 524-536.

[5] Treskatis, C. (2017): Tracergasuntersuchung an Quellen und Brunnen. – in: Der Wassermeister 02/2017: 14 (ISSN 2567-840x).

[6] Treskatis, C. (2017): Bohrbrunnen. – 9. Auflage: 1.018 S. und eine Beilage; München (DIV).

[7] Treskatis, C., Tauchmann, H. (2018): Quellfassungsanlagen zur Trinkwasserversorgung. – 704 S.; Essen (DIV).

[8] Treskatis, C. (2022): Bohrbrunnen. – 10. Auflage: 985 S.; Essen (Vulkan Verlag).

[9] Laak, M., Schaldach, G., Wulf, P. (2020): Simulation des Spülvorgangs von Gasrohrleitungen.- in: ewp energie | wasser-praxis 8-2020: 64 – 68; Bonn (wvgw).

Prüfung der Sanierungsfähigkeit von Brunnen und Quellen mit Unterstützung von Datenloggerdaten

Christoph Treskatis

Sanierung, Brunnen, Quellen, Datenlogger, Datenerfassung

Brunnen und Quellfassungen befinden sich häufig in einem sanierungsbedürftigen Gesamtzustand. Generell ist der jeweilige Brunnenbetreiber verpflichtet, sowohl den baulichen Zustand als auch die Funktions- und Leistungsfähigkeit der Anlage zu überwachen und langfristig zu erhalten. Um die Sanierungsbedürftigkeit und -fähigkeit der entsprechenden Brunnen zu ermitteln, bietet sich der temporäre Einsatz von Datenloggern mit kombinierter Messwertaufzeichnung an. Da dieses Verfahren trotz seiner guten Ergebnisse bislang in Deutschland eher selten anzutreffen ist, gibt der vorliegende Fachbeitrag einen Überblick sowohl über den Einsatz von Datenloggern wie auch über die Interpretation der damit ermittelten Datenwerte.

Viele Anlagen der Wassergewinnung sind sanierungsbedürftig. Hauptursachen sind das hohe Alter der betreffenden Brunnen und Quellfassungen sowie vielfältige Alterungserscheinungen, die nicht mehr regenerierfähig sind [1]. Dabei werden in vielen Ausschreibungen die Begriffe „Sanierung“ und „Regenerierung“ verwechselt oder falsch abgegrenzt.

Als sanierungsbedürftig zählen Fassungsanlagen nach den beiden DVGW-Arbeitsblättern W 135 [2] und W 127 [3], sobald ihre Funktion teilweise oder in absehbarer Zeit eingeschränkt wird. Eine Sanierung umfasst dabei immer einen baulichen Eingriff in das Fassungsbauwerk. Bei einer Regenerierung im Sinne des DVGW-Arbeitsblattes W 130 [4] werden lediglich leistungsmindernde Ablagerungen aus dem Brunnen oder der Quellfassung entfernt. Die Sanierungsfähigkeit ist nach dem DVGW-Arbeitsblatt W 135 dann gegeben, wenn ein als sanierungsbedürftig eingestufter Schaden mit brunnenbautechnischen Methoden behoben und die gewünschte Funktion wiederhergestellt werden kann.

Bild 1: Einbau eines Leitfähigkeits-Temperatur-Wasserstandsdatenloggers in das zentrale Peilrohr eines Brunnens

Der Betreiber eines Brunnens ist verpflichtet, dessen baulichen Zustand sowie die Funktions- und Leistungsfähigkeit nach den allgemein angekannten Regeln der Technik zu überwachen und langfristig zu erhalten. Auswertbare Betriebsdaten sind dabei wichtige Grundlagen, um die individuelle Sanierungsbedürftigkeit und -fähigkeit einer Fassungsanlage zu ermitteln. Zum Standardprogramm einer Betriebsüberwachung zählen nach dem DVGW-Arbeitsblatt W 125 [5] beispielsweise Rohwasseranalysen, die regelmäßige Messung der Wassermengen und -stände sowie bestimmter hydrochemischer oder physiko-chemischer Leitparameter im geförderten Rohwasser.

Messung von Fremdeinwirkungen auf das Rohwasser

Der Klimawandel, die daraus bedingten Trockensommer und die damit verbundenen hohen täglichen Spitzenverbräuche haben in der jüngeren Vergangenheit in einigen Regionen Deutschlands bereits zu temporären quantitativen Einschränkungen der Gewinnbarkeit von Grundwasser über Brunnen und Quellen geführt. Hinzu kommen zeitliche Einschränkungen der Nutzbarkeit von Fassungen durch Starkregen und Überschwemmungen. Diese lösen in flach ausgebauten und undichten Brunnen und Quellfassungen oft Trübungseinbrüche und mikrobiologische Beeinträchtigungen aus.

Bild 2: Einbau von Leitfähigkeits- und Temperaturdatenloggern in drei unterschiedliche Tiefen des Brunnenrohres zur Charakterisierung der Vulnerabilität unterschiedlicher Zuflusszonen

Bild 3: Einbauposition der Infrarot-Ausleseschnittstelle eines Leitfähigkeits- und Temperaturdatenloggers in einem sanierungsbedürftigen Brunnen mit unsicherem Einstieg und offenem Brunnenkopf

Die zeitliche Veränderung der Schüttung einer Quelle oder der Wasserstände in einem Brunnen spiegelt neben der saisonalen Grundwasser-Neubildungssituation und den Standortfaktoren auch exogene Fremdeinflüsse wider. Qualitätsrelevante Beeinträchtigungen zeigen sich erfahrungsgemäß erst spät in der Rohwasserbeschaffenheit des Fördervolumenstroms sowie in einem signifikanten Leistungsrückgang (z. B. durch Inkrustationen oder Verschleimungen). Während die Ursachen von Leistungsrückgängen gemäß dem DVGW-Arbeitsblatt W 130 unkompliziert ermittelt und beseitigt werden können, sind die Ursachen von tendenziellen oder abrupten hydrochemischen Veränderungen im Rohwasser nur mit einem gewissen Aufwand und über eine längere Zeitreihenmessung aufklärbar.

Die Messung einzelner Parameter im Fördervolumenstrom ergibt immer einen stichtagsbezogenen Mischwert, der tendenziell sich entwickelnde hydrochemische Veränderungen sowie die Eintragsursachen und -zeitpunkte nicht differenziert genug abbilden kann. Dies liegt vor allem an den zeitlich weitständigen Rohwasserprobenahmezyklen (z. B. halb- oder vierteljährlich) und an der Verwischung der kurzzeitig wirkenden Einflusssignale von Fremdwässern. Zu den äußeren Einflüssen, die sich temporär oder längerfristig im Rohwasser abbilden können, zählen beispielsweise [6, 7]:

- Absenkungswirkung der Grundwasserförderung in benachbarten Brunnenanlagen
- Hydrochemische Einflüsse der Land- und Forstwirtschaft sowie von Besiedlung und Verkehr

- Fremdwasserzutritte (z. B. oxidativ oder mikrobiologisch wirkendes Oberflächen- und Regenwasser) sowie
- Hydrochemische Einflüsse durch den förder- oder bohrtechnisch bedingten Zutritt von Tiefenwässern (Salzwässer, kohlensäurehaltige oder stark reduzierte Wässer, Mineralwässer etc.)

Die genannten Einflüsse hinterlassen ein zeitlich differenziertes hydrochemisches Wirkmuster im Rohwasser. Dabei spielen die bauliche Gestaltung, die Fördermengen und die Betriebsweise der Fassung eine bedeutende Rolle. Je nach Ausbauform können unterschiedliche Zuflüsse in verschiedenen Zuflussebenen des erschlossenen Aquifers beobachtet werden: Oberflächenbürtige Fremdwässer treten in Bohrbrunnen aufgrund der Wegsamkeiten in der Überschüttung unmittelbar an der Filteroberkante auf, Tiefenwässer werden dagegen nahe der Unterkante der Verfilterungsstrecke gemessen. Bei Quellfassungen wiederum werden die einzelnen Zuflüsse in Sammelschächten nur dann differenziert erfassbar, wenn die Fassungselemente auch baulich abgegrenzt und messbar sind. Hinzu kommt der hydrochemische Einfluss der Mischung oberflächennaher und tieferer Grundwässer bei Strang- oder Schachtfassungen (z. B. bei aufsteigenden Quellen mit Oberflächenwassereinfluss).

Datenlogger zur Prüfung der Sanierungsbedürftigkeit

Die kontinuierliche Überwachung von Brunnen- und Quellwasserfassungen ist heute eine wichtige Methodik, um kurzzeitige Veränderungen in der Rohwasserbeschaffenheit (wie z. B. der Trübung in Funktion des Niederschlags oder des Chloridgehaltes in Funktion des Streusalzeinsatzes) frühzeitig zu entdecken und um rechtzeitig zu erkennen, ob die Fassung sanierungsbedürftig ist. Die Feststellung der Sanierungsbedürftigkeit erfolgt mithilfe folgender Methoden:

- Kamerabefahrung (Feststellung von sichtbaren Schadstellen und Fremdwasserzuflüssen)
- Bohrlochgeophysik mit Ausbaukontrolle und Zuflusszonenbestimmung
- Bestimmung der Dichtigkeit der oberflächennahen Ausbauten und Grundwasserüberdeckung mittels Tracergasmessungen
- Versickerungsversuche über minimalinvasive Bohrungen, z. B. im Bereich der Tracergasaustritte zur Ermittlung des Bodenaufbaus für die Abdichtungsmaßnahmen an der Geländeoberfläche und im Umfeld des Abschlussbauwerkes und der Rohrleitungsgräben innerhalb der Zone I
- Auswertung von Wasseranalysen zur Ermittlung von tendenziellen Qualitätsveränderungen
- Zeitreihenanalysen von Wasserstandsdaten in Relation zum Niederschlag und zur Entnahmemengen

Die Sanierungsbedürftigkeit ergibt sich unabhängig von der Bauart vielfach aus Befundlagen wie z. B.:

- Zu geringe Restleistung für eine wirtschaftliche Wassergewinnung
- Beschleunigte Wiederverockerung nach einer Regenerierung aufgrund baulicher Mängel
- Unwirtschaftliche Regenerierung, da die produktiven Zuflusszonen nicht erreicht werden können
- Alterung der Materialien
- Fehlender oder fehlerhafter Korrosionsschutz bei metallischen Werkstoffen
- Materialfehler bei der Herstellung der Ausbauverrohrungen
- Statisch zu schwach ausgelegte Brunnenrohre
- Irreversible Sandführung
- Partikelinduzierte Kolmation der Ringraumschüttung und Bohrlochwand (meist irreversibel)
- Verarbeitungs- und Herstellfehler beim Bau (z. B. zu geringe Überschüttung der Filteroberkante)
- Bemessungsfehler der Ringraumschüttun
- Bedienungsfehler mit Beschädigungen der Ausbauverrohrung, z. B. beim Pumpenservice

Bild 4: Auslesung eines Leitfähigkeits- und Temperaturdatenloggers (links) an einer Quellfassung, die kein Sammelbecken aufweist (rechts) und sanierungsbedürftig ist

Für die Vorbereitung einer Sanierung hat sich in den letzten Jahren die Messung von zeitabhängigen Parametern mit Datenloggern durchgesetzt. Bisher waren vor allem Wasserstandslogger weit verbreitet.

In Wasserfassungen herrschen vielfach instationäre Zuflussrandbedingungen auf verschiedenen Ebenen der Verfilterung, die durch zahlreiche dauerhaft oder temporär wirkende äußere Faktoren bedingt sind. Diese Faktoren bilden sich nicht allein im Wasserstand ab. Daher sollten nicht nur zur Sanierungsvorbereitung neben den reinen hydraulischen Messungen (Schüttung, Fördermenge und Wasserstand) auch einfach zu messende physiko-chemische Parameter (wie z. B. die Wassertemperatur, Trübung und Leitfähigkeit über Datenlogger) dauerhaft gemessen werden. Der Einbau und die Auslesung dieser Logger gestaltet sich einfach (**Bild 1**), wobei folgende Randbedingungen vorab geklärt werden müssen:

- Teufenorientierte Positionierung der Datenerfassungsbauteile der Logger in verschiedenen Einbautiefen (**Bild 2**),
- Einbauniveau der Pumpe, um Schäden am Logger und an der Pumpe (Ansaugen des Loggers!) zu vermeiden,
- Erreichbarkeit der Ausleseeinheit im Abschlussbauwerk (**Bild 3**),
- Ausschluss einer Überflutungsgefahr im Bereich der Ausleseeinheit,
- Überprüfung von möglichen Einflüssen auf die Loggerfunktion durch Fremdströme und Magnetfelder (wie z. B. die Felder von FU-gesteuerten Pumpen).

Der Einbau von mehreren Datenloggern in unterschiedlichen Tiefen eines Brunnenrohres unterstützt die Prüfung der Herkunft von Fremdwässern, die entlang der Filterstrecke eines Brunnens oder Quellfassungsstrangs auftreten können. Vorsicht ist bei Loggerdaten aus Peilrohren in der Ringraumkiesschüttung geboten, da dieses Bauteil eines Brunnens oft inkrustiert und damit nur unzureichend durchströmt wird. Außerdem sind Peilrohre in Brunnen oft nicht ausreichend tief ausgebaut und nicht durchgehend verfiltert. Die Festlegung der Tiefen und der Einbauposition kann durch Flowmeter-Messungen (FLOW passiv und aktiv) oder Leitfähigkeitslogs (SALTEMP-Log) unterstützt werden. Damit werden – je

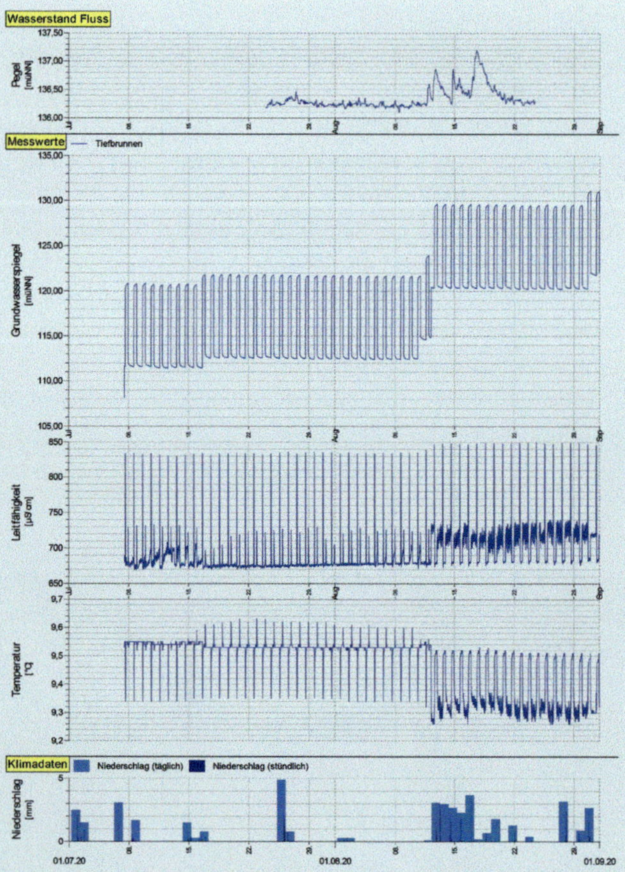

Bild 5: Ganglinien des Leitfähigkeits- und Temperaturdatenloggers in der Hauptzuflusszone eines Brunnens (vgl. Beitrag 4, S. 42)

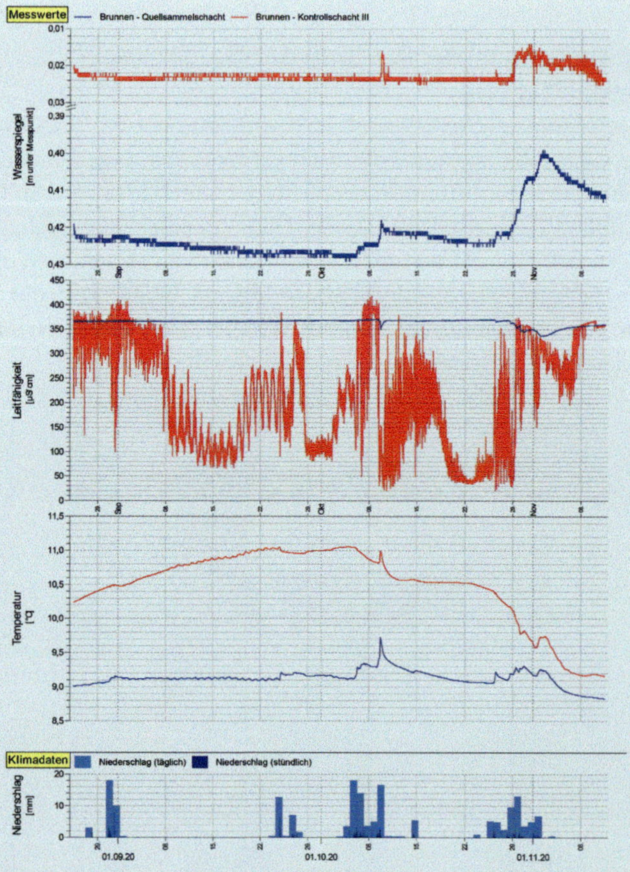

Bild 6: Ganglinien des Leitfähigkeits- und Temperaturdatenloggers in einem Kontroll- und Quellsammelschacht einer sanierungsbedürftigen Quelle (vgl. Beitrag 4, S. 43)

nach Förderregime und hydrologischen Randbedingungen – potenzielle Fremdwasserzutritte schnell erkennbar [8].
Bild 3 zeigt beispielhaft die Einbauposition der Ausleseeinheit des Datenloggers im Brunnenrohr eines sanierungsbedürftigen Brunnens. Der Schacht ist aufgrund der gealterten Bausubstanz nicht ohne größere Sicherheitsvorkehrungen begehbar, sodass die Ausleseeinheit am Schachteinstieg montiert wurde. So wird eine Schachtbefahrung zur Auslesung des Loggers vermieden. Die Auslesung von solchen Datenloggern erfolgt über Infrarot- oder Bluetooth-Schnittstellen und einen Laptop (**Bild 4**). Dadurch können vor Ort direkt die Daten und deren zeitliche Entwicklung eingesehen und die Loggerfunktionen überprüft werden.

Interpretation der Loggerdaten

Zur Veranschaulichung sei folgendes Beispiel aufgeführt: In einem Festgesteinsbrunnen kann beispielsweise als Ergebnis der Flowmeter-Messung ein Temperatur-Leitfähigkeitslogger eingebaut und das Messintervall auf 15 min eingestellt werden. Damit wird eine hohe zeitliche Auflösung der Daten erreicht. Batterien versorgen die Logger in der Regel über mehrere Monate stabil mit Energie, ohne dass sie getauscht oder geladen werden müssen.
Das Rohwasser des hier vorgestellten Beispielbrunnens ist durch Nitratgehalte um 50 mg/l gekennzeichnet. Der Ruhewasserspiegel liegt relativ tief bei ca. 35 m und der Betriebswasserspiegel sinkt bei 5 l/s Entnahmeleistung bis ca. 80 m unter Gelände ab. Der aktuell als Hygienebetrieb durchgeführte intermittierende Förder- und Stillstandszyklus verändert die Leitfähigkeit und Temperatur des Fördervolumenstroms aus dem Bereich der tieferen Zuflusszone, die sich in geklüfteten Grauwackensandsteinen und Massenkalken befindet (**Bild 5**):

- Bei Stillstand liegt die Leitfähigkeit des Rohwassers bei ca. 670 µS/cm und 9,55 °C.
- Bei Aufnahme des täglichen Förderbetriebs (ca. 9 m^3/h) schwankt die Leitfähigkeit zwischen 670 und 690 µS/cm. Der tägliche Pumpenstopp löst eine Leitfähigkeitsspitze bis 835 µS/cm in der Ganglinie aus, die mit einer regelmäßigen Temperaturabsenkung auf ca. 9,34 °C synchron verläuft.
- Als Folge des Niederschlagsclusters Mitte August 2020 verändern sich die Werteniveaus der Leitfähigkeit und Temperatur und der Ruhe- und Betriebswasserspiegel reagieren bei gleicher Förderrate trotz des hohen Flurabstands relativ schnell.
- Die Leitfähigkeit erhöht sich in der Spitze auf Werte von bis zu 850 µS/ cm und die Temperatur sinkt leicht auf 9,26 °C ab, ohne dass das generelle Muster der Spitzenbildung verändert wird.
- Jedoch zeigen sich bei den Niederschlagsclustern im Juli und August 2020 auch Schwankungen der physiko-chemischen Messgrößen am Datenlogger bei der instationären Absenkung des Wasserspiegels im Brunnen.

Bild 7: Piezometer-Messrohr mit Datenloggerausstattung zur Überprüfung des Einflusses eines influenten Vorfluters nahe einer sanierungsbedürftigen Quelle

Die kurzzeitigen Messungen geben Hinweise darauf, dass im Förderbetrieb mit zunehmender Zeit und mit dem Wiederanstieg beim Abschalten der Pumpe ein Grundwasser mit erhöhter Leitfähigkeit auf der Höhe des Loggers zufließt. Dies stammt nach den hydrochemischen Erkenntnissen aus einer Kluftzone im Grundwasserraum, die vermutlich durch erhöhte Mineralgehalte geprägt ist. Bei längeren Niederschlagsereignissen erhält die Hauptzuflusszone im Massenkalk trotz des vergleichsweise großen Flurabstands zusätzlich einen nicht unerheblichen Zuflussanteil aus dem im näheren Umfeld des Brunnens versickernden Niederschlagswasser. Die Leitfähigkeit steigt durch die unmittelbare Zumischung von nitrathaltigem Wasser leicht an und die Temperatur sinkt aufgrund der geringeren Verweilzeit des Sickerwassers bis zur von der Pumpe aktivierten Zuflusszone. Daher können mit dieser Messung erste Indizien für Undichtigkeiten am und um den Brunnen gesammelt werden, die in den Prozess der Prüfung der Sanierungsbedürftigkeit des Brunnens einfließen.

In **Bild 6** wurden die Messkurven von Datenloggern in einem Kontroll- und Quellsammelschacht einer Quellfassung im klüftigen Buntsandstein beispielhaft dargestellt. Die Anlage steht für eine Sanierung zur Disposition, da deren Rohwasser regelmäßig mikrobiologisch auffällig ist. Die Loggerganglinien zeigen die typische Charakteristik undichter Quellschächte:

- Die Leitfähigkeit im Kontrollschacht, in den der gelochte Fassungsstrang zuerst münden, ist volatil und schwankt zwischen 20 µS/ cm (= reines Regenwasser) und 420 µS/cm (= typischer Wert des Grundwassers im lokal anstehenden Aquifer). Die Temperatur des Quellwassers steigt bei einzelnen Niederschlagsclustern im Sommer um 0,2 bis 0,4 °C an.
- Im Quellsammelschacht ist die Leitfähigkeit ausgeglichener, da sich hier die Zuflüsse der anderen, weniger undichten Haltungen der Quellfassungsleitung widerspiegeln. Die Leitfähigkeit liegt bei nahezu kontanten 370 µS/cm und wird durch die herbstlichen Niederschläge nur auf ca. 340 µS/cm abgesenkt. Die Temperatur im Sammelschacht verhält sich parallel zur Quellwassertemperatur im Kontrollschacht.

Die Hauptursache der mikrobiologischen Vulnerabilität der ca. 3,5 m tief verlegten Fassung ist den Loggerdaten zufolge nachweislich niederschlagsbedingt. Das Sickerwasser dringt dabei sehr schnell in die Fassungsebene der Quelle ein, was auch durch die jahreszeitlich bedingte rasche Abnahme des Temperaturniveaus angezeigt wird. Die niederschlagsbedingten Fremdwasserzutritte sind vor allem in den regenreichen Perioden und bei durchfeuchteten Deckschichten qualitätswirksam. Es konnte mit den Messungen nachgewiesen werden, dass qualitätswirksame Fremdwässer schon bei geringen Regenmengen eindringen können.

Um den Einfluss eines nahe der Beispielquellfassung gelegenen Bachlaufs verifizieren zu können, wurde ein Piezometerrohr (unten offenes 1-Zoll-Stahlrohr) eingeschlagen und Datenlogger sowohl im Vorfluter als auch im Messrohr eingebaut (**Bild 7**). Damit können die Wechsel zwischen effluenten und influenten Zuflüssen zur Quelle überprüft werden [9].

Ziel dieser Art der Logger-Messung ist die Klärung der Frage, ob im Bereich des Vorfluters zusätzliche Abdichtungsmaßnahmen zur Sanierung der Quelle erforderlich werden. Oft sind exogene Einflüsse aus Fließgewässern auf die Quellwasserbeschaffenheit nur mit komplexen (vor allem in genehmigungsrechtlicher Hinsicht) und aufwendigen Sanierungsarbeiten abstellbar und daher im Vergleich zu der oben aufgeführten Undichtigkeit der Überdeckung der Fassungsköpfe kostenträchtiger.

Zusammenfassung

Der temporäre Einsatz von Datenloggern mit kombinierter Messwertaufzeichnung in unterschiedlichen Tiefen bzw. Zuflussbereichen ist bei der Prüfung der Sanierungsbedürftigkeit und -fähigkeit von Bohrbrunnen und Quellfassungen bisher selten anzutreffen. Die Installation von kombinierten Wasserstand-Temperatur-Leitfähigkeitsloggern ist erfahrungsgemäß sinnvoll zur Bestimmung

- von temporär und dauerhaft chemisch und mikrobiologisch wirksamen Fremdwasserzutritten,
- der zeitlichen Abhängigkeiten zwischen dem geförderten Rohwasser und bisher unbekannten hydrologischen Einflüssen,
- der Beprobungszeitpunkte für die Rohwasserüberwachung,
- des hydraulischen Einflusses Dritter (z. B. benachbarter Brunnen oder Vorfluter im Rahmen von wasserrechtlichen Genehmigungs- oder Schutzzonenverfahren) und
- des Einflusses der Förderung auf den Wasserhaushalt und aquatische Ökosysteme.

Der Einsatz von Datenloggern dient im Wesentlichen dazu, zeitlich veränderliche Parameter in definierten Tiefen und wasserführenden Anlagenteilen von Brunnen und Quellfassungen zu erfassen. Er schafft damit eine Datenbasis zur Aufklärung der Interaktionen zwischen Brunnen, Quellen, Vorflutern, geschützten aquatischen Landökosystemen und den hydrologischen Einflüssen (Niederschlag, Schneeschmelze, Überschwemmung) bis hin zu qualitativen Einflüssen aus der Landnutzung (z. B. erhöhen Düngemittelauswaschung auch die Leitfähigkeit im Grundwasser) und durch die Infrastruktur (z. B. Streusalzeintrag).

Hinzu kommen die Möglichkeiten zur frühzeitigen Identifikation und Lokalisierung von baulichen Defekten an der Fassung. Eine fassungsbezogene, individuelle temporäre Erfassung der hydrologischen oder bauwerksspezifischen Abhängigkeiten einzelner physiko-chemischer Parameter mittels Datenloggern ist für die Prüfung der Sanierungsbedürftigkeit und -fähigkeit nach den DVGW-Arbeitsblättern W 135 und W 127 zu empfehlen. Die Zeitdauer dieses Monitorings sollte (bei kurzfristig zu klärenden Problemen) mindestens drei, besser aber zwölf Monate umfassen, um die Daten eines kompletten hydrologischen Zyklus zu erhalten.

Literatur

[1] Houben, G., Treskatis, C.: Regenerierung und Sanierung von Brunnen. 3. Auflage, Essen 2020.

[2] DVGW-Arbeitsblatt W 135: Sanierung und Rückbau von Brunnen, Grundwassermessstellen und Bohrungen. Bonn 2018.

[3] DVGW-Arbeitsblatt W 127: Quellwassergewinnungsanlagen – Planung, Bau, Betrieb, Sanierung und Rückbau. Bonn 2006.

[4] DVGW-Arbeitsblatt W 130: Brunnenregenerierung. Bonn 2007.

[5] DVGW-Arbeitsblatt W 125: Brunnenbewirtschaftung – Betriebsführung von Wasserfassungen. Bonn 2004.

[6] Treskatis, C.: Bohrbrunnen. 9. Auflage, Essen 2017.

[7] Treskatis, C., Tauchmann, H.: Quellfassungsanlagen zur Trinkwasserversorgung. 2. Auflage, Essen 2018.

[8] Treskatis, C.: Hinweise zur Wahl des Zeitpunkts der Rohwasserprobenahme an Brunnen – Ermittlung der fassungsspezifischen Einflüsse auf die Rohwasserbeschaffenheit, in: gwf Wasser | Abwasser, Ausgabe 3/2019, S. 24–72.

[9] Treskatis, C.: Bestimmung der Interaktion zwischen Grund- und Oberflächenwasser mit Hilfe von Piezometermessungen, in: gwf Wasser | Abwasser, Ausgabe 7-8/2020, S. 65–72.

Sanierungsmöglichkeiten von Quellfassungsgebäuden der öffentlichen und privaten Trinkwasserversorgung

Christoph Treskatis

Brunnenbau, Sanierung, Trinkwasserversorgung, Hygiene

Im Quellsammelschacht tritt das Grundwasser erstmals zu Tage und ist vielfältigen mikrobiologischen Verunreinigungsrisiken ausgesetzt. Oftmals wurden Quellen außer Betrieb genommen und durch Bohrbrunnen ersetzt, wenn die Wasserbeschaffenheit beeinträchtigt war. Der Ersatz durch Bohrbrunnen ist aber vielerorts nicht möglich und bedeutet gleichzeitig eine Umstellung der Grundwassernutzung vom Freispiegel auf den Pumpbetrieb. Mithilfe einer sachgerechten Vorerkundung, Planung und Umsetzung vor Ort können heute Quellsammelschächte und deren Infrastruktur vielfältig saniert werden. Damit werden bauwerksinterne Verunreinigungspotenziale abgestellt und eine qualitativ sichere Quellwassergewinnung ermöglicht.

Quellfassungsanlagen sind in vielen Regionen Deutschlands, Österreichs, der Schweiz und in Luxemburg wichtige Anlagen zur Trinkwassergewinnung der öffentlichen und privaten Wasserversorgung. Bis heute wird in Deutschland eine Wasserversorgung aus Quellen eher zweitrangig und problematisch hinsichtlich der Stabilität der Quellwasserbeschaffenheit und der Schüttung eingestuft. Dadurch sind viele Anlagen stark gealtert, kaum instandgehalten und daher grundlegend sanierungsbedürftig geworden. Dagegen genießen in unseren Nachbarländern, aber inzwischen ebenso wieder in einigen Regionen Deutschlands, Quellfassungen einen erhöhten Stellenwert bei der ortsnahen und energieeffizienten Wassergewinnung.

Mit den heutigen technischen und baulichen Methoden ist es möglich, oberflächennah austretendes Quellwasser so zu fassen, dass bei geeigneten hydrogeologischen Standortverhältnissen dieses dauerhaft und sicher für die Trinkwasserversorgung genutzt werden kann. Da tiefere Grundwasserleiter durch Brunnen in einigen Regionen aufgrund der geringen Neubildungsraten stark beansprucht und qualitativ zunehmend durch anthropogene Spurenstoffe und Nährstoffeinträge beeinträchtigt werden, können durch die Nutzung rasch erneuerbarer und effizient geschützter, oberflächennaher Grundwässer tiefere Grundwasserressourcen geschont und für zukünftige Generationen erhalten werden. Zur Sicherung der mikrobiologischen Qualität des Trinkwassers aus Quellen sind neben den bewährten Endkontrollen des Trinkwassers am Wasserwerksausgang und im Rohrnetz vorsorgende Handlungen auch auf der Rohwasserseite erforderlich. Die WHO (Weltgesundheitsorganisation) untermauert diesen Ansatz mit der Feststellung, dass viele mikrobiologische Analyseverfahren erhebliche Zeit benötigen (oft mehrere Stunden bis Tage), sodass das Ergebnis einer Wasserprobe oft erst vorliegt, wenn das Trinkwasser bereits im Netz verteilt oder schon vom Verbraucher genutzt wurde [1]. Mit dem sogenannten Water-Safety-Plan wurde von der WHO ein stärker vorsorgendes Qualitätsmanagement fokussiert, das die Wassergewinnungsanlage einschließt [1–3]. Bei der Beherrschung qualitativer Risiken in Wasserversorgungssystemen inklusive der Brunnen und Quellfassungen sind folgende Kernfragen zu beantworten:

- Welche qualitativen Gefährdungen kommen überhaupt vor?
- Wie werden sie beherrscht?
- Wie kann nachgewiesen werden, dass die Gefährdungen im Griff sind?

Der grundlegende Vorsorgegedanken des Water-Safety-Plans wurde auf Basis des DVGW-Arbeitsblattes W 1000 [4] mit seinem technischen Sicherheitsmanagement (TSM) in das DVGW-Regelwerk integriert, indem der bewährte TSM-Leitfaden mit dem DVGW-Hinweis W 1001 [5] fortgeschrieben wurde. Damit unterstützt der DVGW-Hinweis W 1001 Wasserversorger unter anderem beim Erkennen und Beseitigen von Schwachstellen von der Wassergewinnung bis zur Übergabe an den Endkunden.

In Deutschland hat sich in diesem Zusammenhang das Multi-Barrieren-Prinzip bewährt, in dem der nachhaltige Schutz des Trinkwasservorkommens, die technisch sichere Wasserbereitstellung inklusive Gewinnung nach den anerkannten Regeln der Technik und der fachgerechte Erhalt der Trinkwasserqualität in der Hausinstallation beim Kunden vereinigt sind. Naturnahe Aufbereitungsverfahren unterstützen dabei die dauerhafte Bereitstellung von Trinkwasser, wenn Gefährdungen oder geogene Stoffe die Qualitätskriterien der Trinkwasserverordnung überschreiten und nicht nachhaltig durch andere Maßnahmen abgestellt werden können. Eine generelle Desinfektion von Trinkwasser ist in Deutschland daher nicht erwünscht, auch bei bakteriologisch dauerhaft einwandfreiem Trinkwasser [1].

Trübungen und mikrobiologische Beeinträchtigungen sind in vielen klüftigen oder verkarsteten Festgesteinsgrundwasserleitern und fluvio-glazialen Schotteraquiferen Mittel- und Süddeutschlands die Hauptursache für qualitative Einschränkungen bei der Quellwasserversorgung. Daneben geht derzeit in vielen Quellen die Schüttung aufgrund der geringen Niederschläge in einigen Regionen zurück, sodass die Nutzung vielerorts zusätzlich quantitativ begrenzt wird.

Der Betreiber von Quellfassungsanlagen kann quantitative Nutzungseinschränkungen nicht beeinflussen, sofern die Fassungsbauwerke keine Umläufigkeiten aufweisen oder ein Verlaufen der Quelle unbemerkt stattfindet. Jedoch kann der Betreiber die qualitative Versorgungssicherheit aus Quellen im Sinne des Vorsorgegedankens und der Risikobeherrschung nach TSM-Leitfaden (DVGW W 1000 in Verbindung mit DVGW-Hinweis W 1001) aktiv verbessern.

Mit dem folgenden Beitrag sollen die technischen Möglichkeiten zur Verbesserung der qualitativen Nutzbarkeit von Trinkwasserquellen durch Maßnahmen an der Fassung, insbesondere im Quellsammelschacht, beleuchtet werden. Dazu müssen die Gefährdungspotenziale bekannt und durch bauliche Maßnahmen abstellbar sein. Bei Gefährdungen, die nicht durch bauliche Maßnahmen an den Fassungselementen beseitigt werden können, muss über geeignete Aufbereitungsverfahren oder ein verbessertes Schutzgebietsmanagement nachgedacht werden. Dieser Aspekt wird hier nicht näher betrachtet. Dazu wird auf die Ausführungen in [6] verwiesen.

Analyse der Gefährdungen der Quellwasserbeschaffenheit

Im Gegensatz zu Brunnen bestehen Quellfassungen oft aus räumlich getrennten Bauteilen (**Bild 1**). Die eigentliche Fassung ist meist nicht der im Gelände sichtbare Quellsammelschacht; in ihm wird aber das Quellwasser erstmals für den Betreiber sichtbar sowie qualitativ und quantitativ messbar. Die Fassung selbst liegt unter einer mehr oder minder mächtigen Überdeckung topografisch oberhalb des Sammelschachtes und ist der eigentliche Wassereintritt in die Gewinnungsanlage. Dort wird die Quellwasserbeschaffenheit primär durch die Nutzungen im Einzugsgebiet, die geologischen Verhältnisse am Fassungsort sowie die Bauform geprägt (**Bild 2**). Die Qualität von Quellwasser ist von folgenden Faktoren abhängig:

- Nutzungen im Einzugsgebiet, insbesondere in Quellnähe

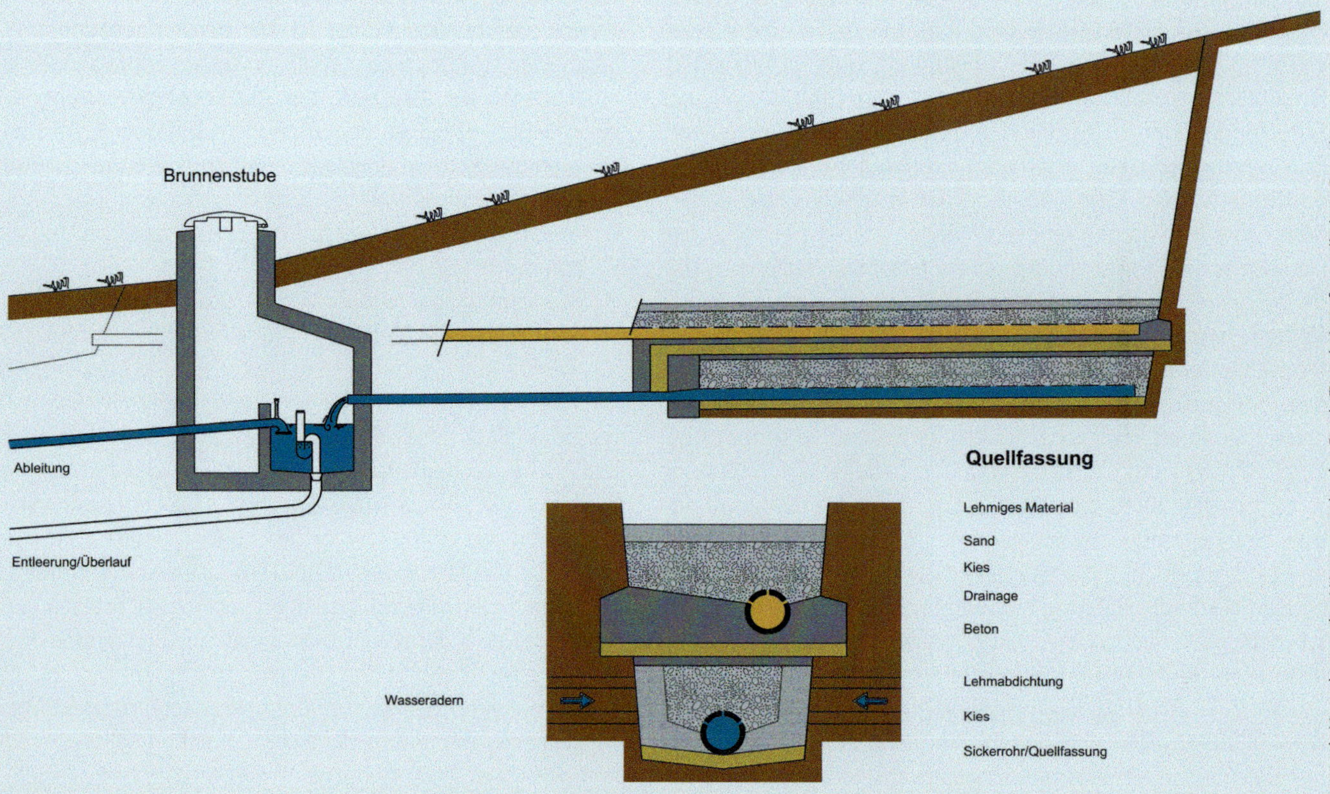

Bild 1: Schema einer Quellfassung im Alpenvorland im Längs- und Querschnitt: Filterrohrstränge mit Kiesummantelung fassen das Quellwasser am Quellmund und über eine Sammelleitung gelangt das Wasser in eine Quell- oder Brunnenstube

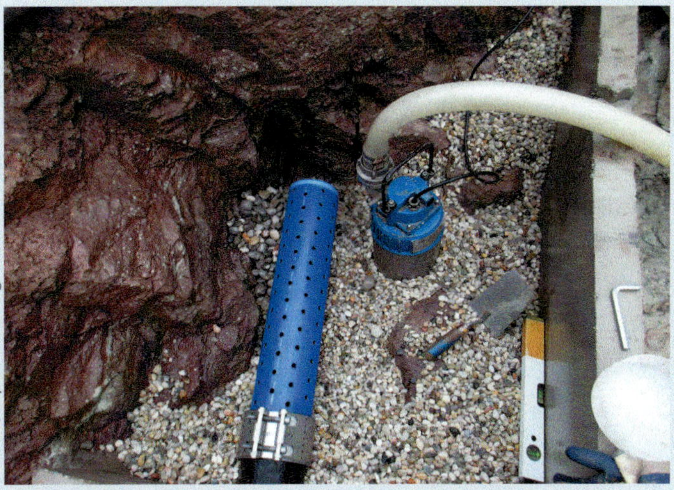

© Fa. Scharpf, Dirlewang

Bild 2: Neu verlegter Fassungsstrang in Filterkiesbett und Abstromsicherung

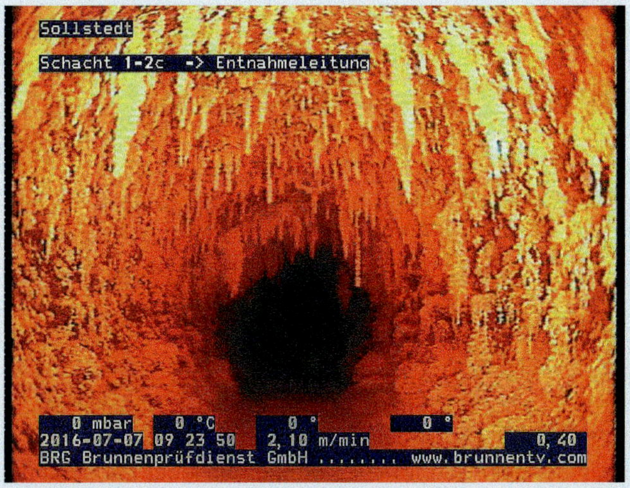

© Fa. BRG, Landshut

Bild 3: Inkrustationen in einer Quellsammelleitung

- Beschaffenheit und Mächtigkeit der Überdeckung des genutzten Grundwasserleiters
- Fließwege und -zeiten zur Fassung
- Verweilzeiten des Sickerwassers bis zum Grundwasser bzw. in die Fassung
- Bauliche Gestaltung und Zustand der Fassung und des Quellsammelschachtes

Die Fassung ist über eine mehr oder weniger lange Quellsammelleitung mit dem Quellsammelschacht verbunden (**Bild 1**). Im Sammelschacht befinden sich unterhalb des Einlaufs Absetz- und Sammelbecken sowie die Einrichtungen zur Entnahme und zum Abschlag von Quellwasser in die Vorflut (Leerlaufleitung, Übereich). Der mechanische Zustand der Quellsammelleitung und deren Einbindung in den Sammelschacht sind oft unerkannte Schwachstellen einer Quellfassungsanlage, die qualitäts- und quantitätswirksam werden können. Auf dem Weg von der Fassung in den Sammelschacht werden so weitere Qualitätseinflüsse wirksam:

1. Biofilme und mineralische Ablagerung (**Bild 3**) in der Leitung (oft sind Quellleitungen nicht vollständig eingestaut, sodass dort chemische und mikrobiologisch induzierte Reaktionen im Kontakt zur Bodenluft stattfinden)
2. Wurzeleinwüchse aus der Fassung bis in den Sammelschacht oder direkt über Rohrstöße/Rohrverbindungen
3. Feststoffansammlungen im unmittelbaren Fassungsbereich aus dem Gebirge über nicht filterstabile Kiespackungen oder über undichte oder defekte Rohre (**Bild 4**)
4. Undichte Einbindung der Sammelleitung in den Sammelschacht (Verlaufen des Quellwassers und unmittelbare Einträge von Feststoffen und mikrobiologischen Belastungen in die Becken)

Im Sammelschacht angekommen, tritt das Quellwasser mit den Materialien des Bauwerkes und mit der Schachtatmosphäre in Kontakt.

Die Qualitätseinflüsse der Aufzählungspunkte 1, 2 und 4 sowie der Kontakt des Quellwassers mit dem Material des Sammelschachtes sind wichtige Kontrollpunkte zur Gefährdungsabschätzung durch den Betreiber im Rahmen des TSM und zur Planung von baulichen Sanierungsmaßnahmen. Der Punkt 3 umfasst geologisch bedingte Gefährdungen der Quellwasserbeschaffenheit, die nicht durch bauliche Maßnahmen zu beseitigen sind und meist eine mechanische Partikelabtrennung erforderlich machen [6]. Ebenso sind qualitative und quantitative Einflüsse und Gefährdungen aus dem Einzugsgebiet nicht durch bauliche Sanierungen an der Fassung zu beherrschen. Hier sind eine regelmäßige Überwachung des Einzugsgebietes und eine aktuelle und umsetzbare Wasserschutzgebietsverordnung erforderlich.

Risiken und Gefährdungen für die Quellwässer ergeben sich aus der Tatsache, dass Baumaßnahmen im Umfeld oder an der Fassung ausgeführt, der Baukörper und die Bauteile einer Quellfassungsanlage überwiegend individuell geplant und in handwerklicher Arbeit hergestellt werden. Es liegt so in der Natur der Sache, dass in dem bewährten Schutzsystem für Trinkwasseranlagen (Multi-Barrieren-Prinzip) Lücken und Mängel vor allem durch Planungs-, Fertigungs- und Materialfehler auftreten. Für eine vertiefende Gefährdungsanalyse und eine gegebenenfalls erforderliche Sanierung einer Quellfassungsanlage muss der technische Zustand möglichst genau bekannt sein, um die baulichen Maßnahmen auf die tatsächlichen Einflüsse und Gefährdungen abzustimmen. Dazu gehören:

- Regelmäßig Auswertung der Roh- und Reinwasserbefunde sowie der Schüttungsmessungen
- Analyse der hydrogeologischen und hydrochemischen Situation der Quellbildung und des Fassungsumfeldes
- Untersuchung der Gesamtanlage auf bautechnische Mängel mittels Kamerabefahrung (mit Ortung der Leitung), Tracergasmessungen (Aufspüren von Undichtigkeiten [7 bis 9]) und Salztracerversuchen

- Kartierung und Markierung der genauen topografischen Lage und Überdeckung von Fassung, Quellleitung und Sammelschacht im Gelände , z. B. durch minimalinvasive Sondierbohrungen oder Oberflächengeophysik [6]
- Prüfung des Einflusses des Bewuchses auf die Fassung und die Quellleitung (z. B. durch Tracergasmessungen)
- Prüfung der Einzäunung, ob damit auch der eigentliche Fassungsbereich und nicht nur der Sammelschacht eingefriedet ist (z. B. über Tracergasmessungen nach [8] und [9])

Anhand der Untersuchungsergebnisse kann eine Gefährdungsanalyse und ein Monitoringkonzept erstellt werden. Die Installation einer Trübungsmessung mit kontinuierlicher Aufzeichnung erleichtert die Erfassung der Reaktion der Quelle auf externe hydrologische Ereignisse. Untersuchungen an oberflächennahen Quellen im Rheinischen Schiefergebirge zeigten beispielsweise, dass Niederschlagshöhe und Trübungsspitzen meist genau an dem Tag korrelierten, an dem der Niederschlag aufgetreten ist. Bei einer Zeitreihenanalyse ergab sich, dass mit jeder Verschiebung der abhängigen Größe „Trübung" gegenüber der auslösenden Größe „Niederschlag" das Bestimmtheitsmaß quadratisch abnahm. Es konnte so gezeigt werden, dass die Einträge von Trübungspartikeln und auch von mikrobiologisch relevanten Partikeln und Nährstoffen (z. B. assimilierbarer Kohlenstoff) in Quellen meist unmittelbar im Fassungsbereich stattfanden [10]. Handlungsbedarf besteht in dem Moment, in dem erkannt wird, dass die Quellfassung sowohl baulich als auch technisch nicht mehr den Anforderungen des DVGW-Arbeitsblattes W 127 [11] entspricht. Die Aufstellung und zeitnahe Umsetzung eines Sanierungskonzeptes ist in diesen Fällen eine wesentliche Grundlage, um die Gefährdung zu reduzieren und die technisch sichere Wassergewinnung aus der Quellfassung wiederherzustellen.

©C. Treskatis

Bild 4: Einbruch von Trübstoffen in eine Quellkammer nach Starkregen (ausgeschwemmte Kluftfüllungen und Verwitterungsprodukte aus einem Sandsteinaquifer)

Handlungsbedarf

Nach § 9 der aktuellen Trinkwasserverordnung ist die Wasserversorgung (unabhängig von der Art der Fassung) sofort zu unterbrechen, wenn

- das Trinkwasser im Leitungsnetz mit Krankheitserregern im Sinne der Trinkwasserverordnung in Konzentrationen verunreinigt ist, die unmittelbar eine Schädigung der menschlichen Gesundheit erwarten lassen, und
- keine Möglichkeit besteht, das verunreinigte Wasser hinreichend zu desinfizieren oder
- es durch chemische Stoffe in Konzentrationen verunreinigt ist, die eine akute Schädigung der menschlichen Gesundheit erwarten lassen.

Bei Überschreitungen von Grenzwerten der Trinkwasserverordnung für mikrobiologische und chemische Parameter ist unabhängig von den Ergebnissen der Gefährdungsanalyse immer ein Handlungsbedarf gegeben. Es kann für eine erste Orientierung bezüglich des erforderlichen Sanierungsbedarfes bei immer wieder auftretenden mikrobiologischen Befunden in der Quellfassung unterschieden werden (Rohwasser):

- Akuter Handlungsbedarf bei Positivbefunden von *E. coli* und Enterokokken
- Mittelfristiger Handlungsbedarf bei coliformen Keimen
- Langfristiger Handlungsbedarf bei den Indikatorparametern Koloniezahl bei 22 °C und 36 °C und *Clostridium perfringens*

Bei positiven Nachweisen und chemischen Unregelmäßigkeiten im Rohwasserbereich ist der Betreiber der Anlagen verpflichtet, unverzüglich Untersuchungen zur Aufklärung der Ursachen und Sofortmaßnahmen einzuleiten. Eine zuvor durchgeführte Gefährdungs- und Risikoanalyse auf der Roh- und Reinwasserseite sowie regelmäßig ausgewertete Befunde des Labors helfen, die Ursachen einzugrenzen und Sanierungsmaßnahmen gezielt einzuleiten. Als häufige Ursachen mikrobiologischer Probleme an Quellfassungen werden angesehen [6]:

- Undichtigkeiten in der Überdeckung der Fassung, z. B. durch Wurzeleinwüchse oder Erosion
- Abriss oder Setzung der Quellsammelleitung am Quellsammelschacht oder an den Rohrverbindungen
- Undichte Wanddurchführungen
- Regelmäßiges Einschleppen von Verunreinigungen beim Betreten des Schachtes oder Quellgebäudes, da in der Regel ein

© C. Treskatis

Bild 5: Freilegung eines Mauerwerksschachts einer Quelle im Rahmen der Sanierung

geeignetes Ruhepodest zum Wechseln der Schuhe oder für das Anlegen von Überziehern fehlt

- Einwehungen und Eintrag von Laub, Bodenmaterial und anderen Verunreinigungen in den Quellsammelschacht
- Zutritt von Tieren durch die geöffneten oder undichten Türen, Schachtdeckel, Be- und Entlüftungen oder Schachtabdeckungen bei der Wartung und Reinigung (Frösche, Mäuse, Mücken und Schnecken)
- Auslaufen von Betriebsstoffen bei Pflege- und Reinigungsarbeiten an und in der Quelle
- Eindringen von Abgasen von Aggregaten bei Wartungs- und Pflegemaßnahmen
- Einflüsse aus der Innenwandausführung der Becken (Wasserkontaktflächen z. B. bei Betonwänden mit Resten von Trennmitteln, Kiesnestern, Poren, Holzeinschlüssen, durch dünne Zementleimschichten überdeckte Schäden an der Wandung etc.)
- Ablösen und unvollständige Entfernung von Biofilmen in den Becken und wasserberührten Bauteilen
- Wahl ungeeigneter Reinigungs- und Desinfektionsmittel (z. B. bei Mitteln mit organischen Komponenten besteht erhöhte Verkeimungsgefahr)
- Fehlbedienungen von Armaturen
- Fehlmontagen und Verwendung von ungeeignetem Material für Abdichtungen, Insektenschutzgitter oder Fetten und Ölen bei der Wartung und Instandhaltung sowie bei der Durchführung von kleineren Reparaturen am Quellgebäude

Hinzu kommen erhöhte Verweilzeiten des Quellwassers in Toträumen fehlerhaft bemessener Absetz- und Sammelbecken [6].

Sanierungsmöglichkeiten für Quellsammelschächte

Zur Vermeidung bzw. Reduzierung der oben genannten mikrobiologischen Eintragsrisiken in Quellen eignen sich folgende Schutz- und Vorsichtsmaßnahmen, die im Vorfeld von baulichen Sanierungen umgesetzt werden [6]:

- Einsatz von geschultem und verantwortungsbewusstem Personal
- Beauftragung und Einweisung von geschultem Fremdpersonal, z. B. bei der Fremdüberwachung der Quellwasserqualität
- Betreten der Quelle nur mit geeigneter Schutzkleidung, die desinfiziert werden kann (z. B. saubere Gummistiefel, Überzieher etc.); dies gilt auch bei Besuchergruppen in größeren, begehbaren Quellwasseranlagen, wie z. B. Stollen oder größeren Fassungsbauwerken
- Einrichtung eines „sauberen" Ruhepodests oder Zugangsbereichs nach DVGW-Arbeitsblatt W 127 zum Anlegen der Schutzkleidung und zur Desinfektion der Stiefel
- Minimierung des Geräteeinsatzes (z. B. beim Abpumpen der Quelle); bei externer Energieversorgung sollte das Aggregat außerhalb des Quellschutzbereichs in einer Auffangwanne

© C. Treskatis

Bild 6: Beispiel einer Teilsanierung eines Quellsammelschachtes mit Einbau eines neuen WU-Betonbeckens ohne Beschichtung

Bild 7: Sanierung eines Quellsammelschachtes mit begehbaren Oberflächen: Aufkantungen aus Edelstahl verhindern einen Eintrag von Schwitzwasser und Schmutz von den Laufflächen

aufgestellt werden; Vermeidung von Staub- und Abgaseinträge in die Quellkammer; keine Betankung von kraftstoffbetriebenen Geräten im unmittelbaren Quellbereich (Zone I)

- Vermeiden einer Kondenswasserbildung über der Wasseroberfläche der Becken und Zuläufe (z. B. an der Decke, der Schachtdeckel, Geländer oder Leiter, z. B. durch Luftentfeuchter)
- Sammeln und Ableiten von Kondenswasser in den Quellüberlauf (falls keine Energieversorgung zum Betreiben eines Luftentfeuchters vorhanden ist)
- Keine Beleuchtung oder Insektenfallen über dem Quellwasserzutritt (zieht Insekten an)
- Reinigung und Desinfektion nicht nur der wasserberührten Teile und Becken der Quellfassung, sondern auch der Wände mit geeigneten Mitteln ohne organische Zusätze
- Vermeidung übermäßiger Chlorung der Anlagenteile (vor allem bei porösen Flächen)
- Überprüfung der Funktion und des Zustandes aller Dichtungen, Fugen und möglichen Zugänge für Fremdkörper, Insekten oder andere Tiere
- Austausch korrodierter Teile; rechtzeitige Sanierung maroder, korrodierter Bauteile, da sie die Einträge coliformer Keime in das Quellwasser begünstigen können
- Regelmäßige Prüfung der externen Zugänge (Froschklappen müssen richtig schließen, wenn kein Wasser abgeschlagen wird oder überläuft; Insektenschutzgitter dürfen keine Larven oder Kleinstinsekten durchlassen etc.)

Ergeben sich dennoch immer wieder Probleme bei den bakteriologischen Befunden und anderen Parametern des Quellwassers, muss über eine bauliche Sanierung der Fassungsanlage nachgedacht werden. Dabei werden Teil- und Komplettsanierungen unterschieden (**Tabelle 1**).
Je nach Gefährdungsgrad des Quellwassers und Befundauslöser muss nun entschieden werden, welche Teile der Fassungsanlage in welchem Umfang saniert werden müssen. Oft ist schon eine (Innen-)Sanierung des Quellsammelschachtes zielführend, da hier die meisten Zutrittsmöglichkeiten für Mikroorganismen und Biofilme an den Kontaktflächen des Quellwassers entstehen.

Innenwandausführung beeinflusst Wasserqualität

Die Wasserkontaktflächen und der Zugang zum Quellwasser sind die bedeutenden Schwachstellen eines Quellsammelschachtes. Die Sanierungsmöglichkeiten externer Zutritte von Sicker- und Grundwasser in die Quellfassung außerhalb des Quellsammelschachtes sind in [6] beschrieben worden. Der hygienischen und technischen Gestaltung und Ausführung des Absetz- und Sammelbeckens in einem Quellsammelschacht wurde bisher bei Sanierungsmaßnahmen nur geringe Bedeutung zugemessen, sodass sie an dieser Stelle näher beleuchtet werden sollen. Sie müssen folgenden Anforderungen genügen:

- Die Quellkammer muss jederzeit frei zugänglich sein (Reinigung, Messungen etc.).
- Der Zugang ist so zu gestalten, dass die Unfallverhütungsvorschriften und Hygieneanforderungen eingehalten werden können.
- Der direkte Zugang und Lichteinfall auf die Wasseroberfläche sind ebenso strickt zu vermeiden wie die Anordnung von Be- und Entlüftungen über den Wasserbecken.

Tabelle 1: Unterschiede zwischen Teil- und Komplettsanierungen

Teilsanierungen	Komplettsanierung
Sanierung der Fassungszone (eigentlicher Wasserzutritt)	Sanierung der kompletten Anlage, bestehend aus Fassungsbereich, Oberflächenabdichtung, Quellsammelleitung und Quellsammelschacht
Sanierung der Abdichtung (Überdeckung)	
Sanierung der Quellleitung (Verbindung Fassung – Quellsammelschacht)	
Sanierung des Quellsammelschachtes (innen und/oder außen)	

© C. Treskatis

Bild 8: Sanierung eines Quellsammelschachtes durch vollständige Auskleidung mit PE-Platten

© C. Treskatis

Bild 9: Sanierung eines Quellsammelschachtes mit Blechen aus nichtrostendem Material auf WU-Betonwänden

- Die Dichtheit der Fugen, Decken und Wände muss jederzeit überprüfbar sein.
- Reinigungsarbeiten erfordern immer eine Betriebsunterbrechung. Quellen können nicht wie Brunnen durch Ausschalten der Pumpe abgestellt werden. Eine sichere Funktion der Überläufe und der Leerlaufleitung ist daher regelmäßig zu überprüfen.
- Die hygienischen und technischen Anforderungen an die Werkstoffe im Wasserkontakt der Quellkammerbecken sind gemäß den DVGW-Arbeitsblättern W 300-4 [12] und W 300-5 [13] zu berücksichtigen.

In einem Quellsammelschacht steht das Quellwasser in den Absetz- und Sammelbecken dauerhaft im Wasserkontakt. Damit entsprechen die Anforderungen an die Auskleidung der Becken den Anforderungen an Trinkwasserspeicheranlagen [12–16]. Daneben ist die Schachtatmosphäre im permanenten Kontakt mit verschiedenen Werkstoffen, die ebenfalls hygienerelevante Prozesse beeinflussen. Als Werkstoffe werden in Quellkammern im direkten und dauerhaften Wasserkontakt angetroffen:

- Mauerwerk (nur noch bei älteren und aufgelassenen Fassungen anzutreffen)
- Beton (z. B. Ortbeton, Fertigteile oder Monolithe aus WU-Beton)
- Mauerwerk und Betonwände mit und ohne Fliesenspiegel in den Becken
- Polymerkunststoffe (als eigenständige Komplettschächte oder Teil- bzw. Komplettauskleidungen)
- Edelstahl (als Komplettschächte oder zur Teil- bzw. Komplettauskleidung)

Bei den meisten älteren Quellgebäuden aus Mauerwerk fehlt eine wirksame Abdichtung der erdberührten Bauwerksteile gegen Feuchtigkeit und drückendes Wasser von innen und außen. Die Feuchtigkeit kann so ungehindert eindringen und schleichende Schäden hervorrufen. Betroffen sind vor allem folgende Teile des Bauwerkes:

- Sockelmauerwerk (bei Quellsammelschächten unter der Gelände- und Grundwasseroberfläche angeordnet, **Bild 5**)
- Außenwände (unterirdisch angeordnet)
- Sohle von unterirdischen Bauwerksteilen (Schachtsohle)

Durch erhöhte Feuchtewerte im Mauerwerk entstehen z. B. typische Schadensbilder in Quellschächten:

- Ausblühungen von Salzen und Karbonaten
- Abplatzen von Anstrichen und Beschichtungen
- Absanden von Putzen
- Gefügezerstörung im Mauerwerk
- Korrosionsschäden

Eine Sanierung von Mauerwerksschächten umfasst immer den gesamten Baukörper, da Teilsanierungen sowohl technisch als hygienisch wenig zielführend sind. Eine komplette Auskleidung von Mauerwerksschächten ist grundsätzlich nicht zu empfehlen, da die Probleme hinter der neuen Verkleidung weiter bestehen bleiben und unkontrollierbar das Bauwerk weiter beeinträchtigen können.

Bei älteren Quellkammern aus Beton (z. B. Ortbeton, Fertigteile oder Monolithe aus WU-Beton) treten vor allem mikrobiologische Probleme in Folge der Korrosion gering oder gar nicht mehr überdeckter Bewehrungseisen oder durch die Bildung von Kiesnestern und porösen Oberflächen in Kombination mit Rauhigkeiten auf. Bei sauren Quellwässern karbonisiert der Beton in den Becken im Laufe der Zeit. Der pH-Wert sinkt meist auf Werte unter 9,2. Dies bedeutet eine Verminderung der Alkalität des Betons, durch die der alkalische Teil des Zementes aufgebraucht wird. Um die Alkalität wieder zu erhöhen (Realkalisierung), werden in der Behältertechnik Sanierputze angeboten, die jedoch den Beton nur in einer dünnen Schicht von wenigen Millimetern

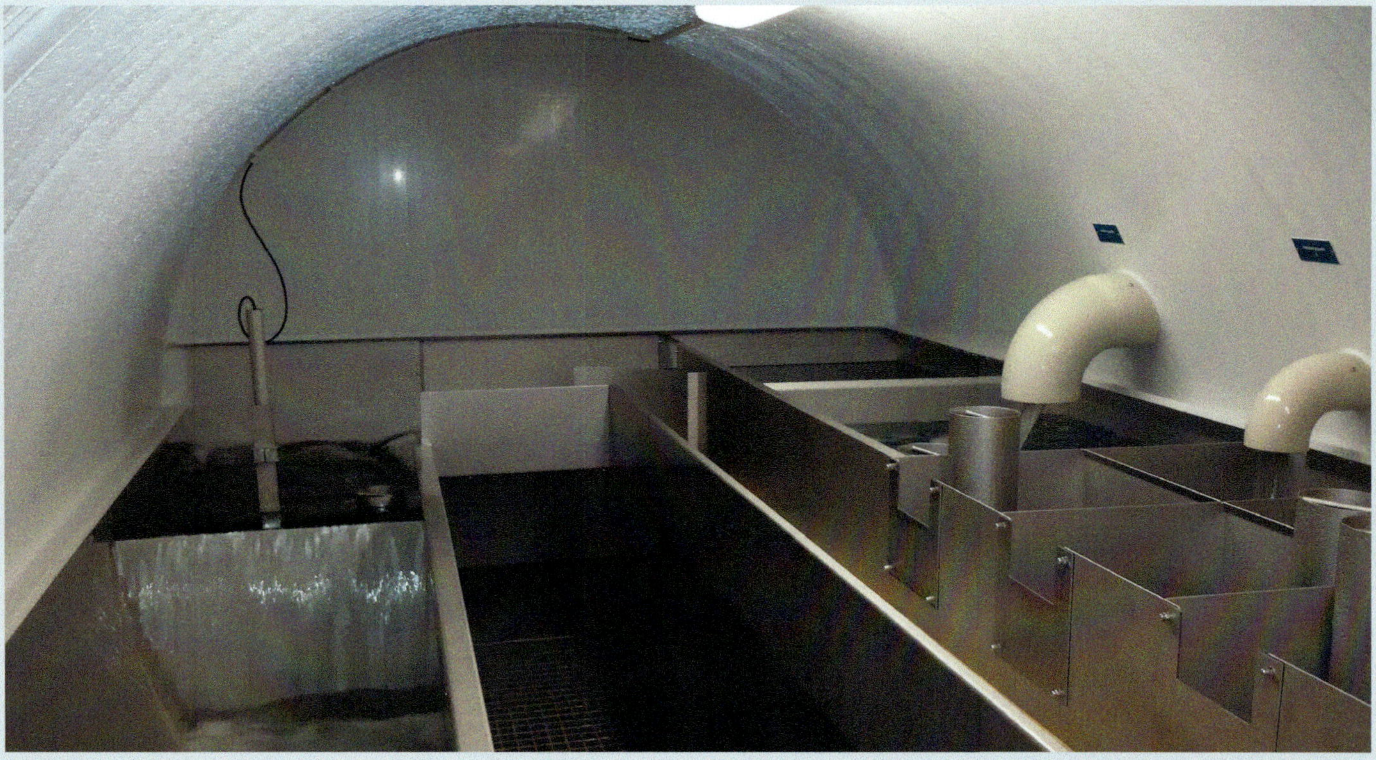

Bild 10: Komplettschacht aus PP als neuer Quellsammelschacht

an der Oberfläche realkalisieren. Auch wenn ein tieferes Eindringen in den Beton nicht möglich ist, so hat die im Quellwasser und in der Luft der Quellkammer vorkommende Kohlensäure wieder einen Reaktionspartner, bis sie zum bereits karbonatisierten Beton vordringen kann.

Maßgebend für die Wahl des Werkstoffes zur Teilsanierung von Quellsammelschächten sind deren Oberflächenbeschaffenheit, die verwendeten Verbindungen zum Gebäude und untereinander sowie die korrekte Oberflächenbehandlung. Daneben bestimmen die Werkstoffeigenschaften, die Wasserbeschaffenheit (Korrosion!), die konstruktiven Vorgaben des Bestandes, die Herstellbarkeit in einem beengten Arbeitsraum sowie die betrieblichen Anforderungen die Wahl des Werkstoffes [12]. Bei der Quellsanierung werden verwendet:

- Zementgebundene Werkstoffe zur dauerhaften Sanierung von Betonschächten beispielsweise mit einer drainierenden Schalhautoberfläche [17, 18]
- Kunststoffe aus Polymerwerkstoffen wie z. B. PE oder PP
- Nichtrostende Stähle (z. B. nach der Liste der trinkwasserhygienisch geeigneten metallenen Werkstoffe des Umweltbundesamtes)

Bild 6 zeigt beispielhaft die Sanierung eines Quellsammelschachtes durch dauerhafte Betonoberflächen ohne weitere Beschichtungen und Verkleidungen. In **Bild 7** wurde in einem Quellsammelstollen betonsaniert und die begehbaren Flächen mit potenziellem Schwitzwasseranfall mit Aufkantungen aus Edelstahl gesichert. Damit ist eine sichere Sammlung und Ableitung von unvermeidlichen Fremdwässern in den Überlauf bzw. das Übereich möglich.

Auf eine Auskleidung und Sanierung von Beton- und (älteren) Mauerwerksschächten mit Fliesen, sollte aus hygienischen Gründen grundsätzlich verzichtet werden. Eine Verkeimungsgefahr durch Hinterwanderung besteht nicht nur bei einem Fliesenspiegel im dauerhaften Wasserkontakt, sondern auch bei der nicht ordnungsgemäßen Verkleidung von Becken mit ungeeigneten Polymerwerkstoffen und nichtrostenden Stählen.

Auf dem Markt werden verschiedene Plattensysteme mit homogenen Oberflächen und Distanzhaltern zur vollständigen oder teilweisen Auskleidung von Bestandsschächten in Quellsammelschächten angeboten (**Bild 8** und **Bild 9**). Neben den Produktionsformaten und der rückseitigen Ausbildung der Profile (wichtig für die Schwitzwasserableitung) sind die Befestigungssysteme und die Möglichkeiten der Herstellung dichter Verbindungen einzelner Elemente in einem oft unregelmäßig geformten Becken eines Quellsammelschachtes maßgebende Auswahlkriterien. Bei der Teilsanierung muss der Übergang zum ursprünglichen Beschichtungs- oder Werksstoffsystem des Schachtes so gestaltet werden, dass eine Hinterwanderung entlang der bestehenden Betonwände durch Schwitzwasser (chemische Korrosionsgefahr!) grundsätzlich vermieden wird.

Beschichteter und unbeschichteter Beton ist bei älteren Quellsammelschächten als Bestandswerkstoff (meist Ortbeton, seltener WU-Beton) sehr häufig anzutreffen. Er besteht bekanntermaßen im Wesentlichen aus durch Zement verkitteten Gesteinspartikeln. Als basisches Produkt ist Zementstein daher wenig widerstandsfähig gegen Säuren, die im oberflächennahen Quellwasser häufig vorkommen (vor allem biogene Kohlensäure). Vor dem Anbringen von Plattensystemen sind daher alle erforderlichen Schutzmaßnahmen für die Bestandsflächen, wie z. B. flächige oder punktuelle Verpressungen von Rissen, Prüfung der vorhandenen Beschichtungen (Realkalisierung!) und Überdeckung von Bewehrungen sowie tragwerksrelevante Maßnahmen zur Verbesserung der statischen Standsicherheit der Wände vorzunehmen. Die Verarbeitungs- und Verlegerichtlinien der Plattenauskleidungssysteme sind zu beachten [12]. Die Ausführung solcher Arbeiten ist ausschließlich zertifizierten Unternehmen zu übertragen und durch eine geeignete Qualitätssicherung zu überwachen.

Um Verarbeitungsfehler oder Schwierigkeiten bei der Verlegung von Plattensystemen in gealterten Bauwerkskörpern von oft nur unzureichender Standsicherheit zu vermeiden, werden zunehmend Komplettschächte aus Polymeren zur Sanierung von Quellsammelschächten verwendet (**Bild 10**). Dazu wird das Bestandsbauwerk komplett abgerissen und in die Baugrube ein vormontierter Schacht aus Polymerkunststoff, Edelstahl oder WU-Beton eingebaut. Vorteile dieser Fertig-Teilbauformen sind beispielsweise die Vermeidung von Beschichtungsfehlern, von Verbindungen zu einem nur unzureichend aufklärbaren Bestandswerkstoff, und von Undichtigkeiten an der Verbindung einzelner Plattenelemente und im Bereich der Wanddurchführungen von Rohrleitungen und Schachtzugängen. Die glatten Innenwände sind später im Betrieb leicht zu reinigen und das im Bereich offener Wasserflächen nahezu unvermeidliche Schwitzwasser kann über Rinnensysteme sicher abgeleitet werden. Eine Hinterwanderungsgefahr ist konstruktiv ausgeschlossen.

Zusammenfassung

Quellfassungen sind wie Brunnen individuell geplante und von zahlreichen Faktoren beeinflusste Bauwerke. Der geologische Standort, die bauliche Gestaltung der Fassung sowie die Regelmäßigkeit von Pflege und Instandhaltungsmaßnahmen beeinflussen sowohl die Schüttung als auch die Eigenschaften des Quellwassers. Im Quellsammelschacht tritt das Grundwasser erstmals zu Tage und ist vielfältigen Verunreinigungsrisiken ausgesetzt. Vielfach wurden Quellen außer Betrieb genommen und durch Bohrbrunnen ersetzt, wenn die Wasserbeschaffenheit durch Trübungseinbrüche und Mikroorganismen beeinträchtigt war. Der Ersatz durch Bohrbrunnen ist aber vielerorts nicht möglich und bedeutet gleichzeitig eine Umstellung der Grundwassernutzung vom energetisch günstigen Freispiegel- auf einen Pumpbetrieb.

Die Wasserkontaktflächen sind mikrobiologisch relevante Schwachstellen eines Quellsammelschachtes. Da der hygienischen und technischen Gestaltung und Ausführung des Absetz- und Sammelbeckens in der Vergangenheit nur geringe Bedeutung zugemessen wurde, müssen heute zur Sicherung der mikrobiologischen Wasserqualität meist aufwendige Teil- oder Komplettsanierungen in Bestandsanlagen durchgeführt werden. Mithilfe einer sachgerechten Vorerkundung, Planung und Umsetzung vor Ort können Quellsammelschächte mit flexiblen Plattensystemen oder Komplettbauteilen aus Polymerkunststoffen, Edelstahl oder WU-Beton ausführungssicher saniert werden. Damit werden bauwerksinterne Verunreinigungspotenziale dauerhaft abgestellt und eine qualitativ sichere Quellwassergewinnung ermöglicht. Gleichzeitig kann durch ein regelmäßiges Instandhaltungsmonitoring die Qualitätsentwicklung vorausschauend im Blick behalten werden.

Literatur

[1] Castell-Exner, C. (2014): Zehn Jahre Water-Safety-Plan-Konzept der WHO – ein Zwischenfazit. In: DVGW energie | wasser-praxis 4/2014: S. 68–74.

[2] Bethmann, D, Baus, C. & Castell-Exner, C. (2006): Das WHO Water Safety Plan-Konzept. In: DVGW energie | wasser-praxis 4/2006: S. 58–62.

[3] Licht, F. (2007): Sicherheit in der Trinkwasserversorgung Teil 1: Der Water Safety Plan (Wasser-Sicherheitskonzept) in der deutschen Wasserversorgung. In: gwf-Wasser | Abwasser 12/2007: S. 854–857.

[4] DVGW-Arbeitsblatt W 1000: Anforderungen an die Qualifikation und die Organisation von Trinkwasserversorgern (Stand 2016); Bonn.

[5] DVGW-Hinweis W 1001: Sicherheit in der Trinkwasserversorgung – Risikomanagement im Normalbetrieb (Stand 2008); Bonn.

[6] Treskatis, C. & Tauchmann, H. (2013): Quellfassungsanlagen zur Trinkwasserversorgung – 673 S.; München (DIV).

[7] Treskatis, C. & Zimmer, G. (2013): Tracergasdetektionsmethode der Ville de Luxembourg zur Auffindung von Undichtigkeiten im Umfeld von Quellfassungsanlagen der Trinkwasserversorgung. In: DVGW energie | wasser-praxis 4/2013: S. 36–43.

[8] Treskatis, C. (2015): Praktische Durchführung von Tracergastests zur Erkundung von Undichtigkeiten an Brunnen. In: bbr Leitungsbau | Brunnenbau | Geothermie 1/2015; S. 82–88.

[9] Treskatis, C. (2015): Grundlagen und Anwendung von Tracergastests zur Ortung von Eintragswegen für Sickerwässer in Trinkwasserfassungen. In: gwf-Wasser/Abwasser 5/2015; S. 524–536.

[10] David, A. (2014): Physikalische Partikelentfernung bei Quellwässern zur Trinkwassergewinnung: Grundlagen zur Charakterisierung der Quellen und zur Partikelentfernung. Bachelorarbeit am IWAR der TU Darmstadt: 61 S. (unveröffentlicht).

[11] DVGW-Arbeitsblatt W 127: Quellwassergewinnungsanlagen – Planung, Bau, Betrieb, Sanierung und Rückbau (Stand 2006); Bonn.

[12] DVGW-Arbeitsblatt W 300-4: Trinkwasserbehälter – Teil 4: Werkstoffe, Auskleidungs- und Beschichtungssysteme – Grundsätze und Qualitätssicherung auf der Baustelle (Stand 2014); Bonn.

[13] DVGW-Arbeitsblatt W 300-5: Trinkwasserbehälter – Teil 5: Werkstoffe, Auskleidungs- und Beschichtungssysteme – Anforderungen und Prüfung (Stand 2014); Bonn.

[14] DVGW-Arbeitsblatt W 300-1: Trinkwasserbehälter – Teil 1: Planung und Bau (Stand 2014); Bonn.

[15] DVGW-Arbeitsblatt W 300-2: Trinkwasserbehälter – Teil 2: Betrieb und Instandhaltung (Stand 2014); Bonn.

[16] DVGW-Arbeitsblatt W 300-3: Trinkwasserbehälter – Teil 3: Instandsetzung und Verbesserung (Stand 2014); Bonn.

[17] DVGW-Arbeitsblatt W 270: Vermehrung von Mikroorganismen auf Werkstoffen für den Trinkwasserbereich – Prüfung und Bewertung (Stand 2007); Bonn.

[18] DVGW-Arbeitsblatt W 347: Hygienische Anforderungen an zementgebundene Werkstoffe im Trinkwasserbereich – Prüfung und Bewertung (Stand 2006); Bonn.

Rückbau aufgelassener Quellfassungen

Christoph Treskatis

Rückbau aufgegebener Quellen, Quellwassernutzung, Wassergewinnung, Brunnenbau

Quellen sind in der Lithosphäre und in den hydrologischen Kreislauf eingebettet und stellen seit Menschengedenken die Grundform einer gesicherten standörtlichen Wasserversorgung dar. Das Ausmaß ihrer Resilienz ist die Wiederergänzungsfähigkeit des Quellwasservorkommens gegenüber den saisonalen Bedingungen im Neubildungsgebiet. Signifikant abnehmende, neubildungsfähige Niederschläge und längere Trockenperioden führen aktuell in vielen Regionen Deutschlands zu nachlassenden Quellschüttungen. Der nachfolgende Beitrag beleuchtet deshalb die planerischen Aspekte eines qualifizierten Rückbaus bereits aufgegebener Quellen. Der erste Teil beschäftigt sich mit den technischen und rechtlichen Grundlagen eines Rückbaus. Im zweiten Teil werden anschließend die konkrete Planung und Umsetzung eines solchen Vorhabens erläutert.

1. Technische und rechtliche Grundlagen des Rückbaus

Quellen sind natürliche Grundwasseraustritte, die im Bereich des Zusammentreffens folgender natürlicher Randbedingungen auftreten können (**Bild 1**):

- Der Ausbiss der Grenzen des Grundwasserleiters und Geringleiters liegt an der Geländeoberfläche (oft überdeckt mit Hangschutt).
- Der hydrostatische Druck des Grundwassers liegt geodätisch über dem Schnittpunkt der oben genannten Grenze.
- Das Grundwassergefälle ist auf diesen Geländepunkt gerichtet.
- Der Wiederergänzungs- und der im Gelände erkennbare Quellaustrittspunkt liegen auf unterschiedlichen geodätischen Niveaus.

© C. Treskatis

Bild 1: Im Hangschutt gefasste Quellaustritte aus geklüfteten triassischen Hauptdolomitschichten des Mendelzuges in Penon, Südtirol, an der Schichtgrenze zu geringdurchlässigen Tonmergelsteinen

In Deutschland werden vielerorts seit Längerem sinkende Grundwasserstände beobachtet. Selbst im an Quellwasserversorgungen reichen Oberbayern sank die Grundwasserneubildung zwischen 2003 und 2020 um 17 %. Wasserversorger mit Quellwassernutzung haben in diesen Perioden keine Möglichkeiten, die Schüttung der Quellen mit technischen Mittel einfach zu erhöhen und an den zeitlich variablen Trinkwasserbedarf anzupassen. Hinzu kommen klimabedingte Zunahmen der Stoffkonzentrationen, wie beim Nitrat (Aufkonzentrationseffekt aufgrund fehlender niederschlagsbürtiger Verdünnung), und von mikrobiologisch belasteten Einträgen (Auswaschungen bei Überflutung der Quellzuflüsse durch Starkregen), die die Rohwasserbeschaffenheit von Quellen verändern.

Infolgedessen wurden und werden Quellwassernutzungen zugunsten von anderen Wasserbezugsmöglichkeiten wie Brunnen oder Fernversorgungen aufgelassen und nicht mehr zur Trinkwasserversorgung genutzt. Quellfassungen können aber bei einer finalen Aufgabe des Standortes nicht einfach „ausgeschaltet" oder „abgestellt" werden, wie z. B. die Pumpe in einem Brunnen. Daher ändert sich an einem Quellaustrittspunkt der hydrostatische Druck nicht gegenüber der Nutzungssituation, im Gegensatz zu einem Brunnen, in dem der Ruhe- und Betriebswasserspiegel einem ständigen saisonalen und fördertechnisch bedingten Wechsel unterliegen. Beim Abschalten des Brunnens stellt sich der klimatisch und ausbautechnisch beeinflusste hydrostatische Druck des Grundwasserleiters in Form des Ruhespiegels ein.

Quellbereiche spielen bei der Wasserrückhaltung in einem Niederschlagseinzugsgebiet eine große Rolle, sodass durch einen gezielten Rückbau und Renaturierung einer aufgelassenen Quelle bereits am Ursprung des Quellbaches Hochwässer, Überflutungen und strömungsbedingte Erosion im Unterlauf entschärft werden könnten.

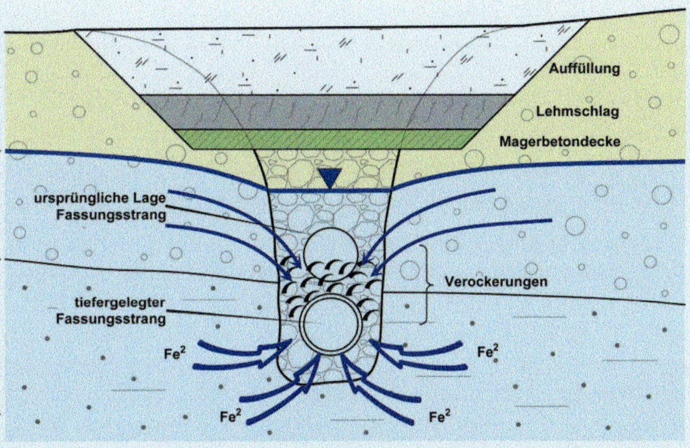

© C. Treskatis

Bild 2: Tieferlegungskonzept für einen Quellfassungsstrang zur Entnahmesteigerung bei fallenden Grundwasserständen. Dabei kommt es gegenüber der ursprünglichen Fassung aufgrund der neuen Zuflusshydraulik zu hydrochemischen Veränderungen der Quellwasserbeschaffenheit. (vgl. Beitrag 3, S. 30)

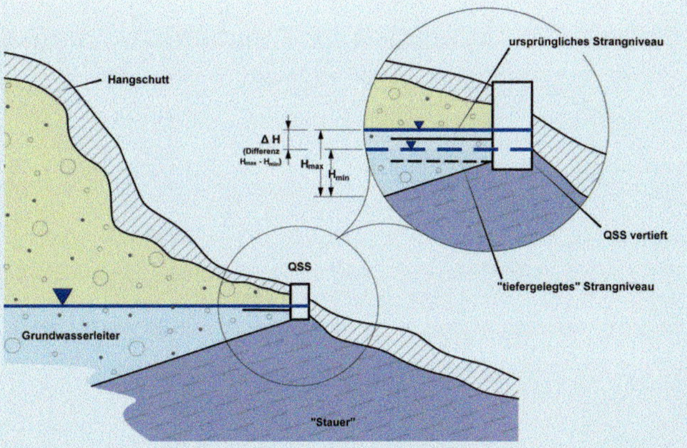

© C. Treskatis

Bild 3: Schematische Darstellung einer Steigerung der Zuflussmenge zu einer Überlaufquelle aufgrund eines höheren hydrostatischen Drucks auf die Quellleitung (vgl. Beitrag 3, S. 29)

Nachdenken über Weiternutzung, Wiedernutzung oder finalen Rückbau

Die unmittelbaren Auswirkungen des Klimawandels und die qualitativen Einflüsse auf das oberflächennahe Grundwasser zwingen Betreiber von Quellfassungen inzwischen zu kurzfristig umsetzbaren Überlegungen über eine nachhaltig gesicherte, zukünftige Wasserversorgung bei rückläufiger Grundwasserneubildung und Quellschüttung in den verbrauchsstarken Monaten. Vor dem finalen Rückbau einer Quellfassung sollte immer geprüft werden, ob eine Weiter- oder Wiedernutzung in Zukunft durch eine Sanierung möglich ist. Grund: Eine Neufassung von einmal final rückgebauten oder von bisher ungenutzten Quellwasservorkommen ist nach dem Bundesnaturschutzgesetz verboten. Bei der Prüfung dieser Frage sind folgende Aspekte zu beachten [1]:

- Die erwartete Schüttung ist für die Wasserversorgung als Dargebot wieder oder weiterhin relevant.
- Die Sanierung kann technisch wirtschaftlich ausgeführt werden.
- Wasserrechtliche und naturschutzfachliche Genehmigungsfähigkeit der Nutzung nach einer Sanierung und
- die Schutzfähigkeit des Quellwasservorkommens ist nachweisbar.

Eine Quellfassungsanlage ist nach den Nebenbestimmungen wasserrechtlicher Genehmigungen sachgemäß zu betreiben und ordnungsgemäß instand zu halten. Hierfür ist in ausreichender Zahl Personal zu beschäftigen, das die erforderliche Ausbildung und nötige Fachkenntnis besitzt. Die allgemein anerkannten Regeln der Technik im Sinne der TrinkwV, insbesondere das DVGW-Arbeitsblatt W127 [2] und die Anforderungen an die Qualifikation und die Organisation von Trinkwasserversorgern gemäß DVGW-Arbeitsblattes W 1000 in der jeweils gültigen Fassung, sind zu beachten. In Österreich kommt für solche Fälle die ÖNORM B 2602 [3] zur Anwendung. Eine Steigerung der nutzbaren Schüttung bei rückläufigem Dargebot und die Erhöhung der Ausnutzung der Schüttung durch geeignete Schutzmaßnahmen gegen unerwünschte Fremdwasserzutritte sind wesentlichen Fragen, die die Wirtschaftlichkeit einer Quellsanierung beeinflussen. Schüttungssteigerungen sind nur bei der Erhöhung des Zuflussgradienten („Tieferlegen" der Fassungsstränge) und einer vollständigen Ausnutzung des Abflussquerschnittes nahe des Quellaustritts möglich (**Bild 2** und **Bild 3**). Das ist jedoch nur bei Lockergesteinsquellen z. B. im Alpenvorland

© C. Treskatis

Bild 4: Ungefasster Quellaustritt aus dem Hangschutt von gebankten Jura-Kalksteinen am Rand der Ostalb

Bild 5: Gefasste Quelle neben einem landwirtschaftlichen Weg – aufgrund der Lage und des Schüttungsrückgangs nicht mehr für die Wasserversorgung nutzbar

machbar; im Festgestein ist diese Art des „Tieferlegens" meist nicht möglich.

Bei einer Quellsanierung können die Beseitigung von Umläufigkeiten, von abflusshemmenden Wurzeleinwüchsen und Sedimentablagerungen in den Leitungen sowie von Umläufigkeiten und von qualitativ wirkenden Undichtigkeiten zu einer signifikanten Verbesserung der Zuflussmengen bzw. zu einer Erhöhung des Ausnutzungsgrades des Quellwassers führen, wenn damit auch qualitative Einschränkungen beseitigt werden.

Wenn die Voruntersuchungen zeigen, dass diese Ziele einer baulichen Quellsanierung nicht erreichbar sind, wird oft die Fassung von ungenutzten Nebenaustritten oder frei auslaufenden Quellen in der Umgebung der bestehenden Gewinnungsanlagen ins Auge gefasst. Diese Art der Steigerung der Quellwassermenge durch Neufassung von bisher ungenutzten Quellwasservorkommen ist nach dem Bundesnaturschutzgesetz aber verboten (**Bild 4**).

Jedoch ist die Wiederinbetriebnahme und vorherige Sanierung von aufgelassenen Quellfassungsbauwerken in vielen Fällen technisch möglich. Dazu sind umfangreiche hydrogeologische Vorarbeiten und ein wasserrechtliches Genehmigungsverfahren erforderlich. Doch sind viele alte Quellfassungen an ihren Standorten aufgrund der veränderten Umfeldnutzungen nicht mehr genehmigungsfähig, sei es aus wasserrechtlichen oder naturschutzfachlichen Gründen (**Bild 5**). Dann muss der Betreiber darüber nachdenken, wie die Quellfassung und ihre unterirdischen und oberirdischen Bauwerksteile gegen Verfall oder Störungen gesichert werden können.

Im Wasserrechtsbescheid für die Nutzung von Wassergewinnungsanlagen ist verankert: „Bei Aufgabe der Nutzung sind von der Rechtsinhaberin in Absprache mit der Genehmigungsbehörde die erforderlichen Maßnahmen zum Rückbau oder zur geordneten Stilllegung der Fassungsanlage sowie zur Wiederherstellung des vorherigen Gewässerzustandes zu treffen".

Eine Alternative zum finalen bzw. kompletten Rückbau der Bauteile einer Quellfassungsanlage nach DVGW W 127 ist in Bayern und Baden-Württemberg deren „Weiternutzung" als Abflussmessstelle. In einigen Bereichen von Bayern können Veränderungen im Grundwasser nur über Quellmessstellen beobachtet werden. Hier haben Quellen eine besondere Bedeutung. Quellwassermessstellen reagieren je nach Mächtigkeit und Durchlässigkeit der Überdeckung des Grundwasservorkommens im Einzugsgebiet meist schneller auf versickerndes Niederschlagswasser als Grundwassermessstellen in Porengrundwasserleitern. Daher wird seit 1951 z. B. in Bayern eine regelmäßige Quellenbeobachtung durch den Landesgrundwasserdienst an ausgewählten Quellen mit einer Schüttung > 2 l/s durchgeführt [4]. Aktuell werden im Landesmessnetz Quellschüttungen an 81 Quellen im Grundnetz und 41 Quellmessstellen im Verdichtungsnetz die Quellschüttungen mittels Gefäß- oder Abflussmessung ermittelt (**Bild 6**). Die Messungen erfolgen in der Regel wöchentlich. Dabei besteht aber weiterhin die Verkehrssicherungspflicht durch den Nutzer/ Betreiber dieser Messeinrichtung.

Rückbaugrundsätze für aufgelassene Quellfassungen

Viele Quellen, die früher einmal für die Wasserversorgung gefasst wurden, werden heute nicht mehr genutzt. Mögliche Gründe hierfür können z. B. sein [5]:

- Verfall der Bausubstanz aufgrund von Sanierungsstau und von jahrzehntelanger Zurückhaltung in Bezug auf klimabedingte Anpassungen und Modernisierungsinvestitionen für Quellfassungen mit noch gültigem Wasserrechtsbescheiden und Schutzgebietsverordnungen. Die ursprüngliche Versorgungsaufgabe durch die Quellfassung besteht weiterhin, wird aber temporär durch Notverbünde übernommen.
- Die Quellwasserqualität entsprach nicht mehr den gesetzlichen Anforderungen und eine Quellsanierung kam aufgrund geologischer, technischer oder finanzieller Aspekte nicht in Betracht (oft verbunden mit einer schon lang andauernden, temporären Auflassung sanierungsbedürftiger Quellen vor dem Hintergrund wasserrechtlicher Genehmigungsprobleme, z. B. aufgrund von Konflikten mit den Anforderungen des Naturschutzes).
- Für die Quelle konnte kein Wasserschutzgebiet ausgewiesen werden (behördliches Anzweifeln der Schutzfähigkeit des Vorkommens).
- Verlust der Bedeutung der ortsnahen Quellwasserversorgung aufgrund von gesellschaftlichen und wirtschaftlichen Veränderungen; die Quellschüttung reichte für die Wasserversorgung nicht mehr aus und es musste ein alternativer Wasserbezug organisiert werden (Auflassen von Quellfassungen aufgrund von bauwerks- oder klimabedingten Schüttungsrückgängen und zu geringer Versorgungsstabilität bei wachsendem Bedarf; fehlende Akzeptanz eines neu auszuweisenden Wasserschutzgebietes bei den betroffenen Grundeigentümern usw.).
- Streusiedlungen und Einzelanwesen mit ehemals eigenen Quellwasserversorgungen wurden an die gemeindliche Wasserversorgung angeschlossen.
- Weideflächen mit eigenen Quellen für Viehtränken wurden aufgrund des strukturellen Wandels in der Landwirtschaft aufgegeben oder wurden anderen Nutzungen zugeführt.

Die meisten nicht mehr genutzten Quellfassungen bestehen aber noch in ihrer ursprünglichen Form und das Quellwasser läuft nach wie vor über die vorhandenen Rohrleitungen oder Auslaufbauwerke in Vorfluter ab. Die Einleitung des Quellwassers kann dabei in unmittelbarer Nähe der Quellfassung in den ursprünglichen Quellbach oder auch erst in größerer Entfernung davon in einen anderen Vorfluter erfolgen. Quellfassungen, die früher der öffentlichen Wasserversorgung dienten, verfügen meist über einen Grundablass und/oder Überlauf am Quellsammelschacht, sodass hier in der Regel eine Ableitung des Quellwassers in unmittelbarer Nähe des Fassungsbereiches in den Quellbach möglich ist. Kleine Quellfassungen für Einzelanwesen oder für Viehtränken haben dagegen häufig keinen separaten Sammelschacht, sondern das Quellwasser fließt hier meist von der Fassungseinrichtung (Quellschacht oder Sickerfassung) über ein Ablaufrohr direkt an den Ort des ursprünglichen Verbrauchs. Die Ausleitung des Quellwassers kann dabei je nach Art der Nutzung und in Abhängigkeit von den geomorphologischen Verhältnissen nur wenige Meter bis Zehnermeter von der eigentlichen Quellfassung entfernt stattfinden oder auch erst in einigen hundert Metern bis mehreren Kilometern Entfernung erfolgen. Unabhängig von der Entfernung zwischen Quellfassung und Ausleitstelle haben diese Ableitungen meist eine Gemeinsamkeit: Das Quellwasser fließt am Rohrende ziemlich konzentriert an einem Punkt aus und speist hier den ursprünglichen Quellbach oder einen anderen Vorfluter (**Bild 7**).

Die Wiederherstellung von Quelllebensräumen und der angrenzenden Quellbäche im Zuge eines qualifizierten Rückbaus einer ehemals genutzten Quelle leistet einen bedeutenden Beitrag zur Minderung von Hochwasserereignissen in den Quellbächen, die von einem konzentriert an einem Punkt eingeleiteten Quellüberlauf gespeist werden.

Auch wenn das Quellwasser nach Auflassung der Fassung seit Langem direkt unterhalb des Altbauwerkes in den ursprünglichen Quellbach eingeleitet wird, unterscheidet sich diese punktuelle Einleitung der gesamten Quellwassermenge in der Regel von den ursprünglichen unbeeinflussten Vorflutverhältnissen, wie sie vor der Errichtung der Quellfassungseinrichtungen vorgelegen haben. Meist gibt es keine Fotos, Zeichnungen oder sonstige Aufzeichnungen über die Verhältnisse im Quellgebiet vor der Fassung der Quelle. Trotzdem kann man sich anhand vorhandener natürlicher Quellaustritte in der näheren Umgebung oder in unbeeinflussten Gebieten mit vergleichbarer Hydrogeologie ein Bild davon machen, wie die ursprünglichen Verhältnisse im Quellgebiet einmal ausgesehen haben könnten. Wird beispielsweise mit dem Rückbau der Fassung ein standorttypische Laubholzbestand entlang des angrenzenden Quellbachs wiederhergestellt, ließen sich ansonsten

© C. Treskatis

Bild 6: Gefäßmessungen an den verdolten Überläufen von nicht (mehr) genutzten Quellen aus verkarsteten Kalksteinen

© C. Treskatis

Bild 7: Quellwasseraustritte aus aufgelassenen Quellfassungen in den Vorfluter

frei abfließende Wassermengen in der Fläche zurückhalten. Durch den Rückbau von Verrohrungen und durch die Aufweitung von Quellbächen reduziert sich die Fließgeschwindigkeit des Wassers und das Hochwasser fällt weniger stark aus.
Bei den meisten absteigenden Quellen aus Lockergesteinen handelt es sich nicht um punktuelle Quellaustritte, sondern um breitere Quellhorizonte mit mehreren unterschiedlich starken Wasseraustritten, die unterhalb des Austrittsniveaus zu flächenhaften Vernässungen führen (**Bild 8**). Diese ökologisch wertvollen Vernässungsflächen entwässern je nach Geländemorphologie entweder direkt in einen zentralen Quellbach oder zunächst in mehrere verästelte Quellrinnsale, die schließlich in einem zentralen Ablaufgraben münden [5].
Da sich der Rückbau von Quellfassungen und die Renaturierung des Quellumfeldes prinzipiell immer an der näherungsweisen Wiederherstellung der ursprünglichen Verhältnisse orientieren müssen, kommt der Kenntnis des Quelltyps und der daraus resultierenden naturräumlichen Gegebenheiten eine elementare Bedeutung zu. Insofern sollte vor der Planung von Rückbau- und Renaturierungsmaßnahmen zunächst immer überlegt werden, wie das Quellgebiet in seinem naturbelassenen Zustand einmal ausgesehen haben könnte und welche Ziele durch die Maßnahmen erreicht werden sollen. Wenn es primär um die Wiederherstellung bzw. Aktivierung ehemaliger Feuchtflächen unterhalb des Quellhorizontes geht, die durch den Quellfassungsbau komplett oder teilweise trockengefallen sind, reicht möglicherweise ein Teil der vorhandenen Quellschüttungsmenge zur Erreichung des Zieles aus. Sofern allerdings die Wasserbilanz des Quellgebietes und des anschließenden Quellbaches wieder den ursprünglichen Verhältnissen entsprechen soll, muss die gesamte Quellschüttung an Ort und Stelle ausgeleitet werden. Vielleicht lassen sich aber auch pragmatische Zwischenlösungen finden, die noch eine begrenzte anderweitige Nutzung des Quellwassers zulassen (z. B. Betriebswassernutzung oder thermische Nutzung [5]) und trotzdem eine deutliche Verbesserung der ökologischen Verhältnisse im Quellgebiet gewährleisten.
Als Zwischenstand und Grundregel kann also festgehalten werden, dass eine fachgerechte Erkundung des Zustandes des Quellbauwerkes und seiner Interaktionen mit dem aktuellen Umfeld eine wichtige Voraussetzung für den erfolgreichen Rückbau einer Quellfassung ist. Der zweite Teil dieses Beitrags beschäftigt sich mit der praktischen Dimension des Rückbaus und geht insbesondere auf die richtige Planung ein.

© C. Treskatis

Bild 8: Vernässungen einer Wiese durch den Rückstau einer unkontrolliert aufgelassenen Quelle im Hintertaunus

2. Planung und Umsetzung des Rückbaus

Rückbauplanung

Statt eines geplanten, konsequenten Rückbaus begegnet man in Quellgebieten vielfach ehemals genutzten Quellfassungen, die dem Verfall und Rückeroberung durch die Natur überlassen wurden. In solchen Fällen wurde die Wassergewinnung aus qualitativen und quantitativen Gründen vollständig auf andere Anlagen verlagert, oft verbunden mit einem Ablauf, Verzicht oder Aufgabe der wasserrechtlichen Entnahmegenehmigung und des zugehörigen Wasserschutzgebietes. Quellfassungsanlagen bestehen in der Regel aus mehreren einzelnen Bauwerksteilen, die über Rohrleitungen miteinander verbunden sind [5]:

- Fassungseinrichtung (z. B. horizontale Sickerleitung mit Betonstaumauer, Filterkiesschüttung, Betonabdeckung und Lehmabdichtung oder Quellschacht mit Lehmabdichtung)
- Ablaufleitung zum Quellsammelschacht (z. B. Guss-, Beton- oder PE-Rohre)
- Begehbarer Quellsammelschacht (z. B. Betonschacht oder PE-Schacht mit einem oder mehreren Quellzuläufen; Schachteinstieg meist von oben)
- Begehbarere Quellfassungsstollen
- Ablaufleitung zum Hochbehälter oder direkt ins Versorgungsnetz
- Grundablassleitung und Überlaufleitung zum nächstgelegenen Vorfluter
- Auslaufbauwerk mit Froschklappe
- Drainageleitungen zur Oberflächenentwässerung, die in einen separaten Revisionsschacht entwässern oder direkt auf die Grundablassleitung angeschlossen sind
- Bisweilen befinden sich im Quellgebiet auch noch Speicher- oder Vorlagebehälter, von denen aus Quellwasser direkt ins Versorgungsnetz geleitet wird.

Besonders Quellfassungsbauwerke in abgelegenen Regionen, die nur selten hinsichtlich ihres Bauzustandes kontrolliert und gewartet wurden, weisen häufig einen desolaten Zustand auf, vor allem wenn die Quelle bereits schon länger nicht mehr für die Wasserversorgung genutzt wird (**Bild 9**). Im ungünstigsten Fall können Schachtdeckel soweit korrodiert sein, dass sie beim Betreten durchbrechen. Ebenso können Schachtbauwerke oder Fassungsstollen aufgrund von Hangbewegungen oder Setzungen soweit in ihrer Statik geschwächt sein, dass ein sicheres Betreten nicht mehr gewährleistet ist. Bei Schächten, die aus übereinander gesetzten Schachtringen bestehen, lassen sich bisweilen Hangbewegungen durch die Versatzbeträge der Betonringe an den Schachtfugen quantifizieren. Werden die Versatzbeträge zu groß, kann Bodenmaterial über die Fugen in den Schacht eindringen, was wiederum Setzungen am Schachtrand mit besseren Wasserwegsamkeiten und damit eine Beschleunigung des Bauwerksverfalls zur Folge haben kann.

Gemäß DVGW-Arbeitsblatt W 127 lässt sich auch aus den Bauordnungsvorschriften und individuellen wasserrechtlichen Genehmigungen bei Quellfassungen eine Verpflichtung zum Rückbau baulicher Anlagen ableiten, sofern durch defekte Bauwerke Gefährdungen für Menschen und das Grundwasser entstehen können [5]. Dies betrifft vor allem Quellfassungen, die dauerhaft außer Betrieb genommen wurden. Da eine Quellrückbaumaßnahme neben einer Gefahrenabwehr primär eine Aufwertung der ökologischen Verhältnisse im Quellfassungsbereich sowie ggf. auch in den unterliegenden Flächen einschließlich des Quellbaches zum Ziel hat, sind bei den Planungen die jeweiligen länderspezifischen naturschutz- und wasserrechtlichen Belange zu berücksichtigen. Die wichtigste Prämisse, die es bei jedweder Rückbautätigkeit an einer Quellfassungseinrichtung zu berücksichtigen gilt, lautet: Das Wasser aus einer Quellfassung muss immer und dauerhaft ungehindert abfließen können.

Praktische Ausführung

Detaillierte Ausführungen zum technischen Rückbau von Quellfassungen finden sich beispielsweise im „Aktionsprogramm Quellen in Bayern, Teil 3: Maßnahmenkatalog für den Quellschutz" des Bayerischen Landesamtes für Umwelt [6]. Hinweise zum Rückbau einer flachen Quellfassung mit faunistisch – ökologischen Bestandsaufnahmen des Quellumfeldes finden sich auch in [7]. Anleitungen zur Kartierung und ökologischen Bewertung von Quellen als Grundlage für geplante Rückbau- und Renaturierungsmaßnahmen beschreibt [8]. Für den Rückbau von nicht mehr genutzten, maroden oder einsturzgefährdeten Quellsammelschächten kommen im Prinzip zwei Möglichkeiten in Betracht [5]:

1. Rückbau der oberirdischen Sammelschachtbauteile mit ebenerdiger Verfüllung des im Untergrund verbleibenden, restlichen Schachtes.
2. Komplette Entfernung des Sammelschachtbauwerkes und der Rohrleitungen mit ebenerdiger Verfüllung der Baugrube.

Ein einfaches Zustöpseln der Ablaufleitung in der Hoffnung, das Quellwasser wird schon irgendwie seinen Weg ins Freie finden, kann fatale Folgen haben. Wenn die Quellfassung technisch optimal gefasst wurde, dann ist das Quellfassungsbauwerk in der Regel komplett mit einem Lehmschlag eingehaust und die Fassungseinrichtung liegt auf der grundwasserstauenden Schicht. Wird das Ablaufrohr verschlossen, staut sich innerhalb des Quellfassungsbauwerkes und im anschließenden Gebirge das Grundwasser soweit auf, bis der Wasserdruck ausreicht, um das Bauwerk zu zerstören [5]. Ähnlich wie bei einem Dammbruch sucht sich das Grundwasser dann unter hohem Druck seinen Weg nach außen, wodurch es je nach Quellschüttung und anstehender Geologie zu unkontrollierten Ausschwemmungen, Kolkbildungen, Setzungen oder im ungünstigsten Fall, z. B. nach Stark- oder Dauerregen, zu Hangrutschungen kommen kann. Ein Aufstau des Grundwassers innerhalb der Fassungseinrichtung sowie im anschließenden Gebirge muss daher grundsätzlich vermieden werden. Ebenso muss durch die Rückbaumaßnahme sichergestellt werden, dass wasserstauende Schichten weder verletzt noch durchstoßen werden. Wie beim Bau und der Sanierung von Quellfassungen sollten deshalb auch für den Rückbau von Quellfassungsbauwerken nur fachkundige Spezialfirmen, die über ein grundlegendes Verständnis der geohydraulischen Verhältnisse in Quellgebieten verfügen, eingesetzt werden.

Wenn die Ausleitung des Quellwassers nach den Rückbaumaßnahmen über den bestehenden Grundablass erfolgen soll, müssen bei beiden zuvor genannten Rückbauvarianten die Quellzulaufleitungen innerhalb des im Boden verbleibenden Schachtes oder innerhalb der vom Schacht beräumten Baugrube auf die Grundablassleitung angeschlossen werden. Diese Anschlussarbeiten

Bild 9: Aufgelassene Quellsammelschächte

sind innerhalb eines erhaltenden Teils des Schachtbauwerkes in der Regel wesentlich einfacher als in der offenen Baugrube durchzuführen. Aufgrund des permanent zuströmenden Quellwassers muss bei einem Komplettabbruch des Schachtbauwerkes innerhalb der Baugrube eine Wasserhaltung mittels Pumpen erfolgen, damit kein Erdreich in die Grundablassleitung eingeschwemmt wird. Innerhalb des Schachtes kann dagegen die Verrohrung bei laufendem Quellwasser meist problemlos eingebaut werden, wobei ggf. Trennwände innerhalb des Schachtes gekappt oder beseitigt werden müssen. Bei mehreren Quellzuläufen kann sich die Anbindung an das bestehende Grundablassrohr etwas schwierig gestalten, vor allem wenn der Quellschacht eng bemessen ist. Neben dem Einbau mehrerer Y-Stücke besteht auch die Möglichkeit, die Zulaufrohre bis zur Grundablassleitung zu verlängern und den „Anschluss" über einen kleinen Betonschacht (vergleichbar einem Quellschacht) zu gewährleisten [5]. Ist das Grundablassrohr in den Schachboden integriert oder liegt ebenerdig mit dem Schachtboden, können z. B. auch Betonhalbschalen oder U-Profile über die Zulaufrohre und das Grundablassrohr gestülpt werden, um einen Verbindungskanal herzustellen. Die Enden dieses „Kanals" müssen gut mit einer Betonplombe verschlossen werden, damit später das Verfüllmaterial nicht in die Leitungen eingeschwemmt werden kann. Allerdings ist am Schachtboden eine kleine Ablauföffnung zur Grundablassleitung vorzusehen, damit Schwitzwasser oder Niederschlagswasser aus dem Schachtbauwerk ungehindert ablaufen kann.

Verfüllung

Die Verfüllung der im Untergrund verbleibenden Schachtteile kann bis über die Verrohrungsleitungen mit Füllkies (z. B. Korngröße 4 bis 8 mm) erfolgen, der setzungsfrei einzubauen ist. Darüber kann ggf. auch bindigeres Bodenmaterial eingebaut werden. Die obersten 0,5 bis 1,0 m des Schachtbauwerkes sollten in der Regel komplett entfernt werden, um einen gleichmäßigen Bodenanschluss an das umgebende Gelände zu gewährleisten. Um zu verhindern, dass feinkörniges Bodensubstrat in den Verfüllbereich eingeschwemmt wird, kann ein Sandgegenfilter (Stärke ca. 0,1 m) und eine Lehmabdichtung (Stärke ca. 0,1 m) ca. 0,3 bis 0,4 m unter Gelände eingebaut werden, wobei die Lehmdichtung gut an die Baugrubenwände anbinden sollte. Darüber kann bindiges Bodenmaterial und eine Humuslage oder Bodensubstrat aus der unmittelbaren Umgebung aufgebracht werden.

Die gleiche Vorgehensweise gilt prinzipiell auch bei einem kompletten Rückbau des Schachtbauwerkes, wobei es sich hierbei allerdings um eine deutlich aufwendigere Baumaßnahme handelt. Während eine Verfüllung des Sammelschachtes mit Rückbau der obersten 0,5 bis 1,0 m eventuell noch von Hand oder mit kleineren Gerätschaften bewerkstelligt werden kann, sind für einen Komplettrückbau bei tieferen Schächten auch entsprechend größere Bagger und oft auch Verbaumaßnahmen an der Baugrube notwendig (**Bild 10**).

Wenn das Schachtbauwerk verfüllt ist, sollte das noch aus dem Boden ragende Grundablassrohr so verbaut werden, dass es im Gelände nicht mehr direkt sichtbar ist und ein ungehinderter Abfluss der gesamten Quellschüttung rückstaufrei stattfinden kann.

© C. Treskatis

Bild 10: Abriss des Schachtbauwerkes einer alten Quellfassung mit schwerem Gerät

Durch das einfache Verbauen des Rohrendes mit einer Bruchstein- oder Blockschuttlage (**Bild 11**, links) wird der Abflussquerschnitt ggf. so weit verringert, dass es zu einem Rückstau in der Ablaufleitung kommt. Um dies zu verhindern, kann über das Rohrende in einen Betonquader oder U-Profil gesetzt werden (**Bild 12**). Der Austritt kann bei Bedarf und je nach standörtlicher Situation mit Bruchsteinen und Blockschutt komplett verkleidet und zudem mit Bodensubstrat überdeckt werden. Der Quellwasserabfluss erfolgt dann ähnlich konzentriert wie aus dem Grundablassrohr. Sofern der Quellwasserabfluss stärker in die Breite gezogen werden soll, können der Blockschuttlage abgestufte Filterkiespackungen vorgelagert und seitlich angeschlossen werden. Je feinkörniger das Filterkiesmaterial ist, umso stärker wird der Wasserabfluss seitlich ausgelenkt. Gegebenenfalls kann auch ein kleiner Lehmriegel das Wasser in Seitengräben leiten.

Um ein Ausschwemmen des feinkörnigen Filterkieses zu verhindern, sollte Kiesmaterial in einen kleinen Graben eingebaut werden, der leicht schräg von dem Rohrende abzweigt. Zudem kann feines Kiesmaterial mit gröberem Kies und Blocksteinen überdeckt werden. Darüber können Äste sowie das vorher ausgestochene Bodensubstrat und ggf. auch Moose aufgebracht werden. Auf diese Weise lässt sich ein Quellhorizont mit anschließender Feuchtfläche herstellen, der dem ursprünglichen Schichtquellhorizont nahekommt (**Bild 11**, rechts).

Da der Grundablass den tiefsten Punkt eines Quellfassungsbauwerkes darstellt, wird die Ausleitung des Quellwassers allerdings in der Regel etwa 1 bis 2 m tiefer und meist auch mehrere Meter bis Zehnermeter entfernt vom ehemaligen Quellaustritt erfolgen. Das Schema für den Rückbau des Quellsammelschachtes einschließlich verbleibendem Auslaufbauwerk sowie die Renaturierung des Geländes unmittelbar unterhalb des Quellbachursprungs ist beispielhaft in einem Blockbild in **Bild 13** veranschaulicht worden.

Sofern die Ausleitung des Quellwassers wieder annähernd auf dem Niveau des ursprünglichen Quellaustritts erfolgen soll, muss das Wasser in der Regel bereits auf Höhe der Ablaufleitung zwischen Fassung und Sammelschacht ausgeleitet werden. Sofern der Sammelschacht aber mehrere Zehnermeter von der Quellfassung entfernt liegt, kann die Ablaufleitung zwischen Fassung und Sammelschacht freigelegt und das Quellwasser oberhalb des Schachtes ausgeleitet werden. In diesem Fall sollte jedoch darauf geachtet werden, dass der reaktivierte Quellbach und die seitlich anschließenden Vernässungszonen den tiefer gelegenen Sammelschacht nicht tangieren. Wenn dies aufgrund der topografischen Gegebenheiten nicht möglich ist, sollten der im Boden verbleibende Teil des Sammelschachtes einschließlich der noch vorhandenen Zu- und Ablaufleitungen soweit mit Lehm abgedichtet werden, sodass hier keine präferenziellen Wasserwegsamkeiten für das von oben zulaufende Quellwasser gegeben sind. Um zu verhindern, dass ein größerer Teil des Quellwassers über die Grabentrasse der Grundablassleitung direkt in den Quellbach abfließt, kann im Bereich der Ausleitstelle auf der hangabwärtigen Seite des kiesgefüllten Sickergrabens ein kleiner Lehmschlag eingebaut werden.

Aufgrund des großen bautechnischen Aufwandes und des notwendigen Einsatzes von schweren Baugeräten sollten die durch den Rückbau zu erwartenden ökologischen Verbesserungen des Quellfassungsumfeldes den eventuell zu erwartenden Bestandsschädigungen gegenübergestellt und bewertet werden. Sofern ein Rückbau der gesamten Quellfassungsinfrastruktur (Sammelstränge, Fassungsmauern, Quellsammelschächte, Leitungen usw.) aus wasserwirtschaftlicher und naturschutzfachlicher Sicht gerechtfertigt erscheint, sollten die Bauarbeiten am besten im Winter bei strengem Frost oder zumindest während einer längeren Trockenperiode mit geringer Quellschüttung durchgeführt werden [6].

Zusammenfassung

Für den kompletten Rückbau einer aufgelassenen Quellfassung ist annähernd der gleiche bautechnische Aufwand wie für den ursprünglichen Bau der Quellfassung erforderlich [5]. Selbst wenn die Quellfassung nur ca. 3 m unter Gelände liegt, was den Mindestanforderungen gemäß DVGW-Arbeitsblatt W 127 entspricht, sind in der Regel schwere Baugeräte für die Freilegungs- und Rückbauarbeiten notwendig. Bei ungünstigen Bodenverhältnissen und steilen Böschungen können hierfür zudem umfangreiche Verbaumaßnahmen oder großflächige Baugrubenumgriffe notwendig werden. Grundsätzlich müssten bei einem Komplettrückbau sämtliche Bauteile der Quellfassung (Lehmdichtung, Betonabdeckung, Sickerrohre, Quellschacht usw.) ausgebaut und die Baugrube anschließend mit passendem Filterkies bis auf Höhe der ursprünglichen Filterkiesschüttung aufgefüllt werden. Die Ablaufleitung müsste zumindest innerhalb der Rückbauzone komplett ausgebaut und der Graben im unteren Bereich (ca. 0,5 bis 1 m über Grabensohle) mit dem Materialtyp verfüllt werden, das seitlich der Grabenwände ansteht. Dadurch könnten annähernd die ehemals vorhandenen Durchlässigkeiten entlang der Grabentrasse erreicht werden.

Ein Aufstau des Grundwassers führt zu sekundären Quellaustritten. Die sekundären Quellwasseraustritte liegen meist höher als der ehemalige Quellhorizont und vernässen damit Flächen, die vor den Quellfassungsarbeiten trocken waren. Hierdurch könnten sich Hanginstabilitäten oder Rutschungen entwickeln, die durch die Rückbauarbeiten grundsätzlich zu vermeiden sind. Um solche ungewollten oder geotechnisch problematischen Grundwasseranstiege und Geländevernässungen zu verhindern, muss ein ausreichend durchlässiger Bypass aus grobem Filterkies auf der Höhe eingebaut werden, die als maximale Aufstauhöhe des Grundwassers bautechnisch akzeptabel ist [5]. Der Rückbau der Ablaufleitungen sowie der Grundablassleitung und die Abdichtung der frei gelegten Grabentrassen sollten so erfolgen, dass hierdurch keine präferenziellen Wasserwegsamkeiten entstehen.

Grundsätzlich stellt der Rückbau eines Quellfassungsbauwerkes hohe Anforderungen an die Planer und die ausführenden Unternehmen. Im Vorfeld der Rückbaumaßnahme sollte sowohl eine genaue Recherche bezüglich des Quellausbaus wie auch eine Ermittlung der hydrogeologischen Verhältnisse im Fassungsbereich durchgeführt werden. Während und nach den Rückbauarbeiten sind die angetroffenen Verhältnisse fotografisch und durch Vermessung der neuen Geländemodellierungen, z. B. durch eine Drohnenbefliegung, zu dokumentieren. Neben den rückgebauten Bauwerksteilen müssen auch die tatsächlich angetroffenen hydrogeologischen Verhältnisse dokumentiert werden. Um Angaben über mögliche Änderungen der Wasserbilanz im Quellfassungsbereich zu erhalten, empfiehlt sich der Einbau einer temporären Abflussmessstelle in den Quellbach unterhalb der Fassungsbauwerke, an

Bild 11: Beispiele „überdeckter Grundablässe" rückgebauter Quellen

Bild 12: Befestigter Auslauf des Grundablass eines aufgelassenen Quellstollens mit sicherer Ableitung des Quellwassers in die Vorflut

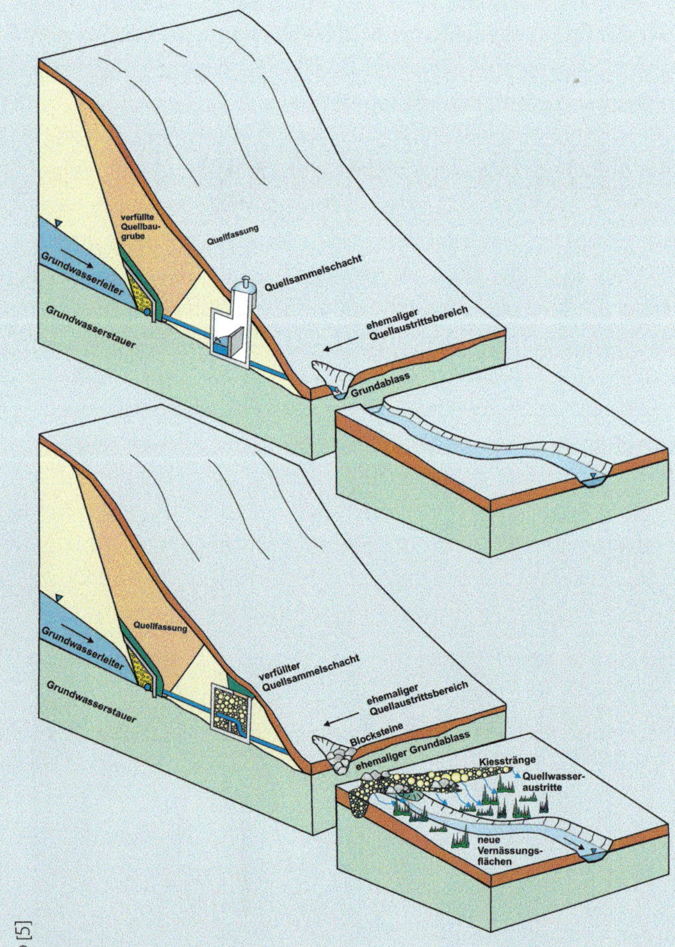

Bild 13: Rückbauschema einer aufgelassenen Quellfassung mit Ableitung des Quellwassers durch den verbleibenden Schacht in eine Kiesrigole zur Erzeugung breitflächiger Vernässungsbereiche (analog zur ursprünglichen Quellsituation)

der mehrere Wochen vor und nach der Rückbaumaßnahme regelmäßig Abflussmessungen durchgeführt und protokolliert werden können.

Die wichtigsten baulichen und planerisch zu berücksichtigenden Aspekte beim Rückbau von aufgelassenen Quellbauwerken umfassen:

- Lage und Ausdehnung der Fassungsstränge müssen bekannt sein und ggf. durch Ortung erkundet werden. Dabei muss unter anderem die Frage geklärt werden, welche Bauteile zur Verkehrssicherung entfernt werden müssen oder z. B. für die Nutzung als Quellwassermessstelle erhalten werden können.
- Bauwerke und Fassungsbereiche sind oft instabil und nicht mehr sicher begehbar, wie z. B. alte Stollenfassungen. Daher ist hier im Vorfeld der Rückbauplanung eine entsprechende hydrogeologische oder bergmännische Erkundung der Zugänglichkeiten und Gefährdungen bei der Rückbaumaßnahme erforderlich.
- Der Rückbau von unterirdischen Bauwerksteilen ist immer mit einem genehmigungspflichtigen Eingriff in Natur und Landschaft und in den Grundwasserraum verbunden.
- Die Frage einer dauerhaft schadlosen Ableitung des Quellwassers muss im Vorfeld beantwortet werden (eine Quelle kann nicht „ausgeschaltet" oder zugestöpselt werden). Wenn kein Quellbach oder geeignete Vorflut im Unterstrom vorhanden ist, müssen standortgerechte Ableitungen geschaffen werden.
- Ein Rückstau und Verlaufen der Quelle muss zwingend vermieden werden, wenn Abläufe immer wieder mit Sediment verstopft werden können (Folge: Vernässungsgefahr, daher ist ein „sich selbst überlassen" keine Option).

Literatur

[1] Treskatis, C. & Hagedorn-Rubbert, T. (2015): Eingriffsreduzierte Sanierung und Wiederinbetriebnahme von Quellfassungsanlagen zur Trinkwasserversorgung. – ewp 03/2015: 24-32.

[2] DVGW (2006): W 127: Quellwassergewinnungsanlagen – Planung, Bau, Betrieb, Sanierung und Rückbau; Ausgabe 03/2006.

[3] ÖNORM B 2602 (2016) – Wassererschließung – Quellfassungsanlagen – Planung, Bau und Betrieb: Ausgabe 08/2016.

[4] Willy, H. (1998): Die Beobachtung der Grundwasserstände und Quellschüttungen; in: Informationsbericht des Bayer. Landesamtes für Wasserwirtschaft, Heft 3/98, S. 45-62.

[5] Treskatis, C. & Tauchmann, H. (2018): Quellfassungsanlagen zur Trinkwasserversorgung. – 2. Auflage: 703 S.; Essen.

[6] Bayerisches Landesamt für Umwelt (2008): Aktionsprogramm Quellen in Bayern – Teil 3: Maßnahmenkatalog für den Quellschutz. – 104 S.; Hof a. d. Saale.

[7] Wiesemann, R. (1988): Beitrag zur Zustandsbeschreibung einer Quellfassung bei Dassel (Hochsolling) mit Hinweisen zu ihrer Renaturierung; Beiträge zur Naturkunde zwischen Egge und Weser, 5(2): 88-96.

[8] Greifenhagen, C. (2008): Quellen – bedrohter Lebensraum: Untersuchungen im Einzugsbereich der oberen Östlichen Günz, ergänzt mit einer allgemeinen Betrachtung der Quellen. – Monographie 61 S.; Kaufbeuren (Selbstverlag des Autors: Dr. C. Greifenhagen, Am Köhlberg 15, 87600 Kaufbeuren).

Koordinaten: 43° 28′ 20″ N, 10° 43′ 47″ O

Folgt man dem steilen, mit Steinen gepflasterten Pfad („via Fonda") zwischen den Häusern des ca. 205 m hoch über dem Tyrrhenischen Meer gelegenen Castello Lajatico, einem Dorf in den Colline Pisane (Provinz Pisa) unweit von Volterra, nach Westen, erreicht man nach Querung der Via XXV Aprile die Vecchie Fonte, die Alte Quelle (**Bild 1**).

Das Dorf liegt im Valdera oberhalb des Zusammenflusses von Era und Sterza. Es ist Geburtsort des Sängers Andrea Bocelli und lebt seit der lombardischen Gründung als Castrum Ajatici im Jahr 891 von Landwirtschaft, Weinanbau und Olivenölproduktion. Nach der Niederlage der Pisaner kam im Jahr 1407 Lajatico mit seinem Umland unter florentinische Herrschaft [1]. Nach der Übernahme der Herrschaft durch die Medici, namentlich durch den Großherzog Ferdinand II ab 1644, erhielt das Dorf seine heutige, mittelalterliche Struktur [2].

Die Inschrift in einem Stein in der nördlichen Stützmauer der Alten Quelle weist auf das Baujahr 1783 hin, in dem die Quellanlage ihre heutige Form erhalten hat (**Bild 2**). Die großflächige Anlage inmitten von Gärten und Olivenhainen hat zwei perennierende Quellwasserzuläufe. Sie besteht aus mehreren aneinander gereihten Natursteinbecken aus Quadermauerwerk mit wechselnden Schichthöhen, die mit steinernen, mit fließendem Wasser beschickten U-Profil-Rinnen verbunden sind.

Zwischen den Becken wurde der Boden mit einem Steinpflaster befestigt und talseitig ausgerichtete Entwässerungsrinnen angelegt. Die Becken wurden, wie seit der Antike in der Region üblich, von der Bevölkerung des castellos als Waschbecken („lavatoio") für die Reinigung der Kleidung und von Gerätschaften genutzt, wie ältere Postkartenansichten, publiziert in Filidei & Quirci (2014: 132), zeigen [3]. Die Becken sind bis auf den Zulauf des Quellwassers aus einer Kupferröhre (**Bild 3**) in der nördlichen Stützmauer, der mit einem nur nach Osten offenen, fensterlosen Tonnengewölbe ohne Quergurte überbaut wurde, nicht vor den Einflüssen der Witterung (Regen, Sonne) geschützt.

Machen wir einen Sprung zurück

Einem Weg zu einer aufgelassenen menschlichen Ansiedlung oder aufgegebenen Quellfassungsanlage im Gelände zu folgen, gibt den hydrogeologischen und hydrologischen Ursachen für diesen Status sowie dem heutigen „Naturraum" eine historische Dimension. Zwischen dem Kristallinkomplex des Monte Vaso im Westen und dem Apennin im Osten sowie den inselartig aufragenden Pisaner Bergen im Norden liegt südlich des Arno eine Bucht mit jungtertiären Sanden und Mergeln, einem alten Meeresboden, der sich bei der Bildung des Apennins durch eine Seitwärtsverschiebung, als die Adriatische Platte in Richtung Westen gegen Italien drückte und dabei das Gebirge wie in einer Knautschzone nach oben schob, gehoben hat.

Bild 1: Panoramaansicht der Vecchie Fonte von SE

Bild 2: Stein mit Jahreszahl in der nördlichen Stützmauer der Vecchie Fonte

Bild 3: Geschützter Quellwasserzulauf im Tonnengewölbe, der zu Trinkwasserzwecken genutzt wurde

Bild 4: Aufschlüsse in den Colline Pisane: küstennahe Fein- bis Mittelsande des Plio-Pleitozäns mit eingeschalteten Muschelkalklagen und Austernbänken bei Terriciola (links) und Legoli (Mitte und rechts)

Die sandigen und mergeligen tertiären Meeressedimente wurden durch die südlich des Arnos verlaufenden Flüsse erodiert, sodass sich zwischen den Taleinschnitten von SSE nach NNW erstreckende Höhenrücken bildeten. In der nachkarolingischen Anarchie (in etwa ab 850 n. Chr.) entwickelten sich aus den offenen antiken Siedlungen, die unter der Pax Romana entstanden sind, auf diesen Höhenrücken befestigte Höhensiedlungen. Dieser Transformationsprozess nannte Esch [4: 294] „incastellamento". Lajatico ist eine dieser Höhensiedlungen.

Die Hügel der castelli und borgi bestehen aus fast horizontal gelagerten, lokal leicht nach SW zum Mittelmeer einfallenden, plio-pleistozänen küstennahen Meeressanden und Kalkmergeln, in die Muschelschillbänke eingeschaltet sind (**Bild 4**). Das Regenwasser versickert darin langsam bis zu den stauenden Mergeln

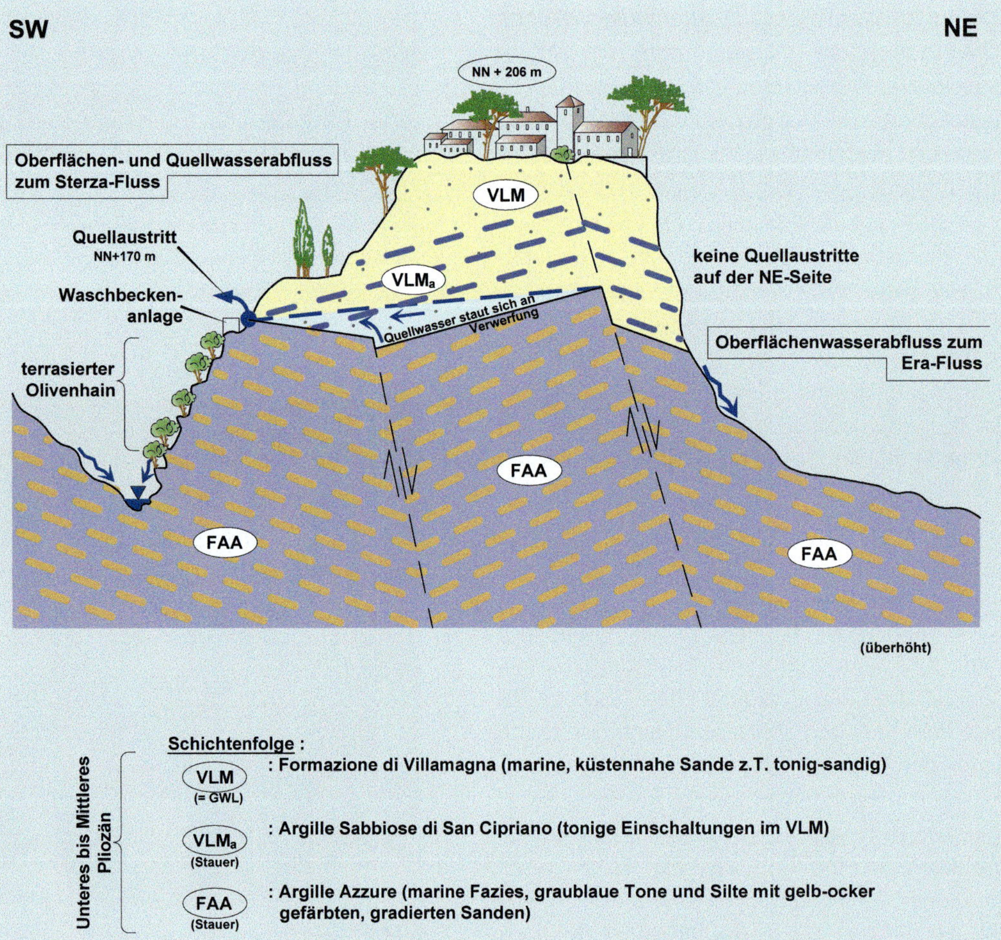

Bild 5: Schematischer hydrogeologischer Schnitt von SW nach NE durch das Castello Lajatico (Provinz Pisa)

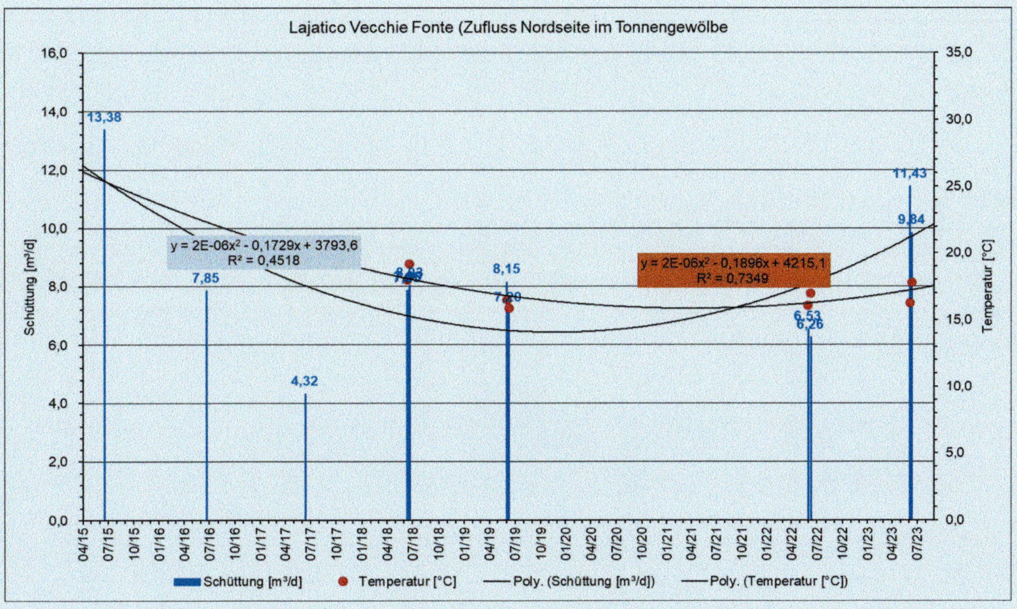

Bild 6: Entwicklung der Quellschüttung und der Wassertemperatur des Trinkwasserzulaufes in der Vecchie Fonte in Lajatico

des Pliozäns. Deren hangende Schichtgrenze wurde durch die Erosion angeschnitten, sodass sich Quellaustritte an den Hängen bilden konnten (**Bild 5**).

Die Quellschüttung der Vecchie Fonte, die eine Überfallquelle ist, ist gering bis mäßig und wird durch die mäßige Durchlässigkeit und das Speichervermögen der Meeressande gesteuert. Zwischen 2015 und 2023 wurde die maximale Schüttung am Trinkwasserzulauf im Tonnengewölbe (s. **Bild 3**) mit ca. 13,4 m³/d und die minimale Schüttung mit 6,3 m³/d gemessen (**Bild 6** und **Bild 7**).

Der Schüttungsquotient beträgt 0,47 und ist typisch für halbverfestigte, retardations- und speicherfähige Sande und Sandsteine mit Durchlässigkeiten um 10-5 m/s. Die Wassertemperatur schwankt saisonal analog zur Schüttung nur in geringem Ausmaß (vgl. **Bild 6**) und ist durch die geringe Überdeckung des Quellwasseraustritts vergleichsweise hoch. Die Leitfähigkeit des Quellwassers variiert leicht gegenläufig zur Schüttung und zeigt ebenfalls nur geringe saisonale Veränderungen (vgl. **Bild 7**). Die höheren Werte werden vor allem durch die Retardation des Re-

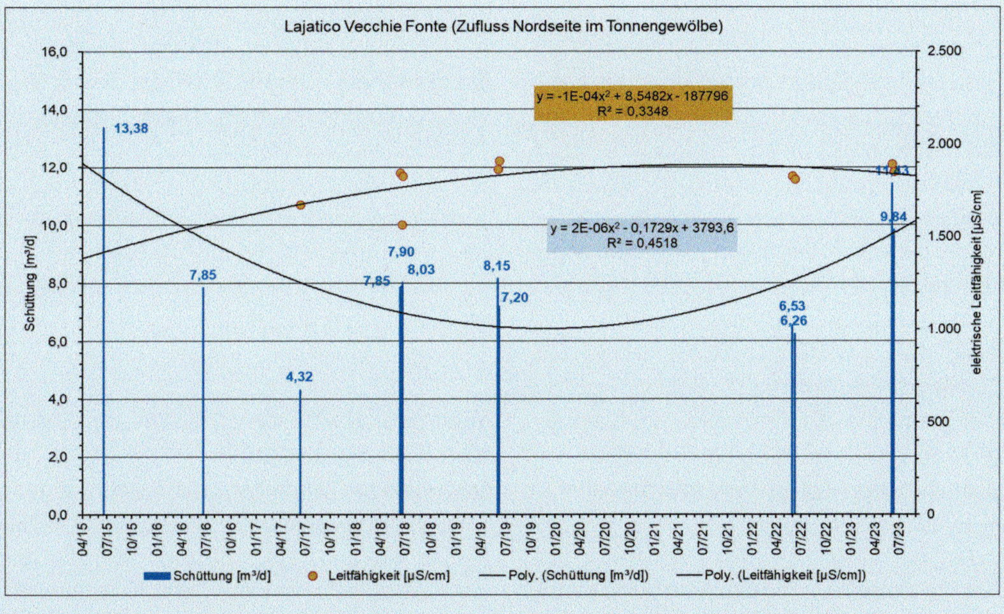

Bild 7: Entwicklung der Quellschüttung und der Leitfähigkeit des Trinkwasserzulaufes in der Vecchie Fonte in Lajatico

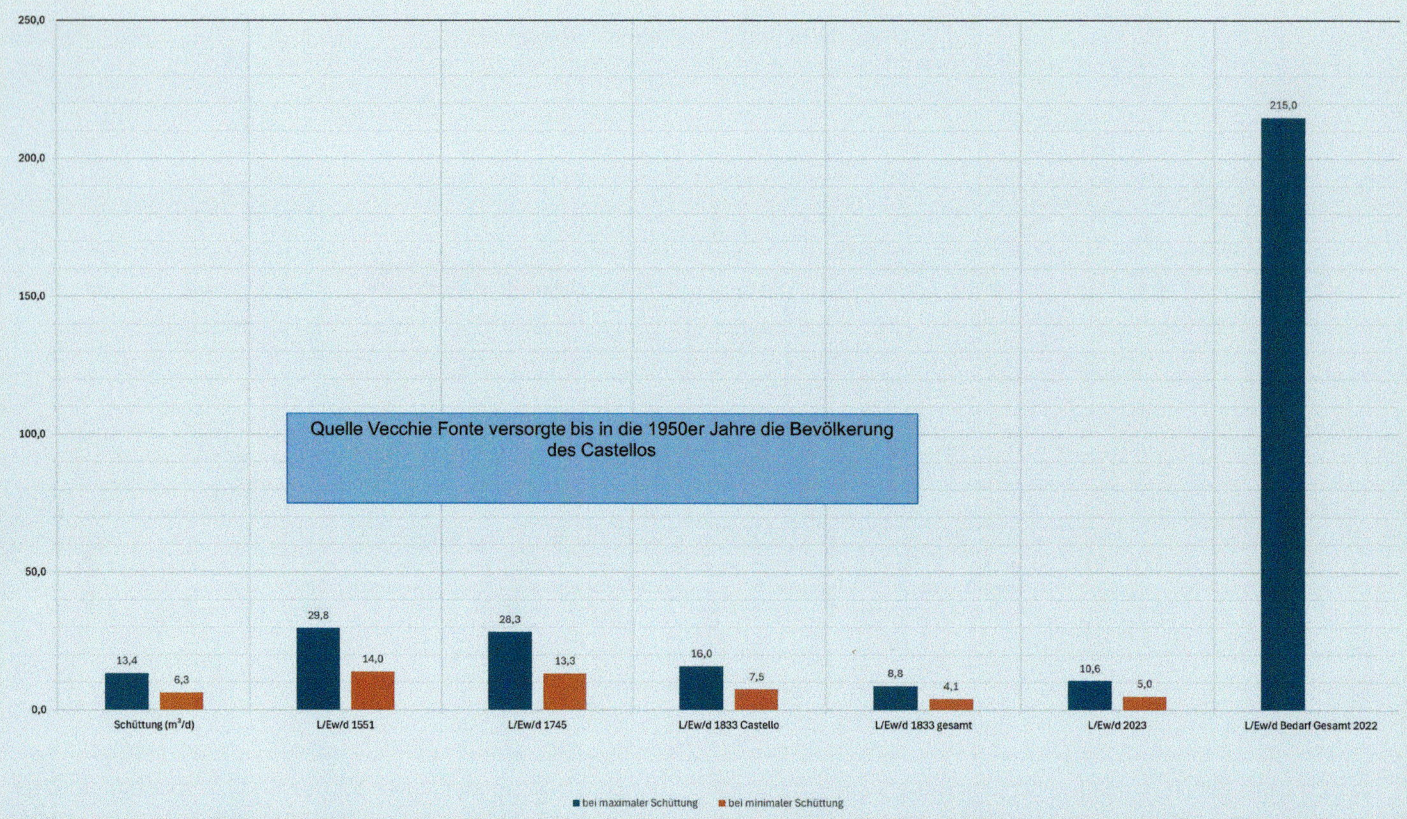

Bild 8: Berechneter spezifischer Bedarf für die Bewohner des Castello, der bei maximaler und minimaler Quellschüttung aus dem Trinkwasserzulauf in der Vecchie Fonte in Lajatico hätte abgedeckt werden können, nach Zahlen eigener Messungen und Bevölkerungszahlen aus [3]

genwassers und den Einfluss der Härtebildner im Aquifer verursacht, die wiederum durch die längere Verweilzeit des Quellwassers in gering durchlässigen Sanden zwischen den besser wasserwegsamen Muschelschilllagen, verursacht werden.

Das harte Trinkwasser führte zu einer Versinterung der Zuläufe, der Verbindungsrinnen und Becken, sofern nicht regelmäßig die Wegsamkeit wieder hergestellt wurde. Daher sind die heute messbaren Schüttungen nicht unbedingt mit den historischen Schüttungsmengen gleichzusetzen. Vergleicht man aber dennoch die heutigen Werte mit der Bevölkerungszahl im Castello von Lajatico, die bevorzugt diese Quelle zur Wasserversorgung genutzt hat, so erhält man ein Bild von der damaligen Versorgungslage. **Bild 8** gibt dazu die berechneten spezifischen Wassermengen je Einwohner wieder, die den Bewohnern aus dem Trinkwasserzulauf im Tonnengewölbe bei niedrigen und höheren Schüttungsmengen täglich zur Verfügung standen. Im Vergleich dazu wurden sowohl der rechnerisch mögliche, spezifische Tagesbedarf der heutigen Anzahl von Gemeindebewohnern (Stand 2023) bei den beiden o. g. Schüttungsmengen als auch der heutige Trinkwasserbedarf Italiens (Stand 2022) dargestellt.

Mit der Industrialisierung nach dem 2. Weltkrieg wanderten große Teile der ländlichen Bevölkerung in die Städte, die Arbeit und Wohlstand versprachen. Der Knick in der Bevölkerungskurve (**Bild 9**) gibt diese Entwicklung wieder. So änderten sich Bevölkerungsdichte und -struktur. Die rechnerisch möglichen Wasserbedarfszahlen in **Bild 8** erlauben den Rückschluss, dass bereits der historische Bedarf bei Trockenheit nicht abgedeckt werden konnte; geschweige denn der sehr hohe Bedarf in der heutigen Zeit und dass trotz der insgesamt nicht unerheblichen Regenmengen von ca. 800 bis 1.000 mm/a in der zentralen Toskana.

Damals konnte noch mit Zisternen, die mit Regenwasser gespeist wurden, und Brunnen am Talboden (pozzi) die in den Sommermonaten wiederkehrenden Trockenzeiten überwunden werden. Seit den 1950er Jahren zog dann die leitungsgebundene Wasserversorgung in die Dörfer der Colline Pisane ein. Die saisonale Wassernot war gebannt, die außerhalb der castelli und borgi gelegenen Quellen wurden nach und nach aufgegeben und vergessen; gleichzeitig sank die Bevölkerungszahl bis heute stetig (vgl. **Bild 9**).

Was bleibt von den Trinkwasserquellen in Zeiten des Klimawandels?

Der Verfall von Landschaft und Quellfassungen beginnt, wenn die ursprüngliche Funktion des Bauwerkes, z. B. durch Abwanderung der Bevölkerung, Verschmutzung oder klimabedingtes Versiegen der Quellzuläufe, verloren geht. Er setzt sich fort, wenn keine Umnutzung, z. B. für touristische Zwecke, stattfindet, neue Generationen nichts mehr mit den Bauwerksresten anfangen

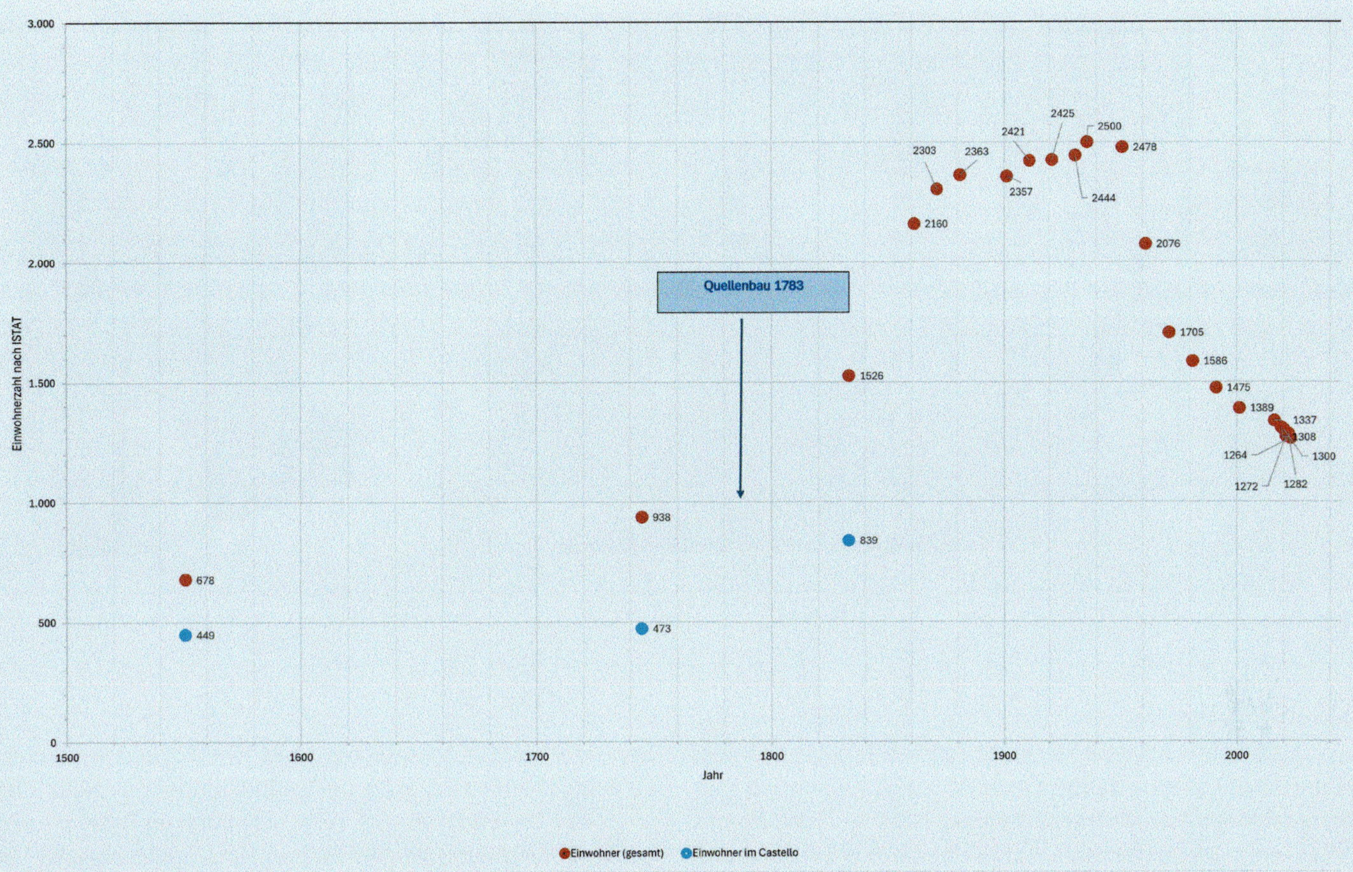

Bild 9: Bevölkerungsentwicklung in Lajatico, nach Zahlen von [3] und [8]

können oder das Wissen um deren Bedeutung und Funktion verloren gegangen ist.

Da viele Quellfassungen der befestigten Höhensiedlungen aus hydrogeologischen Gründen im Tal oder am Hang außerhalb der castelli oder borgi liegen, „vereinsamten" sie und fingen an, mit der Landschaft zu verwachsen (**Bild 10**). Eine sogenannte „Ruinenflora und -fauna" entsteht [4], die den Verfallsprozess durch Wurzelsprengung der Bauwerksfugen und Auflösung des Mörtels durch biogene Kohlensäure beschleunigt. Schutt und Erdreich dringen mit dem Regenwasser durch die offenen Wunden des Bauwerkes ein, füllen die Quellsammelbecken mit Sediment und verschließen schließlich den Quellwasserzulauf durch Versinterungen oder Setzungen.

Quellen und Freispiegelaquädukte funktionieren nur so lange, wie sie mit massivem finanziellen Einsatz konsequent instandgehalten werden. Das Aquädukt der Medici zwischen den Pisaner Bergen und der Stadt Pisa (**Bild 11**) funktionierte nur solange, wie die Druckleitungen der anhaltenden Subsidenz des Baugrundes in der Pisaner Bucht standhalten konnten.

Historische Klimaveränderungen haben in der menschlichen Entwicklung harsche Einschnitte in die Lebensbedingungen, den Verfall von Infrastrukturen und den Niedergang von Kulturlandschaften zur Folge gehabt. Seit der Jungsteinzeit existiert zwischen Alpen und Nordsee keine vom Menschen unbeeinflusste Wildnis mehr [5]. Die letzte Ausbreitung naturnaher Ökosysteme war zwischen der Antike und dem Frühmittelalter (ca. Beginn des 6. Jahrhunderts). Die Witterung war nass und kalt, Ernten fielen aus, die Menschen starben in jungen Jahren, ließen Ackerflächen zurück und wanderten aus. „Klimawandel" war damals (noch) kein Begriff für diese historische Periode.

Ein Sprung ins 19. Jahrhundert zeigt, dass aus Buchenwäldern weitestgehend artenarme Nutzwälder geworden sind. Ein weiterer Sprung bis Anfang der 1950er Jahre offenbart die rasante Veränderung der Flächen in einem nie dagewesenen Tempo und Ausmaß [5]. Das Anthropozän als Zeitalter der menschlichen Prägung aller Lebensräume hat begonnen: Der Mensch ist zu einem der wichtigsten Einflussfaktoren auf die biologischen, geologischen und atmosphärischen Prozesse auf der Erde geworden [6].

Bis zu einer Anpassung an die veränderten Rahmenbedingungen gingen nicht nur die Funktionen des gesellschaftlichen Zusammenspiels, sondern auch die Funktion von Bauwerken und das Wissen um deren Nutzung verloren. Alle aufgegebenen Bauwerke des Menschen haben in der Landschaft, unabhängig von Witterung und Klimaentwicklung, ein „Nachleben" [4: 317]: Die Gestalt, Mauerstärke, die Verwendbarkeit, die Nähe von Siedlungen – all das sind Eingangsfaktoren, die die Natur und Zeit mit vom Menschen geschaffenen Bauwerken und Landschaften vor deren Verfall verbunden hat.

Bild 10: Aufgelassene, verwachsene und mit Sediment teilweise verfüllte ehemalige zur Trinkwasserversorgung genutzte Quellfassungen bei Colleoli (links) und Palaia (rechts) (beide Provinz Pisa)

Das „Aufgehen von Bauwerken in die Landschaft" war schon bei Sextus Julius Fontinus, geboren etwa 30 n. Chr., bekannt und ein Thema mit gesellschaftlicher Bedeutung. Er hat als Statthalter in Britannien, in Niedergermanien sowie als Prokonsul in der Provinz Asia gewirkt und wurde 97 n. Chr. zum Curator Aquarum der Stadt Rom berufen. Somit war er Hauptverantwortlicher für die dortige Wasserversorgung. In seinem Werk „de aquis urbi romae" ist beschrieben worden, wie sich der Verfall von Wasserinfrastrukturen auf die Gesellschaft auswirken kann [7]: Eine dauerhafte Unterbrechung oder Zerstörung der Quellleitungen oder respektive der Aquädukte in die Siedlungen machte mit den organisatorischen und technischen Mitteln im und nach Ende des römischen Reiches die Wasserversorgung untauglich, sodass sie oft nicht mehr für die Zeiten nach der Pax Romana nutzbar gemacht werden konnte.

Bild 11: Aquädukt zischen den Pisaner Bergen und Pisa. Es wird heute noch zur Versorgung der Stadt mit Quellwasser aus dem Quellgebiet bei Asciano (Provinz Pisa) genutzt.

Der Verfall von Infrastrukturen wird auch heute durch endogene, gesellschaftliche und exogene Veränderungen im Naturraum ausgelöst. Der Verfall einer Quelle, oft mitten im Gelände gelegen, hat vielfältige Ursachen: Wegen Verschmutzung oder Versiegen nicht mehr genutzt, dann überbaut oder verwildert und … letztlich vergessen. Der Klimawandel verstärkt den Verfall, das „disabitato", den „unbewohnbaren Raum", solange der Mensch die Ursachen der Veränderungen negiert und dabei zur Aufgabe und „Entsorgung" von nicht mehr funktionierenden Objekten neigt. Vermeintlich wirtschaftliche Gründe und die Bequemlichkeit beschleunigen das „Vergessen". Das betraf und betrifft auch Quellfassungsanlagen, deren Funktionsverständnis über die Generationen vielfach verloren gegangen ist. Die Preisgabe zum Verfall war und ist dann nur ein konsequenter Schritt einer fehlenden Perspektive und Wertschätzung.

Die Klimakrise wird die Menschheit, unabhängig von scheinbar unverrückbaren politischen Einstellungen und Perspektiven, letztlich zwingen, sich von gewohntem und beliebtem Verhalten gegenüber der Natur zu verabschieden, da die dann (noch) vorhandenen (Wasser-)Ressourcen, seien sie noch so „gering", für die dann erforderlichen Transformationsprozesse dringend benötigt werden.

Die Wiederentdeckung von Verfallenem folgt in Mangelzeiten einer Phase, nachdem Infrastrukturen in ihrem bisherigen Nutzungskontext ihre Funktion verloren haben. Im Niedergang, wie er sich durch die Klimakrise in manchen Regionen schon entwickelt, wird weder neu gebaut, noch restauriert, noch instandgehalten. So hat man sich immer schon, seit der Mensch „baut", an den Baustoffen alter, verfallener Gebäude bedient. Die Entwicklung von Natur und Landschaft ist und bleibt auch im Anthropozän ergebnisoffen; definierte Zustände sind in der Natur nie von stationärer Dauer, auch wenn der Mensch das „Unveränderliche" und „Bewahren" anstrebt. Jedoch gilt immer noch: „Man lässt am besten Natur Natur sein ..." [5: 96].

So schließt sich der Bogen auf unserem Weg durch die anthropozäne Landschaft. Im toskanischen Dorf Lajatico erfolgte im Jahr 2010 als Antwort auf die Vermüllung der Landschaft durch Plastikflaschen, die im mediterranen Raum als vermeintlich „moderne" und oft einzige „saubere" und quantitativ ausreichende Trinkwasserquelle gehandelt werden, die Inbetriebnahme einer öffentlichen Trinkwasserzapfstation. Diese für den Kulturraum neue Wertschätzung des Trinkwassers wurde bei der Einweihung mit folgenden Worten gefeiert [3]:

acqua buona – acqua pubblica – acqua gratuita

gutes Wasser – öffentliches Wasser – kostenloses Wasser

Literatur

[1] Zuccagni-Orlandini, A. (1841): Corografia fisica, storica e statistica dell'Italia e delle sue isole corredata di un atlante di mappe geografiche e topografiche es di altre tavole illustrative. – Vol. 9, p. 776; Florenz.

[2] Caciagli, G. (2001): La Provincia di Pisa. – Band 4: Da Chianni a Peccioli: 785 S., Pisa.

[3] Filidei, V., Quirci, M. (2014): Lajatico è 2024 – 2014. – 143 S.; Pontedera.

[4] Esch, A. (2018): Historische Landschaften Italiens – Wanderungen zwischen Venedig und Syrakus – 368 S.; München.

[5] Menze, M. (2025): Darf die Natur machen, was sie will?. – in: ZEITWISSEN 01/25: 94 – 99, Hamburg.

[6] Titz, S. (2016): Ausrufung des Anthropozäns: Ein gut gemeinter Mahnruf. – in: Neue Zürcher Zeitung - 4. November 2016.

[7] Kunderewicz, C. (Hrsg.) (1973): De aquaeductu urbis Romae (De aquis urbis Romae) – 87 S.; Leipzig.

[8] ISTAT (2023): Bilancio demografico e popolazione residente per sesso al 31 dicembre 2023. ISTAT. (Bevölkerungsstatistiken des Istituto Nazionale di Statistica, Stand 31. Dezember 2023).

GeoUmweltTeam GmbH
Wiesenstraße 18
87616 Marktoberdorf
Tel.: 08342 / 96390
office@geoumweltteam.de
www.geoumweltteam.de

Scharpf GmbH
Josef-Striebel-Straße 59
87742 Dirlewang
Tel.: 08267 / 960 670
info@scharpf-wasserbau.de
www.scharpf-wasserbau.de

Vulkan-Verlag GmbH
Friedrich-Ebert-Straße 55
45127 Essen
Tel.: 0201 / 820020
gwf-wasser@vulkan-verlag.de
www.gwf-wasser.de

Bibliografische Information der Deutschen Nationalbibliothek
Die Deutsche Nationalbibliothek verzeichnet diese Publikation in der Deutschen Nationalbibliografie; detaillierte bibliografische Daten sind im Internet über www.dnb.de abrufbar.

Quellfassungen in Zeiten des Klimawandels
Monitoring – Anpassungen – Maßnahmen
Christoph Treskatis
1. Auflage 2025

ISBN: 978-3-8356-7491-2 (Print)
ISBN: 978-3-8356-7492-9 (eBook)

Friedrich-Ebert-Straße 55, 45127 Essen, Deutschland
Telefon: +49 201 820 02-0, Internet: www.vulkan-verlag.de, bestellung@vulkan-verlag.de

Projektmanagement: Nico Hülsdau, Annamaria Weinert
Lektorat: Dr. Hildegard Lyko, Sina Ruhwedel, Charlotte Quick, Annamaria Weinert
Herstellung: Nilofar Mokhtarzada
Umschlaggestaltung: Melanie Zöller
Titelbild: © Christoph Treskatis
Satz: Cornelia Langaso, Maike Nippert

Druck: mediaprint solutions GmbH, Paderborn